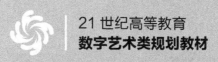

21 世纪高等教育
**数字艺术类规划教材**

# 平面设计
## 基础与应用教程
### (Photoshop CS5+CorelDRAW X5)

周建国 ◎ 主编
晋国卿 高杰 ◎ 副主编

人民邮电出版社
北 京

**图书在版编目（ＣＩＰ）数据**

平面设计基础与应用教程：Photoshop CS5+CorelDRAW X5 / 周建国主编. -- 北京：人民邮电出版社，2013.5（2023.2重印）
21世纪高等教育数字艺术类规划教材
ISBN 978-7-115-31106-1

Ⅰ．①平… Ⅱ．①周… Ⅲ．①图象处理软件－高等学校－教材 Ⅳ．①TP391.41

中国版本图书馆CIP数据核字(2013)第053877号

## 内 容 提 要

Photoshop 和 CorelDRAW 均是当今流行的图像处理和矢量图形设计软件，被广泛应用于平面设计、包装装潢、彩色出版等诸多领域。本书对 Photoshop 和 CorelDRAW 的基本操作方法及其在平面设计中的应用进行了全面的讲解。

本书共分为上下两篇。在上篇基础篇中介绍了平面设计的基础知识、软件的基本操作、绘制和编辑图形图像、修饰和调整图像、文字与图层的应用、检查和出样。在下篇应用篇中介绍了 Photoshop 和 CorelDRAW 在平面设计中的应用，包括标志设计、卡片设计、书籍装帧设计、唱片封面设计、宣传单设计、广告设计、海报设计、杂志设计和包装设计。

本书适合作为本科院校艺术类相关专业平面设计课程的教材，也可供相关人员自学参考。

◆ 主　　编　周建国
　　副主编　晋国卿　高　杰
　　责任编辑　李海涛

◆ 人民邮电出版社出版发行　　北京市丰台区成寿寺路 11 号
　　邮编　100164　　电子邮件　315@ptpress.com.cn
　　网址　http://www.ptpress.com.cn
　　固安县铭成印刷有限公司印刷

◆ 开本：787×1092　1/16　　　彩插：2
　　印张：19.5　　　　　　　2013 年 5 月第 1 版
　　字数：575 千字　　　　　2023 年 2 月河北第 13 次印刷

ISBN 978-7-115-31106-1

定价：49.80 元（附光盘）

读者服务热线：(010)81055256　印装质量热线：(010)81055316
反盗版热线：(010)81055315
广告经营许可证：京东市监广登字20170147号

# 前言
## PREFACE

Photoshop 和 CorelDRAW 自推出之日起就深受平面设计人员的喜爱，是当今最流行的图像处理和矢量图形设计软件。Photoshop 和 CorelDRAW 被广泛应用于平面设计、包装装潢、彩色出版等诸多领域。在实际的平面设计和制作工作中，是很少用单一软件来完成工作的，要想出色地完成一件平面设计作品，需利用不同软件各自的优势，再将其巧妙地结合使用。

本书具有完善的知识结构体系。在基础篇中，通过软件功能解析，使学生快速熟悉软件功能和制作特色。在应用篇中，根据 Photoshop 和 CorelDRAW 在平面设计中的应用，精心安排了专业设计公司的 21 个精彩实例，通过对这些案例进行全面的分析和详细的讲解，使学生更加贴近实际工作，创意思维更加开阔，实际设计水平不断提升。在内容编写方面，我们力求细致全面、重点突出；在文字叙述方面，我们注意言简意赅、通俗易懂；在案例选取方面，我们强调案例的针对性和实用性。使学生能够在掌握软件功能和制作技巧的基础上，启发设计灵感，开拓设计思路，提高设计能力。

本书配套光盘中包含了书中所有案例的素材及效果文件。另外，为方便教师教学，本书配备了详尽的课堂练习和课后习题的操作步骤以及 PPT 课件、教学大纲等丰富的教学资源，任课教师可到人民邮电出版社教学服务与资源网（www.ptpedu.com.cn）免费下载使用。本书的参考学时为 38 学时，其中实训环节为 11 学时，各章的参考学时参见下面的学时分配表。

| 章　节 | 课 程 内 容 | 学 时 分 配 | |
|---|---|---|---|
| | | 讲　授 | 实　训 |
| 第 1 章 | 平面设计的基础知识 | 1 | |
| 第 2 章 | 软件的基本操作 | 2 | |
| 第 3 章 | 绘制和编辑图形图像 | 3 | |
| 第 4 章 | 修饰和调整图像 | 4 | |
| 第 5 章 | 文字与图层的应用 | 2 | |
| 第 6 章 | 检查和出样 | 1 | |
| 第 7 章 | 标志设计 | 1 | 1 |
| 第 8 章 | 卡片设计 | 2 | 1 |
| 第 9 章 | 书籍装帧设计 | 1 | 1 |
| 第 10 章 | 唱片封面设计 | 1 | 2 |
| 第 11 章 | 宣传单设计 | 1 | 1 |
| 第 12 章 | 广告设计 | 1 | 1 |
| 第 13 章 | 海报设计 | 2 | 1 |
| 第 14 章 | 杂志设计 | 3 | 1 |
| 第 15 章 | 包装设计 | 2 | 2 |
| 课 时 总 计 | | 27 | 11 |

由于作者水平有限，书中难免存在错误和不妥之处，敬请广大读者批评指正。

编　者
2013 年 1 月

# 平面设计基础与应用教程
（Photoshop CS5+CorelDRAW X5）

**上篇** **基础篇** **Part One**

# 下篇　应用篇　　　　　　　　　　　　　　　Part Two

# 平面设计基础与应用教程

（Photoshop CS5 + CorelDRAW X5）

## Part One

上篇

基础篇

1 Chapter

# 第1章
# 平面设计的基础知识

本章主要介绍了平面设计的基础知识，其中包括位图和矢量图、分辨率、图像的色彩模式和文件格式等内容。通过本章的学习，可以快速掌握平面设计的基本概念和基础知识，有助于更好地开始平面设计的学习和实践。

【课堂学习目标】

- 位图和矢量图
- 分辨率
- 色彩模式
- 文件格式

## 1.1 位图和矢量图

图像文件可以分为两大类：位图图像和矢量图形。在 Photoshop 软件中处理的图像为位图图像，在 CorelDRAW 软件中绘制的图形为矢量图形。在绘图或处理图形图像的过程中，这两种类型的图像文件可以相互交叉使用。

### 1.1.1 位图

位图图像也称为点阵图像，它是由许多单独的小方块组成的，这些小方块又称为像素点，每个像素点都有特定的位置和颜色值，位图图像的显示效果与像素点是紧密联系在一起的，不同着色的像素点排列在一起组成了一幅色彩丰富的图像。像素点越多，图像的分辨率越高，相应地图像的文件容量也会随之增大。

图像的原始效果如图 1-1 所示。使用放大工具放大后，可以清晰地看到每个像素的小方块形状与颜色，如图 1-2 所示。

图 1-1

图 1-2

位图与分辨率有关，如果在屏幕上以较大的倍数放大显示图像，或以低于创建时的分辨率打印图

像，图像就会出现锯齿状的边缘，并且会丢失细节。

### 1.1.2 矢量图

矢量图也称为向量图，它是一种基于图形的几何特性来描述的图像。矢量图中的各种图形元素称为对象，每一个对象都是独立的个体，都具有大小、颜色、形状、轮廓等特性。

矢量图与分辨率无关，可以将它缩放到任意大小，其清晰度不变，也不会出现锯齿状的边缘。在任何分辨率下显示或打印矢量图，都不会丢失细节。图形的原始效果如图 1-3 所示。使用放大工具放大后，其清晰度不变，效果如图 1-4 所示。

图 1-3

图 1-4

矢量图文件所占的存储空间较小，但这种图形的缺点是不易制作色调丰富的图像，而且绘制出来的图形无法像位图那样精确地描绘各种绚丽的景象。

## 1.2 分辨率

分辨率是用于描述图像文件信息的术语。分辨率分为图像分辨率、屏幕分辨率和输出分辨率。下面将分别进行讲解。

### 1.2.1 图像分辨率

在 Photoshop CS5 中，图像中每单位长度上的像素数目，称为图像的分辨率，其单位为像素/英寸或是像素/厘米。

在相同尺寸的两幅图像中，高分辨率的图像包含的像素比低分辨率的图像包含的像素多。例如，一幅尺寸为 1 英寸×1 英寸的图像，其分辨率为 72 像素/英寸，这幅图像包含 5 184 个像素（72×72 = 5 184）。同样尺寸下，分辨率为 300 像素/英寸的图像，图像包含 90 000 个像素。相同尺寸下，分辨率为 72 像素/英寸的图像效果如图 1-5 所示，分辨率为 300 像素/英寸的图像效果如图 1-6 所示。由此可见，在相同尺寸下，高分辨率的图像将能更清晰地表现图像内容。

图 1-5

图 1-6

### 1.2.2 屏幕分辨率

屏幕分辨率是显示器上每单位长度显示的像素数目。屏幕分辨率取决于显示器大小及其像素设置。PC 显示器的分辨率一般约为 96 像素/英寸，Mac 显示器的分辨率一般约为 72 像素/英寸。在 Photoshop CS5 中，图像像素被直接转换成显示器像素，当图像分辨率高于显示器分辨率时，屏幕中显示出的图像比实际尺寸大。

### 1.2.3 输出分辨率

输出分辨率是照排机或打印机等输出设备产生的每英寸的油墨点数（dpi）。打印机的分辨率在 720 dpi 以上，获得的图像效果比较好。

## 1.3 色彩模式

Photoshop 和 CorelDRAW 提供了多种色彩模式，这些色彩模式正是作品能够在屏幕和印刷品上成功表现的重要保障。接下来将重点介绍几种经常使用到的色彩模式，包括 RGB 模式、CMYK 模式、灰度模式及 Lab 模式。每种色彩模式都有不同的色域，并且各个模式之间可以相互转换。

### 1.3.1 RGB 模式

RGB 模式是一种加色模式，它通过红、绿、蓝 3 种色光相叠加而形成更多的颜色。RGB 是色光的彩色模式，一幅 24 位色彩范围的 RGB 图像有 3 个色彩信息通道：红色（R）、绿色（G）和蓝色（B）。在 Photoshop 中，RGB 颜色控制面板如图 1-7 所示。在 CorelDRAW 中的均匀填充对话框中选择 RGB 色彩模式，可以设置 RGB 颜色值，如图 1-8 所示。

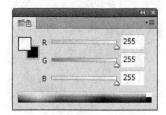

图 1-7

图 1-8

RGB 模式的每个通道都有 8 位的色彩信息，即一个 0～255 的亮度值色域。也就是说，每一种色彩都有 256 个亮度水平级。3 种色彩相叠加，可以有约 1 670 万种（256×256×256）可能的颜色。这些颜色足以表现出绚丽多彩的世界。

在 Photoshop CS5 中编辑图像时，RGB 色彩模式应是最佳的选择。因为它可以提供全屏幕的多达 24 位的色彩范围，一些计算机领域的色彩专家称为 "True Color" 真彩显示。

### 1.3.2　CMYK 模式

CMYK 代表了印刷上用的 4 种油墨色：C 代表青色，M 代表洋红色，Y 代表黄色，K 代表黑色。CMYK 模式在印刷时应用了色彩学中的减法混合原理，即减色色彩模式，它是图片、插图和其他作品中最常用的一种印刷方式。这是因为在印刷中通常都要进行四色分色，出四色胶片，然后再进行印刷。

在 Photoshop 中制作平面设计作品时，一般会把图像文件的色彩模式设置为 RGB 模式。但在印刷输出的过程中，需要将文件转换为 CMYK 模式。可以选择"图像>模式>CMYK 颜色"命令，将图像转换成 CMYK 模式。但是，一定要注意，在图像转换为 CMYK 模式后，就无法再变回原来图像的 RGB 色彩模式了。因为 RGB 的色彩模式在转换成 CMYK 模式时，色域外的颜色会变暗，这样才能使整个色彩成为可以印刷的文件。因此，在将 RGB 模式转换成 CMYK 模式之前，可以选择"视图>校样设置>工作中的 CMYK"命令，预览一下转换成 CMYK 模式后的图像效果，如果不满意 CMYK 模式的效果，还可以根据需要对图像进行调整。

也可以在建立一个新的 Photoshop 图像文件时就选择 CMYK 四色印刷模式。这样可以防止最后印刷品的颜色失真，因为在整个作品的制作过程中，图像都在可印刷的色域中。

在 Photoshop 中，CMYK 颜色控制面板如图 1-9 所示，可以在颜色控制面板中设置 CMYK 的颜色值。在 CorelDRAW 的均匀填充对话框中选择 CMYK 模式，可以设置 CMYK 的颜色值，如图 1-10 所示。

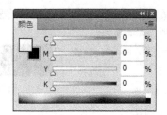

图 1-9

图 1-10

### 1.3.3　灰度模式

灰度模式、灰度图又称为 8bit 深度图。每个像素用 8 个二进制数表示，能产生 $2^8$ 即 256 级灰色调。当一个彩色文件被转换为灰度模式文件时，所有的颜色信息都将从文件中丢失。尽管 Photoshop 允许将一个灰度模式文件转换为彩色模式文件，但不可能将颜色完全还原。所以，将彩色模式文件转换成灰度模式文件时，应先做好图像的备份。

像黑白照片一样，一个灰度模式的图像只有明暗值，没有色相和饱和度这两种颜色信息。在 Photoshop 中，颜色控制面板如图 1-11 所示。0% 代表白，100% 代表黑，其中的 K 值用于衡量黑色油墨用量。在 CorelDRAW 的均匀填充对话框中选择灰度模式，可以设置灰度颜色值，如图 1-12 所示。

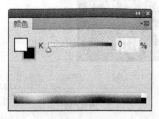

图 1-11

图 1-12

### 1.3.4 Lab 模式

Lab 模式是一种国际色彩标准模式，它由 3 个通道组成：一个通道是透明度，即 L；其他两个是色彩通道，即色相和饱和度，用 a 和 b 表示。a 通道包括的颜色值从深绿到灰，再到亮粉红色；b 通道是从亮蓝色到灰，再到焦黄色。这种色彩混合后将产生明亮的色彩。在 Photoshop 中，Lab 颜色控制面板如图 1-13 所示。在 CorelDRAW 的均匀填充对话框中选择 Lab 色彩模式，可以设置 Lab 颜色值，如图 1-14 所示。

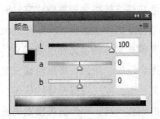

图 1-13

图 1-14

Lab 模式在理论上包括了人眼可见的所有色彩，它弥补了 CMYK 模式和 RGB 模式的不足。在 Lab 模式下，图像的处理速度比在 CMYK 模式下快数倍，与 RGB 模式下图像的处理速度相仿。在把 Lab 模式转换成 CMYK 模式的过程中，所有的色彩不会丢失或被替换。

  提 示

*在 Photoshop 中将 RGB 模式转换成 CMYK 模式时，可以先将 RGB 模式转换成 Lab 模式，然后再从 Lab 模式转成 CMYK 模式。这样会减少图片的颜色损失。*

## 1.4 文件格式

当平面设计作品制作完成后，需要对其进行存储。这时，选择一种合适的文件格式就显得十分重要。在 Photoshop 和 CorelDRAW 中有 20 多种文件格式可供选择。在这些文件格式中，既有 Photoshop 和 CorelDRAW 的专用格式，也有用于应用程序交换的文件格式，还有一些比较特殊的格式。下面重点讲解几种平面设计中常用的文件存储格式。

### 1.4.1 TIF（TIFF）格式

TIF 也称 TIFF，是标签图像格式。对于色彩通道图像来说，TIF 格式具有很强的可移植性，它可以用于 PC、Macintosh 和 UNIX 工作站三大平台，是这三大平台上使用最广泛的绘图格式。

用 TIF 格式存储时应考虑到文件的大小，因为 TIF 格式的结构要比其他格式的结构更复杂。但 TIF 格式支持 24 个通道，能存储多于 4 个通道的文件。TIF 格式还允许使用 Photoshop 中的复杂工具和滤镜特效。

  提 示

*TIF 格式非常适合于印刷和输出。在 Photoshop 中编辑处理完成的图像文件一般都会存储为 TIF 格式，然后导入 CorelDRAW 的平面设计文件中，再进行编辑处理。*

### 1.4.2　CDR 格式

CDR 格式是 CorelDRAW 的专用图形文件格式。由于 CorelDRAW 是矢量图形绘制软件，所以 CDR 可以记录文件的属性、位置、分页等。但 CDR 格式在兼容度上比较差，在所有 CorelDRAW 应用程序中均能够使用，而其他图像编辑软件却无法打开此类文件。

### 1.4.3　PSD 格式

PSD 格式是 Photoshop 软件自身的专用文件格式，PSD 格式能够保存图像数据的细小部分，如图层、蒙版、通道等 Photoshop 对图像进行特殊处理的信息。在没有最终决定图像的存储格式前，最好先以 PSD 格式存储。另外，Photoshop 打开和存储 PSD 格式的文件较其他格式更快。

### 1.4.4　AI 格式

AI 是一种矢量图片格式，是 Adobe 公司的 Illustrator 软件的专用格式。它的兼容度比较高，可以在 CorelDRAW 中打开，也可以将 CDR 格式的文件导出为 AI 格式。

### 1.4.5　JPEG 格式

JPEG 是 Joint Photographic Experts Group 的首字母缩写，译为联合图片专家组。JPEG 格式既是 Photoshop 支持的一种文件格式，也是一种压缩方案。它是 Macintosh 常用的一种存储类型。JPEG 格式是压缩格式中的"佼佼者"，与 TIF 文件格式采用的 LIW 无损压缩相比，它的压缩比例更大。但它使用的有损压缩会丢失部分数据。用户可以在存储前选择图像的最后质量，这就能控制数据的损失程度。

在 Photoshop 中，可以选择低、中、高和最高 4 种图像压缩品质。以高质量保存图像比以中或低质量保存图像占用更大的磁盘空间，而选择低质量保存图像则损失的数据较多，但占用的磁盘空间较少。

2

# Chapter

# 第2章
# 软件的基本操作

本章将详细讲解Photoshop和CorelDRAW软件的基础知识和基本操作，读者通过学习，将对这两个软件有初步的认识和了解，并能够熟练掌握软件的基本操作方法，为以后的工作和学习打下坚实的基础。

【课堂学习目标】

- 文件的基本操作
- 图像的显示设置
- 页面的设置
- 辅助工具的设置
- 出血设置

图 2-2

# 2.1 文件的基本操作

掌握文件的基本操作方法，是开始设计和制作作品所必须的技能。下面，将具体介绍 Photoshop 和 CorelDRAW 软件中文件的基本操作方法。

## 2.1.1 Photoshop 中文件的基本操作

### 1. 新建文件

选择"文件>新建"命令，或按 Ctrl+N 组合键，弹出"新建"对话框，如图 2-1 所示。

图 2-1

在对话框中，"名称"选项的文本框用来输入新建图像的文件名；"预设"选项的下拉列表用于自定义或选择其他固定格式文件的大小；"宽度"和"高度"选项的数值框用来输入需要的宽度和高度的数值；"分辨率"选项的数值框用于输入需要的分辨率值；"颜色模式"选项的下拉列表中有多种颜色模式供选择；"背景内容"选项的下拉列表用于设定图像的背景颜色。

单击"高级"按钮，弹出新选项，"颜色配置文件"选项的下拉列表用于设置文件的色彩配置方式。"像素长宽比"选项的下拉列表用于设置文件中像素比的方式。信息栏中，"图像大小"下面显示的是当前文件的大小。设置好后，单击"确定"按钮，即可完成新建图像的任务，如图 2-2 所示。

 提示

*每英寸像素数越高，图像的文件也越大，应根据工作需要设定合适的分辨率。*

### 2. 打开图像

选择"文件>打开"命令，或按 Ctrl+O 组合键，或直接在 Photoshop CS5 界面中双击鼠标左键，弹出"打开"对话框，如图 2-3 所示。

图 2-3

在对话框中搜索路径和文件，确认文件类型和名称，通过 Photoshop CS5 提供的预览缩略图选择文件，然后单击"打开"按钮，或直接双击文件，即可打开所指定的图像文件，如图 2-4 所示。

图 2-4

选择"文件>最近打开文件"命令，系统会弹出最近打开过的文件菜单供用户选择。

### 3. 保存图像

编辑和制作完图像后，就需要对图像进行保存。选择"文件>存储"命令，或按 Ctrl+S 组合键，可以存储文件。当对设计好的作品进行第一次存储时，启用"存储"命令，系统将弹出"存储为"对话框，如图 2-5 所示。在对话框中，输入文件名并选择文件格式，单击"保存"按钮，即可将图像保存。

图 2-5

 提　示

*当对已存储过的图像文件进行各种编辑操作后，选择"存储"命令，将不会弹出"存储为"对话框，计算机直接保留最终确认的结果，并覆盖掉原始文件。因此，在未确定要放弃原始文件之前，应慎用此命令。*

### 4. 关闭图像

将图像进行保存后，可以将图像关闭。选择"文件>关闭"命令，或按 Ctrl+W 组合键，或单击图像窗口右上方的"关闭"按钮 ，可以关闭文件。

关闭图像时，若当前文件被修改过或是新建文件，则系统会弹出一个提示框，询问用户是否进行保存，如图 2-6 所示。若单击"是"按钮，则保存图像。

图 2-6

如果要将打开的图像全部关闭，可以选择"文件>关闭全部"命令。

## 2.1.2　CorelDRAW 中文件的基本操作

### 1. 新建文件

使用 CorelDRAW X5 启动时的欢迎窗口新建文件。启动时的欢迎窗口如图 2-7 所示，单击"新建空白文档"命令，可以建立一个新的空白文档。

选择"文件>新建"命令，或按 Ctrl+N 组合键，可新建文件。单击标准工具栏中的"新建"按钮，也可以新建文件。

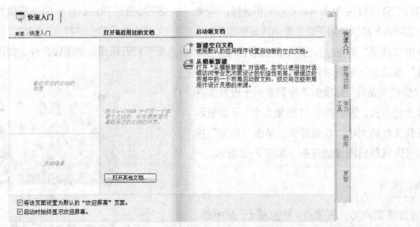

图 2-7

## 2. 打开文件

使用 CorelDRAW X5 启动时的欢迎窗口打开文件。单击"打开最近用过的文档"下的文件名称，可以打开最近编辑过的图形文件；单击"打开其他文档"按钮，弹出如图 2-8 所示的"打开绘图"对话框，可以从中选择要打开的图形文件。

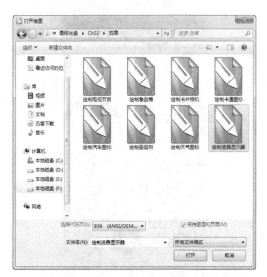

图 2-8

选择"文件>打开"命令，或按 Ctrl+O 组合键，可打开文件。单击标准工具栏中的"打开"按钮，也可以打开文件。

## 3. 保存文件

选择"文件>保存"命令，或按 Ctrl+S 组合键，可保存文件。选择"文件>另存为"命令，或按 Ctrl+Shift+S 组合键，可更名保存文件。

如果是第一次保存该文件，在执行上述操作后，会弹出如图 2-9 所示的"保存绘图"对话框。在对话框中，可以设置"文件名"、"保存类型"和"版本"等保存选项。也可以单击标准工具栏中的"保存"按钮 来保存文件。

## 4. 关闭文件

选择"文件>关闭"命令，或按 Alt+F4 组合键，或单击绘图窗口右上角的"关闭"按钮，可关闭文件。

此时，如果文件未保存，将弹出如图 2-10 所示的提示框，询问用户是否保存文件。单击"是"按钮，保存文件；单击"否"按钮，则不保存文件；

单击"取消"按钮，则取消保存操作。

图 2-9

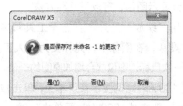

图 2-10

## 2.2 图像的显示设置

在编辑和绘制图形图像的过程中，可以通过改变图形图像的显示模式和显示比例，使设计工作更加便捷高效。下面具体介绍在 Photoshop 和 CorelDRAW 中图形图像的显示方法和设置技巧。

### 2.2.1 在 Photoshop 中显示图像的方法

在使用 Photoshop 编辑和处理图像过程中，可以通过调整图像的显示比例和设置图像的窗口显示，使用户的操作更加得心应手。具体的操作方法如下。

### 1. 100%显示图像

双击工具箱中的"缩放"工具，或单击缩放工具属性栏中的"实际像素"按钮，可 100%显示图像，如图 2-11 所示。在此状态下，可以对文件进行精确的编辑。

图 2-11

### 2. 放大显示图像

放大显示图像，有利于观察图像的局部细节，并有利于更准确地编辑图像。

放大显示图像，有以下几种方法。

使用"缩放"工具 ：选择工具箱中的"缩放"工具 ，在图像中，光标变为放大工具 ，每单击一次鼠标，图像就会增加原图的一倍。例如，图像以 100%的比例显示在屏幕上，单击放大工具 一次，则变成 200%；再单击一次，则变成 300%，如图 2-12 和图 2-13 所示。放大一个指定的区域时，先选择放大工具 ，然后把放大工具定位在要观看的区域。按住并拖曳鼠标，使画出的矩形框圈选住要观看的区域，然后松开鼠标左键，这个区域就会放大显示并填满图像窗口，如图 2-14 和图 2-15 所示。

图 2-12

图 2-13

图 2-14

图 2-15

使用快捷键：按 Ctrl++ 组合键，可逐次地放大图像。

使用属性栏：如果希望将图像的窗口放大并填满整个屏幕，可以在缩放工具的属性栏中单击"适合屏幕"按钮，再选中"调整窗口大小以满屏显示"选项，如图 2-16 所示。这样在放大图像

时，窗口大小就会和屏幕的尺寸相适应，效果如 | 图 2-17 所示。

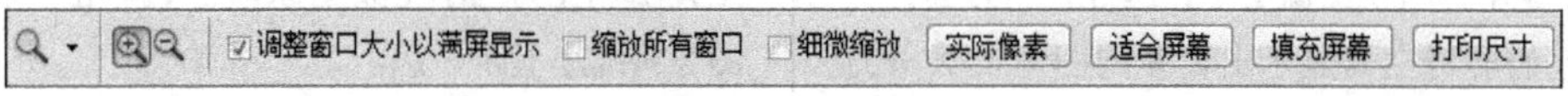

图 2-16

图 2-17

观察放大的图像，有以下几种方法。

应用"抓手"工具 ：选择工具箱中的"抓手"
工具 ，在图像中，光标变为抓手，在放大的图像
中拖曳，可以观察图像的每个部分，效果如图 2-18
所示。

拖曳滚动条：直接用鼠标拖曳图像周围的垂直
或水平滚动条，也可以观察图像的每个部分，效果
如图 2-19 所示。

图 2-18

图 2-19

### 3．缩小显示图像

缩小显示，可使图像变小，这样，一方面，可以用有限的屏幕空间显示出更多的图像，另一方面，可以看到一个较大图像的全貌。缩小显示图像，有以下几种方法。

使用"缩放"工具 🔍：选择工具箱中的"缩放"工具 🔍，在图像中，光标变为放大工具图标 ⊕，按住 Alt 键，则屏幕上的缩放工具图标变为缩小工具图标 ⊖。每单击一次鼠标，图像将缩小显示一级，如图 2-20 所示。

使用快捷键：按 Ctrl+ - 组合键，可逐次地缩小图像。

使用属性栏：在缩放工具的属性栏中，单击缩

小工具按钮 🔍，如图 2-21 所示，则屏幕上的缩放工具图标变为缩小工具图标 ⊖。每单击一次鼠标，图像将缩小显示一级。

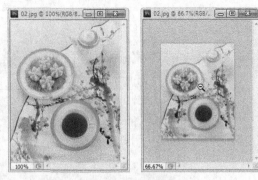

图 2-20

**技巧**

当正在使用工具箱中的其他工具时，按住 Alt+Spacebar（空格）组合键，可以快速选择缩小工具 ⊖，进行缩小显示的操作。

### 4．全屏显示图像

全屏显示图像，可以更好地观察图像的完整效果。全屏显示图像，有以下几种方法。

使用标题栏：单击标题栏中的屏幕模式按钮 🔲▾，弹出屏幕模式菜单，包括标准屏幕模式、带有菜单栏的全屏模式和全屏模式。

使用快捷键：反复按 F 键，可以切换不同的屏幕模式，如图 2-22～图 2-24 所示。按 Tab 键，可以关闭除图像和菜单外的其他控制面板，效果如图 2-25 所示。

图 2-22

图 2-23

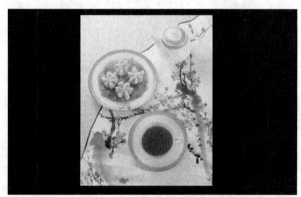

图 2-24

图 2-25

### 5. 图像窗口显示

当打开多个图像文件时，会出现多个图像文件窗口，这就需要对窗口进行布置和摆放。

在 Photoshop 界面中，双击鼠标左键，弹出"打开"对话框，在"打开"对话框中，按住 Ctrl 键的同时，用鼠标点选要打开的文件，如图 2-26 所示，然后单击"打开"按钮，效果如图 2-27 所示。

按 Tab 键，关闭界面中的工具箱和控制面板，将鼠标光标放在图像窗口的标题栏上，拖曳图像窗口到屏幕的任意位置，如图 2-28 所示。

选择"窗口>排列>层叠"或"平铺"命令，在图像窗口中层叠或平铺图像，效果如图 2-29 和图 2-30 所示。

图 2-26

图 2-27

图 2-28

图 2-29

图 2-30

### 2.2.2　在 CorelDRAW 中显示视图的方法

在使用 CorelDRAW 绘制和编辑图形图像的过程中，可以通过设置视图显示方式、预览显示方式和显示比例，对图形图像的整体和布局进行调整。具体操作方法如下。

#### 1. 设置视图的显示方式

在菜单栏中的"视图"菜单下有 6 种视图显示方式：简单线框、线框、草稿、正常、增强和像素。每种显示方式对应的屏幕显示效果都不相同。

"简单线框"模式只显示图形对象的轮廓，不显示绘图中的填充、立体化和调和等操作效果。此外，它还可显示单色的位图图像，视图效果如图 2-31

所示。

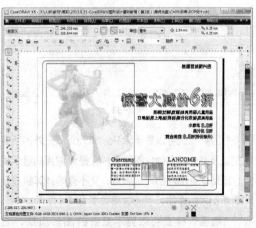

图 2-31

"线框"模式只显示单色位图图像、立体透视图和调和形状等，而不显示填充效果，视图效果如图 2-32 所示。

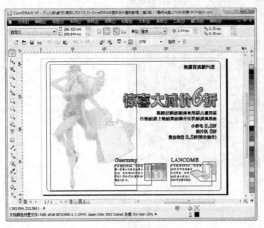

图 2-32

"草稿"模式可以显示标准的填充和低分辨率的视图。同时，在此模式中，利用了特定的样式来表明所填充的内容。如：平行线表明是位图填充，双向箭头表明是全色填充，棋盘网格表明是双色填充，"PS"字样表明是 PostScript 填充。视图效果如图 2-33 所示。

图 2-33

"正常"模式可以显示除 PostScript 填充外的所有填充以及高分辨率的位图图像。它是最常用的显示模式，既能保证图形的显示质量，又不影响计算机显示和刷新图形的速度，视图效果如图 2-34 所示。

"增强"模式可以显示最好的图形质量，它在屏幕上提供了最接近实际的图形显示效果，如

图 2-35 所示。

图 2-34

图 2-35

"像素"模式使图像的色彩表现更加丰富，但放大到一定程度时，会出现失真现象，视图效果如图 2-36 所示。

图 2-36

### 2．设置预览显示方式

在菜单栏的"视图"菜单下还有 3 种预览显示方式：全屏预览、只预览选定的对象和页面排序器视图。

"全屏预览"显示可以将绘制的图形整屏显示在屏幕上。选择"视图>全屏预览"命令，或按 F9 功能键，"全屏预览"的效果如图 2-37 所示。

图 2-37

"只预览选定的对象"只整屏显示所选定的对象。选择"视图>只预览选定的对象"命令，显示效果如图 2-38 所示。

图 2-38

"页面排序器视图"可将多个页面同时显示出来。选择"视图>页面排序器视图"命令，显示效果如图 2-39 所示。

图 2-39

### 3．设置显示比例

在绘制图形过程中，可以利用"缩放"工具及其属性栏来改变视窗的显示比例，如图 2-40 所示。属性栏包括"缩放级别"数值框、"放大"按钮、"缩小"按钮、"缩放选定对象"按钮、"缩放全部对象"按钮、"显示页面"按钮、"按页宽显示"按钮和"按页高显示"按钮。

图 2-40

可以利用"缩放"工具展开式工具栏中的"平移"工具，或拖动绘图窗口右侧和下侧的滚动条来移动视窗，观察图形图像。

## 2.3 页面的设置

在设计制作平面作品之前，要根据制作标准或客户要求来设置图像和页面的尺寸。下面具体介绍在 Photoshop 和 CorelDRAW 中设置图像和页面尺寸的方法和技巧。

### 2.3.1 在 Photoshop 中调整图像和画布

在使用 Photoshop 编辑和处理图像过程中，经常需要调整图像和画布尺寸，以满足设计制作的需求。下面具体讲解调整图像和画布尺寸的方法。

### 1．图像尺寸的调整

图像尺寸是指打开或新建图像的尺寸。打开一幅图像，如图 2-41 所示，选择"图像>图像大小"命令，系统将弹出"图像大小"对话框，如图 2-42 所示。

图 2-41

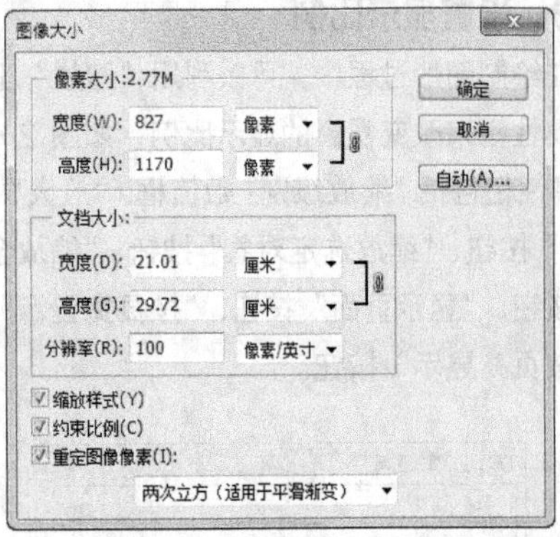

图 2-42

图 2-44

"像素大小"选项组通过改变宽度和高度的数值，改变图像在屏幕上的显示大小，图像的尺寸也相应改变；"文档大小"选项组通过改变宽度、高度和分辨率的数值，改变图像的文档大小，图像的尺寸也相应改变；"约束比例"选项，选中该复选框，在宽度和高度的选项后出现"锁链" 🔗 图标，表示改变其中一项设置时，两项会同时成比例地改变；"重定图像像素"选项，选中该复选框，像素大小将不会发生变化，此时"文档大小"选项组中的宽度、高度和分辨率的选项后将出现"锁链" 🔗 图标，改变其中一项设置时，三项会同时改变，如图 2-43 所示。

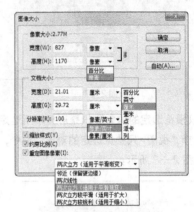

图 2-45

### 2. 画布尺寸的调整

画布尺寸是指当前图像周围工作空间的尺寸。选择"图像>画布大小"命令，系统将弹出"画布大小"对话框，如图 2-46 所示。"当前大小"选项组显示的是当前画布的大小和尺寸；"新建大小"选项组用于重新设定图像画布的大小；"定位"选项则可调整图像在新画面中的位置，可偏左、居中或偏右上等，如图 2-47 所示。

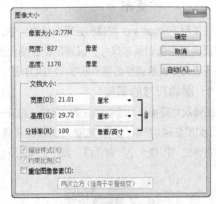

图 2-43

单击"自动"按钮，弹出"自动分辨率"对话框，系统将自动调整图像的分辨率和品质效果，如图 2-44 所示。在"图像大小"对话框中，也可以通过弹出的选项改变数值的计量单位，如图 2-45 所示。

图 2-46

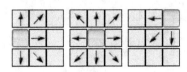

图 2-47

### 2.3.2　在 CorelDRAW 中设置页面

在使用 CorelDRAW 进行设计制作前，设置好作品的尺寸尤为重要。为了方便广大用户使用，

CorelDRAW 预设了 50 多种页面样式供用户选择，具体的操作方法如下。

在新建的 CorelDRAW 文档窗口中，属性栏可以用于设置页面的类型和大小、纸张的高度和宽度、纸张的放置方向等，如图 2-48 所示。

图 2-48

选择"布局>页面设置"命令，弹出"选项"对话框，如图 2-49 所示。在"页面尺寸"的选项框中，除了可对版面纸张的大小、放置方向等进行设置外，还可设置页面出血、分辨率等。

图 2-49

## 2.4 辅助工具的设置

在进行设计制作的过程中，为了使用户对所绘制和编辑的图形图像进行精确的定位和操作，设计软件中提供了标尺、参考线和网格等辅助工具。下面具体介绍在 Photoshop 和 CorelDRAW 中使用这些辅助工具的方法和技巧。

### 2.4.1　在 Photoshop 中的设置标尺、参考线和网格线

#### 1. 设置标尺

反复选择"视图>标尺"命令，或反复按 Ctrl+R

组合键，可以显示或隐藏标尺，如图 2-50 和图 2-51 所示。

图 2-50

图 2-51

将鼠标的光标放在标尺的 X 轴和 Y 轴的 0 点处，如图 2-52 所示。单击并按住鼠标左键不放，拖曳光标到适当的位置，如图 2-53 所示，松开鼠标左键，标尺的 X 轴和 Y 轴的 0 点就会处于光标移

动后的位置，如图 2-54 所示。

图 2-52

图 2-53

图 2-54

### 2. 设置参考线

将鼠标的光标放在水平标尺上，按住鼠标左键不放向图像窗口中拖曳，可拖曳出水平的参考线，效果如图 2-55 所示。将鼠标的光标放在垂直标尺上，按住鼠标左键不放向图像窗口中拖曳，可拖曳出垂直的参考线，效果如图 2-56 所示。

图 2-55

图 2-56

**技 巧**

*按住 Alt 键的同时在标尺上拖曳鼠标，可以从水平标尺中拖曳出垂直参考线，也可以从垂直标尺中拖曳出水平参考线。*

选择"视图>新建参考线"命令，弹出"新建参考线"对话框，如图 2-57 所示，单击"确定"按钮，可在图像窗口中的指定位置新建参考线。

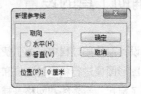

图 2-57

反复选择"视图>显示>参考线"命令（只有存在参考线的前提下此命令才能应用），或反复按 Ctrl+; 组合键，可以将参考线显示或隐藏。

选择工具箱中的"移动"工具，然后将鼠标光标放在参考线上，图标变为，按住鼠标左键拖曳可以移动参考线。

选择"视图>锁定参考线"命令，或按 Alt +Ctrl+；组合键，可以将参考线锁定，参考线锁定后不能移动。选择"视图>清除参考线"命令，可以将参考线清除。

### 3. 设置网格线

打开一张图片，如图 2-58 所示，反复选择"视图>显示>网格"命令，或反复按 Ctrl+' 组合键，可以将网格显示或隐藏，如图 2-59 所示。

原点还原到原始的位置。

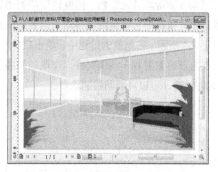

图 2-60

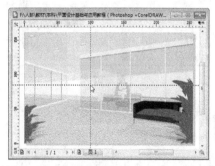

图 2-61

图 2-58

图 2-59

## 2.4.2 在 CorelDRAW 中的设置标尺、辅助线和网格

### 1. 设置标尺

反复选择"视图>标尺"命令，可以显示或隐藏标尺。

显示标尺如图 2-60 所示。将鼠标的光标放在标尺左上角的 图标上，单击并按住鼠标左键不放拖曳光标，出现十字虚线的标尺定位线，如图 2-61 所示。在需要的位置松开鼠标左键，这样可以设定新的标尺坐标原点。双击 图标，可以将标尺坐标

按住 Shift 键，将鼠标的光标放在标尺左上角的 图标上，单击并按住鼠标左键不放拖曳光标，可以将标尺移动到新位置，如图 2-62 所示。使用相同的方法，将标尺拖放回左上角，这样可以还原标尺的位置。

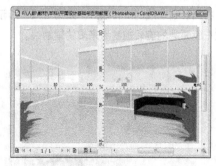

图 2-62

### 2. 设置辅助线

将鼠标的光标移动到水平或垂直标尺上，按住鼠标左键向下或向右拖曳鼠标，可以拖曳出辅助线，在适当的位置松开鼠标左键，得到辅助线如图 2-63 所示。

将鼠标的光标放在辅助线上并单击鼠标左键，辅助线被选取并呈红色，拖曳辅助线到适当的位置，松开鼠标即可将辅助线移动到需要的位置，如图 2-64 所示。在拖曳的过程中，单击鼠标右键，可以在当前位置复制一条辅助线。选取辅助线后，按 Delete 键，可以将辅助线删除。

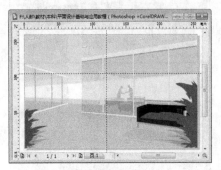

图 2-63

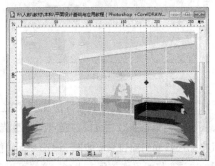

图 2-64

辅助线被选取并变成红色后，再次单击辅助线，将出现辅助线的旋转模式，如图 2-65 所示。通过拖曳两端的旋转控制点来旋转辅助线。

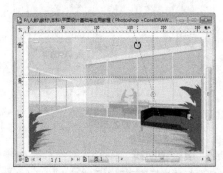

图 2-65

在辅助线上单击鼠标右键，在弹出的快捷菜单中选择"锁定对象"命令，可以将辅助线锁定，如

图 2-66 所示。这时的辅助线不能被移动，会给用户编辑对象带来方便。使用相同的方法在弹出的快捷菜单中选择"解除对象锁定"命令，可以将辅助线解锁，如图 2-67 所示。

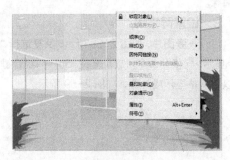

图 2-66

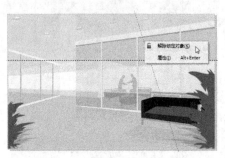

图 2-67

### 3. 设置网格

选择"视图>网格"命令，在页面中生成网格，效果如图 2-68 所示。如果想去除网格，只要再次选择"视图>网格"命令，就可以去除网格。

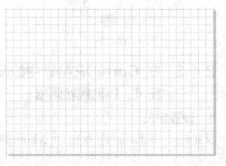

图 2-68

在绘图页面中单击鼠标右键，弹出其快捷菜单，在菜单中选择"视图>网格"命令，如图 2-69 所示，可以在页面中生成网格，再次选择相同的命令，可去除网格。

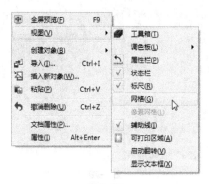

图 2-69

## 2.5 出血设置

印刷装订工艺要求接触到页面边缘的线条、图片或色块，需跨出页面边缘的成品裁切线3mm，以防止裁刀裁切到成品尺寸里面的图文或出现白边，这就需要我们在设计制作的过程中添加出血。下面将以名片的制作为例，对如何在Photoshop 或 CorelDRAW 中设置名片的出血进行细致地讲解。

### 2.5.1 在 Photoshop 中设置出血

**STEP 1** 要求制作的名片成品尺寸是90mm×55mm，如果名片有底色或花纹，则需要将底色或花纹跨出页面边缘的成品裁切线3mm。因此，在Photoshop中，新建文件的页面尺寸需要设置为96mm×61mm。

**STEP 2** 按Ctrl+N组合键，弹出"新建"对话框，选项的设置如图2-70所示，单击"确定"按钮，效果如图2-71所示。

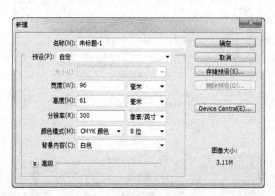

图 2-70

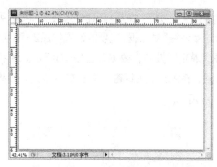

图 2-71

**STEP 3** 选择"视图>新建参考线"命令，弹出"新建参考线"对话框，选项的设置如图2-72所示，单击"确定"按钮，效果如图2-73所示。使用相同的方法，在5.8cm处新建一条水平参考线，效果如图2-74所示。

图 2-72

图 2-73

图 2-74

STEP 4 选择"视图>新建参考线"命令，弹出"新建参考线"对话框，选项的设置如图2-75所示，单击"确定"按钮，效果如图2-76所示。用相同的方法，在9.3cm处新建一条垂直参考线，效果如图2-77所示。

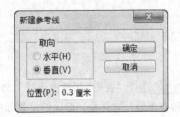

图 2-75

图 2-76

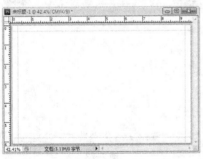

图 2-77

STEP 5 按 Ctrl+O 组合键，打开光盘中的"Ch02>素材>01"文件，如图2-78所示。选择"移动"工具，将其拖曳到新建的未标题-1文件窗口中，效果如图2-79所示，在"图层"控制面板中生成新的图层"图层1"。按Ctrl+E组合键，合并可见图层。按Ctrl+S组合键，弹出"存储为"对话框，将其命名为"名片背景"，单击"保存"按钮，弹出"TIFF选项"对话框，单击"确定"按钮，将图像保存为TIFF格式。

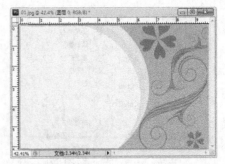

图 2-78

图 2-79

## 2.5.2　在 CorelDRAW 中设置出血

STEP 1 要求制作名片的成品尺寸是90mm×55mm，需要设置的出血是3mm。

STEP 2 按Ctrl+N组合键，新建一个文档。选择"布局>页面设置"命令，弹出"选项"对话框，在"文档"设置区的"页面尺寸"选项框中，设置"宽度"选项的数值为90mm，设置"高度"选项的数值为55mm，设置出血选项的数值为3mm，勾选"显示出血区域"复选框，如图2-80所示，单击"确定"按钮，页面效果如图2-81所示。

图 2-80

图 2-81

**STEP 3** 在页面中，实线框为名片的成品尺寸90mm×55mm，虚线框为添加出血后的尺寸，在虚线框和实线框四边之间的空白区域是3mm的出血设置，示意如图2-82所示。

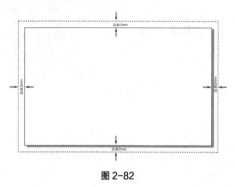

图 2-82

**STEP 4** 按Ctrl+I组合键，弹出"导入"对话框，打开光盘中的"Ch02>效果>名片背景"文件，如图2-83所示，单击"导入"按钮，在页面中单击导入的图片，按P键，使图像与页面居中对齐，效果如图2-84所示。

图 2-83

图 2-84

 **提　示**

*导入的图像是位图，所以导入图像之后，页边框被图像遮挡在下面，不能显示。为了便于读者观看，双击"矩形"工具 □，绘制一个与页面大小相等的矩形，按 Shift+PageUP 组合键，矩形显示在页面最上方。*

**STEP 5** 按Ctrl+I组合键，弹出"导入"对话框，打开光盘中的"Ch02>素材>02"文件，并单击"导入"按钮。在页面中单击导入的图片，选择"选择"工具 ，将其拖曳到适当的位置，效果如图2-85所示。选择"文本"工具 ，在页面中输入需要的文字。选择"选择"工具 ，在属性栏中选择合适的字体并设置文字大小，效果如图2-86所示。选择"视图>显示>出血"命令，将出血线隐藏，效果如图2-87所示。

图 2-85

STEP 6 删除矩形，最后制作完成的设计作品效果如图2-88所示。按Ctrl+S组合键，弹出"保存图形"对话框，将其命名为"名片"，保存为CDR格式，单击"保存"按钮，将图像保存。

图 2-86

图 2-87

图 2-88

3 Chapter

# 第 3 章
# 绘制和编辑图形图像

绘制和编辑图形图像是设计工作中最基本、最常用的技能，是进行设计创作的基础。本章将详细介绍在Photoshop 和 CorelDRAW 中绘制和编辑图形图像的方法和技巧。通过对本章的学习，读者可以熟练掌握绘制和编辑图形图像的方法和技巧，为进一步学习打下坚实的基础。

【课堂学习目标】

- 绘图工具的应用
- 路径和曲线的绘制
- 图形的填充
- 图形和图像的编辑

# 3.1 绘图工具的应用

绘图工具是最重要也是最基本的工具，通过使用这些工具，用户可以很快捷地在绘图页面上拖曳光标绘制出各种形状。下面将具体介绍在 Photoshop 和 CorelDRAW 中绘制图形的方法和技巧。

## 3.1.1 在 Photoshop 中应用绘图工具

在 Photoshop 中，绘图工具的应用极大地提高了 Photoshop 处理图像的能力，它可以用来绘制路径、形状图层和填充区域，具体的操作方法如下。

### 1. 画笔工具的应用

画笔工具可以在空白的图像中画出图画，也可以在已有的图像中对图像进行再创作。反复选择"画笔"工具 ✓，或反复按 Shift+B 组合键，可以选择或取消使用画笔工具，其属性栏的状态如图 3-1 所示。

图 3-1

"画笔"按钮：单击此按钮，弹出"画笔预设"选取器，如图 3-2 所示，在该下拉列表中可以选择需要的画笔形状，并设置笔刷大小和硬度。

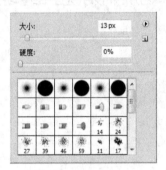

图 3-2

"切换画笔面板"按钮 ：单击此按钮，可打开"画笔"控制面板，如图 3-3 所示。

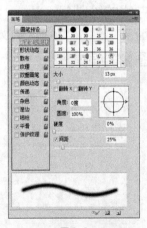

图 3-3

"模式"选项：用于选择混合模式。用喷枪工具绘制时，选择不同的模式将产生丰富的效果。

"不透明度"选项：可以设置画笔的不透明度。

"绘图板压力控制不透明度"按钮 ：使用绘图板压力来控制不透明度。

"流量"选项：用于设定喷笔压力，压力越大，喷色越浓。

"启用喷枪模式"按钮 ：可以选择喷枪效果。

"绘图板压力控制大小"按钮 ：使用绘图板压力来控制画笔的大小。

在"画笔"控制面板中，单击"画笔预设"按钮 画笔预设 ，弹出"画笔预设"控制面板，如图 3-4 所示。在画笔预设控制面板中单击选择需要的画笔。

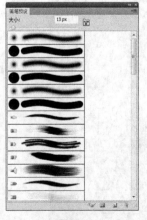

图 3-4

在"画笔"控制面板中,单击"画笔笔尖形状"按钮,切换到相应的控制面板,如图 3-5 所示,可以设置画笔笔尖的形状。

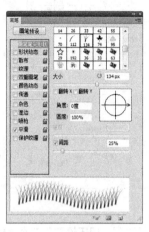

图 3-5

"大小"选项:用于设置画笔的大小。

"翻转 *X*"和"翻转 *Y*"复选框:勾选翻转 *X* 或翻转 *Y* 复选框后,将改变画笔笔尖的方向。

"角度"选项:用于设置画笔的倾斜角度。

"圆度"选项:用于设置画笔的圆滑度。

"硬度"选项:用于设置画笔所画图像的边缘的柔化程度。

"间距"选项:用于设置画笔画出的标记点之间的间隔距离。

在"画笔"控制面板中,选择"形状动态"选项,切换到相应的控制面板,如图 3-6 所示,"形状动态"选项可以增加画笔的动态效果。

图 3-6

"大小抖动"选项:用于设置动态元素的自由随机度。

"控制"选项:在弹出式菜单中可以选择各个选项,用来控制动态元素的变化。包括关、渐隐、钢笔压力、钢笔斜度和光笔轮 5 个选项。

"最小直径"选项:用来设置画笔标记点的最小尺寸。

"倾斜缩放比例"选项:当选择"控制"选项组中的"钢笔斜度"选项后,可以设置画笔的倾斜缩放比例。在使用数位板时此选项才有效。

"角度抖动"和"控制"选项:"角度抖动"选项用于设置画笔在绘制线条的过程中标记点角度的动态变化效果;在"控制"选项的弹出式菜单中,可以选择各个选项,来控制角度抖动的变化。

"圆度抖动"和"控制"选项:"圆度抖动"选项用于设置画笔在绘制线条的过程中标记点圆度的动态变化效果;在"控制"选项的弹出式菜单中,可以选择各个选项,来控制圆度抖动的变化。

"最小圆度"选项:用于设置画笔标记点的最小圆度。

在"画笔"控制面板中,选择"散布"选项,弹出相应的控制面板,如图 3-7 所示,"散布"面板可以设置画笔绘制的线条中标记点的效果。

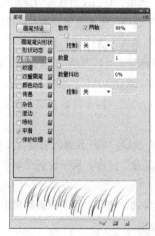

图 3-7

"散布"选项:用于设置画笔绘制的线条中标记点的分布效果。不勾选"两轴"选项,画笔标记点的分布与画笔绘制的线条方向垂直;勾选"两轴"选项,画笔标记点将以放射状分布。

"数量"选项：用于设置每个空间间隔中画笔标记点的数量。

"数量抖动"选项：用于设置每个空间间隔中画笔标记点的数量变化效果。在"控制"选项的下拉菜单中，可以选择各个选项来控制数量抖动的变化。

在"画笔"控制面板中，选择"纹理"选项，切换到相应的控制面板，如图 3-8 所示。"纹理"选项可以使画笔纹理化。

图 3-8

在控制面板的上面有纹理的预视图，单击右侧的按钮，在弹出的面板中可以选择需要的图案，勾选"反相"选项，可以设定纹理的反相效果。

"缩放"选项：用于设置图案的缩放比例。

"为每个笔尖设置纹理"选项：用于设置是否分别对每个标记点进行渲染。选择此项，下面的"最小深度"和"深度抖动"选项变为可用。

"模式"选项：用于设置画笔和图案之间的混合模式。

"深度"选项：用于设置画笔混合图案的深度。

"最小深度"选项：用于设置画笔混合图案的最小深度。

"深度抖动"选项：用于设置画笔混合图案的深度变化效果。

在"画笔"控制面板中，选择"双重画笔"选项，切换到相应的控制面板，如图 3-9 所示。双重画笔效果就是两种画笔效果混合之后的效果。

在控制面板中，"模式"选项的弹出式菜单中，可以选择两种画笔的混合模式。在画笔预视框中，选择一种画笔作为第二个画笔。

"大小"选项：用于设置第二个画笔的大小。

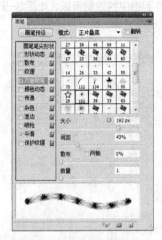

图 3-9

"间距"选项：用于设置第二个画笔在绘制的线条中的标记点之间的距离。

"散布"选项：用于设置第二个画笔在所绘制的线条中标记点的分布效果。不勾选"两轴"选项，画笔的标记点的分布与画笔绘制的线条方向垂直；勾选"两轴"选项，画笔标记点将以放射状分布。

"数量"选项：用于设置每个空间间隔中第二个画笔标记点的数量。

在"画笔"控制面板中，选择"颜色动态"选项，切换到相应的控制面板，如图 3-10 所示。"颜色动态"选项用于设置画笔绘制的过程中颜色的动态变化效果。

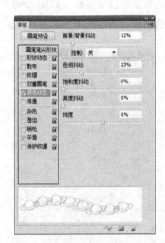

图 3-10

"前景/背景抖动"选项：用于设置画笔绘制的

线条在前景色和背景色之间的动态变化效果。

"色相抖动"选项：用于设置画笔绘制线条的色相的动态变化范围。

"饱和度抖动"选项：用于设置画笔绘制线条的饱和度的动态变化范围。

"亮度抖动"选项：用于设置画笔绘制线条的亮度的动态变化范围。

"纯度"选项：用于设置颜色的纯度。

画笔的其他选项（见图 3-11）：

"传递"选项：可以为画笔颜色添加递增或递减效果；

"杂色"选项：可以为画笔增加杂色效果；

"湿边"选项：可以为画笔增加水笔的效果；

"喷枪"选项：可以为画笔增加喷枪的效果；

"平滑"选项：可以使画笔绘制的线条产生更平滑顺畅的效果；

"保护纹理"选项：可以对所有的画笔应用相同的纹理图案。

图 3-11

### 2. 矩形工具的应用

矩形工具可以用来绘制矩形或正方形。反复选择"矩形"工具 ▦，或反复按 Shift+U 组合键，可以选择或取消使用矩形工具，其属性栏的状态如图 3-12 所示。

图 3-12

在矩形工具属性栏中，▦▨▫ 选项组用于选择创建形状图层、创建工作路径和填充像素；❀❀▦◻◯◯╱❀▾ 选项组用于选择形状路径工具的种类；▦◻◻◻◻ 选项组用于选择路径的组合方式；"样式"选项为层风格选项；"颜色"选项用于设定图形的颜色。

单击 ❀❀▦◻◯◯╱❀▾ 选项组中的 ▾ 按钮，弹出"矩形选项"面板，如图 3-13 所示。在面板中可以通过各种设置来控制矩形工具所绘制的图形区域，包括："不受约束"、"方形"、"固定大小"、"比例"和"从中心"选项。"对齐像素"选项用于使矩形边缘自动与像素边缘重合。

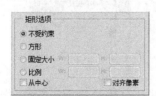

图 3-13

打开一幅图像，如图 3-14 所示。在图像中的花边中间绘制出矩形，效果如图 3-15 所示。"图层"控制面板如图 3-16 所示。

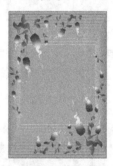

图 3-14

图 3-15

图 3-16

### 3. 圆角矩形工具的应用

圆角矩形工具可以用来绘制具有平滑边缘的矩形。反复选择"圆角矩形"工具 ▣，或反复按 Shift+U 组合键，可以选择或取消使用圆角矩形工具，属性栏的状态如图 3-17 所示。其属性栏中的内容与矩形工具属性栏的选项内容类似，只多了一项"半径"选项，用于设定圆角矩形的平滑程度，数值越大越平滑。

图 3-17

打开一幅图像，如图 3-18 所示。在图像中的花边中间绘制出圆角矩形，效果如图 3-19 所示。"图层"控制面板如图 3-20 所示。

### 4. 椭圆工具的应用

椭圆工具可以用来绘制椭圆或圆形。反复选择"椭圆"工具 ●，或反复按 Shift+U 组合键，可以选择或取消使用椭圆工具，属性栏的状态如图 3-21 所示。其属性栏中的内容与矩形工具属性栏的选项内容类似。

图 3-19

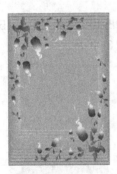

图 3-18

图 3-20

图 3-21

打开一幅图像，如图 3-22 所示。在图像中的花边中间绘制出椭圆形，效果如图 3-23 所示。"图层"控制面板如图 3-24 所示。

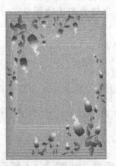

图 3-22

图 3-23

图 3-24

### 5. 多边形工具的应用

多边形工具可以用来绘制正多边形。反复选择"多边形"工具 ，或反复按 Shift+U 组合键，可以选择或取消使用多边形工具，属性栏的状态如图 3-25 所示。其属性栏中的内容与矩形工具属性栏的选项内容类似，只多了一项"边"选项，用于设定多边形的边数。

图 3-25

打开一幅图像，如图 3-26 所示。在图像中的花边中间绘制出多边形，效果如图 3-27 所示。"图层"控制面板如图 3-28 所示。

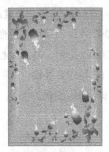

图 3-26

图 3-27

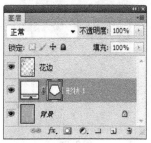

图 3-28

### 6. 直线工具的应用

直线工具可以用来绘制直线或带有箭头的线段。反复选择"直线"工具 ，或反复按 Shift+U 组合键，可以选择或取消使用直线工具，属性栏将显示如图 3-29 所示的状态。其属性栏中的内容与矩形工具属性栏的选项内容类似，只多了一项"粗细"选项，用于设定直线的宽度。

图 3-29

单击  选项组中的 按
钮，弹出"箭头"面板，如图 3-30 所示。

图 3-30

"起点"选项用于选择箭头位于线段的始端；
"终点"选项用于选择箭头位于线段的末端；"宽度"
选项用于设定箭头宽度和线段宽度的比值；"长度"
选项用于设定箭头长度和线段宽度的比值；"凹度"
选项用于设定箭头凹凸的形状。

打开一幅图像，如图 3-31 所示。在图像中的花
边中间绘制出不同效果的带有箭头的线段，如图 3-32
所示。"图层"控制面板如图 3-33 所示。

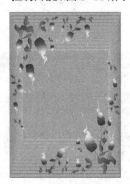

图 3-31

图 3-32

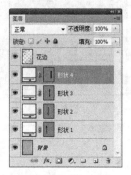

图 3-33

### 7. 自定形状工具的应用

自定形状工具可以用来绘制一些自定义的图
形。反复选择"自定形状"工具 ，或反复按 Shift+U
组合键，可以选择或取消使用自定形状工具，属性
栏的状态如图 3-34 所示。其属性栏中的内容与矩
形工具属性栏的选项内容类似，只多了一项"形状"
选项，用于选择所需的形状。

图 3-34

单击"形状"选项右侧的按钮 ，弹出如图 3-35
所示的控制面板。面板中存储了可供选择的各种不
规则形状。

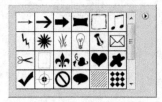

图 3-35

打开一幅图像，如图 3-36 所示。在图像中绘

制出不同的形状，效果如图 3-37 所示。"图层"控
制面板如图 3-38 所示。

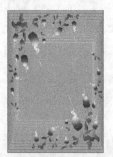

图 3-36

图 3-37

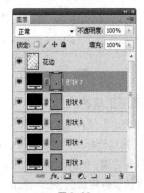

图 3-38

### 3.1.2　在 CorelDRAW 中应用绘图工具

使用 CorelDRAW 的基本绘图工具可以绘制简单的几何图形，下面介绍具体的绘制方法。

#### 1. 矩形工具的应用

选择"矩形"工具 □，在绘图页面中按住鼠标左键不放，拖曳光标到需要的位置，如图 3-39 所示，松开鼠标左键，矩形绘制完成，如图 3-40 所示。按 Esc 键，取消矩形的选取状态，效果如图 3-41 所示。

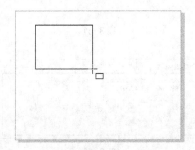

图 3-39

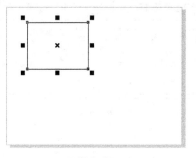

图 3-40

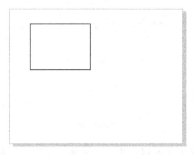

图 3-41

在属性栏中将"圆角半径" □ 选项设为 10，如图 3-42 所示。在绘图页面中绘制图形，效果如图 3-43 所示。单击小锁图标 🔒，使其处于被选中的状态，属性栏的设置如图 3-44 所示，按 Enter 键，效果如图 3-45 所示。按 Esc 键，取消矩形的选取状态。

图 3-42

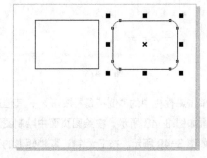

图 3-43

图 3-44

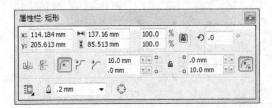

图 3-44

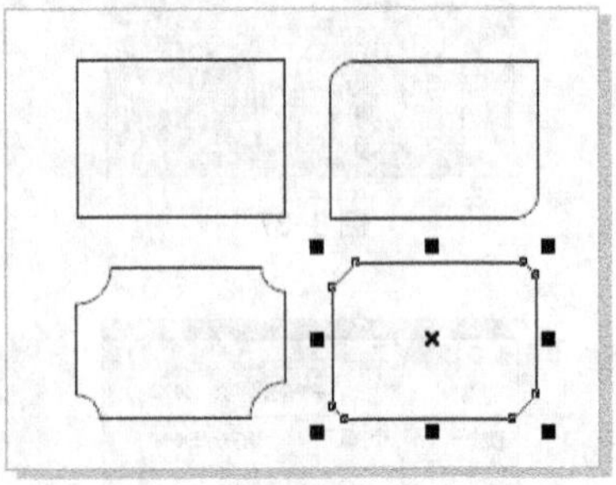

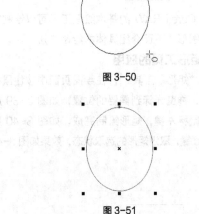

图 3-49

## 2. 椭圆形工具的应用

选择"椭圆形"工具 ○，在绘图页面中按住鼠标左键不放，拖曳光标到需要的位置，如图 3-50 所示，松开鼠标左键，椭圆形绘制完成，如图 3-51 所示。椭圆形的属性栏如图 3-52 所示。按 Esc 键，取消椭圆形的选取状态。

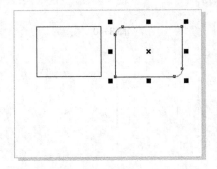

图 3-45

单击属性栏中的"扇形角"按钮 ，其他选项的设置如图 3-46 所示，在绘图页面中绘制图形，效果如图 3-47 所示。按 Esc 键，取消矩形的选取状态。

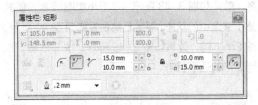

图 3-46

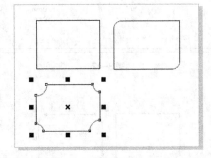

图 3-47

单击属性栏中的"倒棱角"按钮 ，其他选项的设置如图 3-48 所示，在绘图页面中绘制图形，效果如图 3-49 所示。按 Esc 键，取消矩形的选取状态。

图 3-50

图 3-51

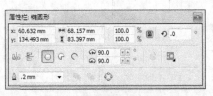

图 3-52

单击属性栏中的"饼图"按钮，在绘图页面中拖曳光标绘制饼形，如图 3-53 所示。在"起始和结束角度"框中设置饼形的起始角度和终止角度，如图 3-54 所示，按 Enter 键，效果如图 3-55 所示。按 Esc 键，取消饼形的选取状态。

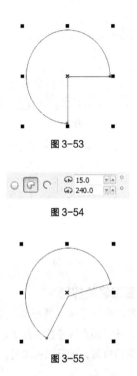

图 3-53

图 3-54

图 3-55

单击属性栏中的"弧"按钮，在绘图页面中拖曳光标绘制弧线，如图 3-56 所示。在"起始和结束角度"框中设置弧线的起始角度和终止角度，如图 3-57 所示，按 Enter 键，效果如图 3-58所示。

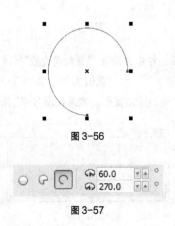

图 3-56

图 3-57

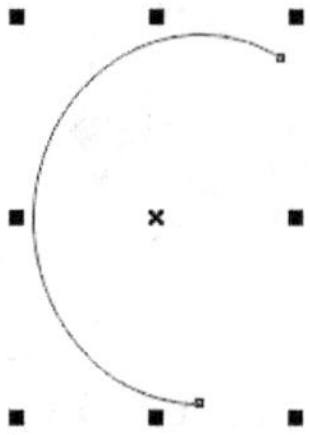

图 3-58

### 3. 基本形状工具的应用

选择"基本形状"工具，单击属性栏中的"完美形状"按钮，选择需要的基本图形，如图 3-59 所示。

图 3-59

在绘图页面中按住鼠标左键不放，从左上角向右下角拖曳光标到需要的位置，松开鼠标左键，基本图形绘制完成，效果如图 3-60 所示。

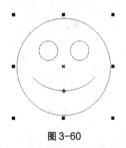

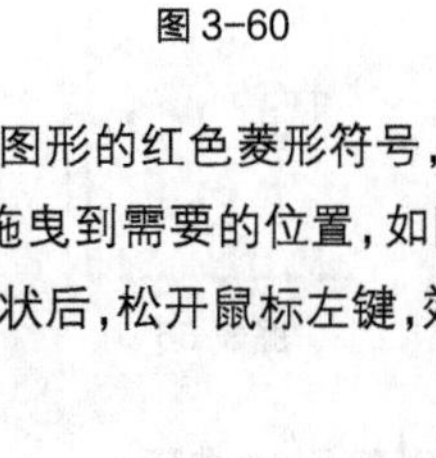

图 3-60

单击基本图形的红色菱形符号，并按住鼠标左键不放，将其拖曳到需要的位置，如图 3-61 所示。得到需要的形状后，松开鼠标左键，效果如图 3-62所示。

图 3-61

图 3-62

除了基本形状外，CorelDRAW X5 还提供了箭头形状、流程图形状、标题形状和标注形状，各面板如图 3-63～图 3-66 所示。绘制和调整的方法与基本形状相同，这里就不再赘述。

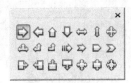

图 3-63

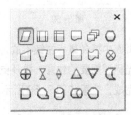

图 3-64

图 3-65

图 3-66

### 4. 多边形工具的应用

选择"多边形"工具 ○，在绘图页面中按住鼠标左键不放，拖曳光标到需要的位置，松开鼠标左键，多边形绘制完成，如图 3-67 所示。

在属性栏中，设置"点数或边数" ○5 数值为 7，如图 3-68 所示，按 Enter 键，在绘图页面中绘制多边形，效果如图 3-69 所示。

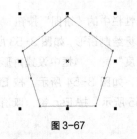

图 3-67

图 3-68

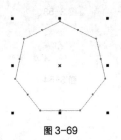

图 3-69

### 5. 星形工具的应用

选择"多边形"工具 ○展开式工具栏中的"星形"工具 ☆，在绘图页面中按住鼠标左键不放，拖曳光标到需要的位置，松开鼠标左键，星形绘制完成，如图 3-70 所示。

图 3-70

在属性栏中，设置"点数或边数" ☆5 数值为 8，"锐度" ▲53 数值为 70，如图 3-71 所示，按 Enter 键，绘制星形，效果如图 3-72 所示。

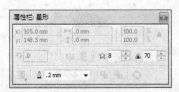

图 3-71

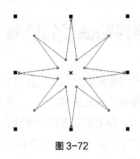

图 3-72

### 6. 复杂星形工具的应用

选择"多边形"工具 ◯ 展开式工具栏中的"复杂星形"工具 ✪，在绘图页面中按住鼠标左键不放，拖曳光标到需要的位置，松开鼠标左键，复杂星形绘制完成，如图 3-73 所示。

图 3-73

在属性栏中，设置"点数或边数" ✪9 ⊟ 数值为 12，"锐度" ▲2 ⊟ 数值为 4，如图 3-74 所示，按 Enter 键，绘制复杂星形，效果如图 3-75 所示。

图 3-74

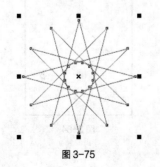

图 3-75

### 7. 螺纹工具的应用

选择"螺纹"工具 ◎，在绘图页面中按住鼠标左键不放，从左上角向右下角拖曳光标到需要的位置，松开鼠标左键，对称式螺纹绘制完成，如图 3-76 所示。从右下角向左上角拖曳光标，绘制出反向的对称式螺旋线，如图 3-77 所示。

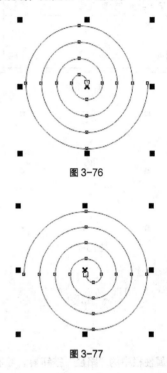

图 3-76

图 3-77

在属性栏中的 ◎4 ⊟ 框中重新设定螺旋线的圈数，如图 3-78 所示，按 Enter 键，在绘图页面中绘制出需要的螺旋线，如图 3-79 所示。

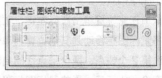

图 3-78

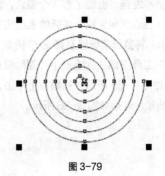

图 3-79

单击属性栏中的"对数螺纹"按钮 ◎ ，在 ▒ ▒ 中可以设定螺旋线的扩展参数，如图3-80所示。在绘图页面中按住鼠标左键不放，从左上角向右下角拖曳光标到需要的位置，松开鼠标左键，对数式螺旋线绘制完成，如图3-81所示。

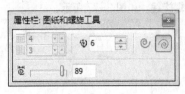

图3-80

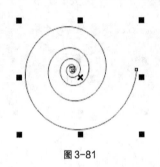

图3-81

# 3.2 路径和曲线的绘制

路径和曲线的绘制是绘图工具的进阶操作，只有掌握了绘制路径和曲线的方法，才可能创作出更加精美的图形，得到更加丰富的视觉效果。下面将具体介绍在Photoshop和CorelDRAW中绘制路径和曲线的方法和技巧。

## 3.2.1 在 Photoshop 中绘制路径

路径对于 Photoshop 高手来说是一个非常得力的助手。使用路径可以进行复杂图像的选取，还可以存储选取区域以备再次使用，更可以用路径来绘制线条平滑的优美图形。下面介绍具体的绘制方法。

### 1. 钢笔工具的使用

钢笔工具用于在 Photoshop CS5 中绘制路径。反复选择"钢笔"工具 ✐ ，或反复按 Shift+P 组合键，可以选择或取消使用钢笔工具，其属性栏状态如图3-82所示。

图3-82

单击属性栏中的"路径"按钮 ▨ ，绘制的将是路径。单击"形状图层"按钮 ▢ ，将绘制出形状图层。勾选"自动添加/删除"复选框，可直接利用钢笔工具在路径上单击来添加锚点，或单击路径上已有的锚点来删除锚点。

在图像中任意位置单击鼠标左键，创建出第1个锚点，将鼠标图标移动到其他位置再单击鼠标左键，则创建第2个锚点，两个锚点之间自动以直线连接，如图3-83所示。再将鼠标图标移动到其他位置单击鼠标左键，出现了第3个锚点，系统将在第2、第3锚点之间生成一条新的直线路径，如图3-84所示。将鼠标指针移至第2个锚点上，光标由"钢笔"工具图标 ✐ 转换成了"删除锚点"工具图标 ✐ ，如图3-85所示，在锚点上单击，可将第2个锚点删除，效果如图3-86所示。

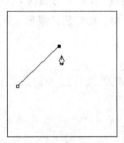

图3-83

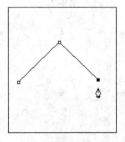

图3-84

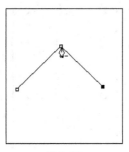

图 3-85

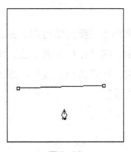

图 3-86

使用"钢笔"工具，单击建立新的锚点并按住鼠标左键拖曳，建立曲线段和曲线锚点，如图 3-87 所示。松开鼠标左键，按住 Alt 键同时，用"钢笔"工具单击刚建立的曲线锚点，如图 3-88 所示，将其转换为直线锚点。在其他位置再次单击建立下一个新的锚点，可在曲线段后绘制出直线段，如图 3-89 所示。

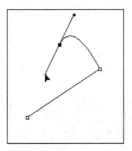

图 3-87

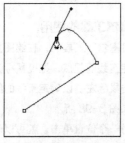

图 3-88

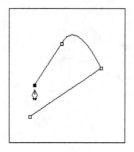

图 3-89

按住 Shift 键，创建锚点时，会强迫系统以 45°角或 45°角的倍数绘制路径；按住 Alt 键，当鼠标光标移到锚点上时，指针暂时由"钢笔"工具图标转换成"转换点"工具图标；按住 Ctrl 键，鼠标光标暂时由"钢笔"工具图标转换成直接选择工具图标。

### 2.　自由钢笔工具的使用

自由钢笔工具用于在 Photoshop 中绘制不规则路径。反复选择"自由钢笔"工具，或反复按 Shift+P 组合键，可以选择或取消使用自由钢笔工具。属性栏如图 3-90 所示，选项内容与钢笔工具属性栏基本相同，只有"自动添加/删除"选项变为"磁性的"选项，用于将自由钢笔工具变为磁性钢笔工具，与磁性套索工具相似。

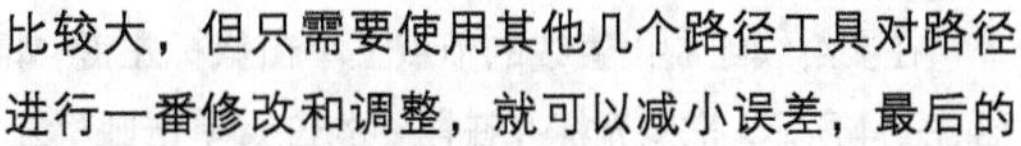

图 3-90

在图像的左上方单击鼠标确定最初的锚点，然后沿图像小心地拖曳鼠标并单击，确定其他的锚点，如图 3-91 所示。可以看到在选择中误差比较大，但只需要使用其他几个路径工具对路径进行一番修改和调整，就可以减小误差，最后的效果如图 3-92 所示。

图 3-91

图 3-92

### 3.2.2　在 CorelDRAW 中绘制曲线

在 CorelDRAW 中提供了多种绘制曲线的工具，可以绘制出多种精美的线条和图形，使画面产生丰富的变化，设计制作出不同风格的设计作品。下面介绍具体的绘制方法。

#### 1. 手绘工具的使用

选择"手绘"工具 ，在绘图页面中单击鼠标左键确定曲线的起点，同时按住鼠标左键并拖曳鼠标绘制需要的曲线，松开鼠标左键，一条曲线绘制完成，如图 3-93 所示。

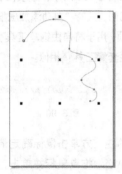

图 3-93

在要继续绘制出直线的节点上单击鼠标左键，如图 3-94 所示。拖曳光标并在需要的位置单击鼠标左键，可以绘制出一条直线，效果如图 3-95 所示。

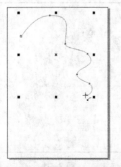

图 3-94

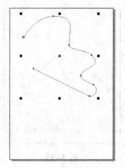

图 3-95

将鼠标光标放在要继续绘制的曲线节点上，如图 3-96 所示。按住鼠标左键不放，拖曳鼠标绘制出需要的曲线，松开鼠标左键后图形绘制完成，效果如图 3-97 所示。

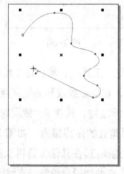

图 3-96

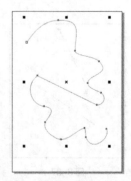

图 3-97

#### 2. 贝塞尔工具的使用

选择"贝塞尔"工具 ，在绘图页面中单击鼠标左键以确定直线的起点，拖曳鼠标光标到需要的位置，再单击鼠标左键以确定直线的终点，绘制出一段直线，如图 3-98 所示。

只要在另一个位置单击，就可以确定下一个节点，绘制出折线的效果，如图 3-99 所示。如果想

绘制出多个折角的折线，只要继续确定节点即可，
如图 3-100 所示。

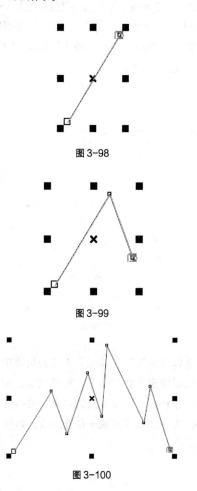

图 3-98

图 3-99

图 3-100

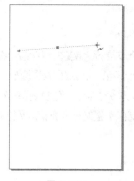

图 3-101

图 3-102

图 3-103

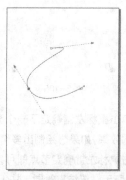

图 3-104

选择"贝塞尔"工具 ，在绘图页面中按下鼠
标左键，并拖曳鼠标以确定曲线的起点，松开鼠标左
键，该节点的两边出现控制线和控制点，如图 3-101
所示。

将鼠标的光标移动到需要的位置单击，并按住
鼠标左键不动，在两个节点间出现一条曲线段，拖
曳鼠标，第 2 个节点的两边出现控制线和控制点，
控制线和控制点会随着光标的移动而发生变化，曲
线的形状也会随之发生变化，达到需要的效果后松
开鼠标左键，如图 3-102 所示。

在下一个需要的位置单击鼠标左键后，将出现
一条连续的平滑曲线，如图 3-103 所示。用"形状"
工具 ，在第 2 个节点处单击鼠标左键，出现控制线
和控制点，效果如图 3-104 所示。

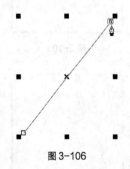

**提 示**

*当确定一个节点后，在这个节点上双击，再单击确定下一个节点，会绘制出现直线。当确定一个节点后，在这个节点上双击鼠标左键，再单击确定下一个节点并拖曳这个节点，可绘制出现曲线。*

### 3. 艺术笔工具的使用

选择"艺术笔"工具 ，属性栏如图 3-105 所示。其包含了 5 种模式 ，分别是："预设"模式、"笔刷"模式、"喷涂"模式、"书法"模式和"压力"模式。

图 3-105

"预设"模式提供了多种线条类型，并且可以改变曲线的宽度。

"笔刷"模式提供了多种颜色样式的笔刷，将笔刷运用在绘制的曲线上，可以绘制出漂亮的效果。

"喷涂"模式提供了多种有趣的图形对象，这些图形对象可以应用在绘制的曲线上。

"书法"模式可以获得类似书法笔的效果，可以改变曲线的粗细。

"压力"模式可以用压力感应笔或键盘输入的方式改变线条的粗细，应用好这个功能可以获得特殊的图形效果。

### 4. 钢笔工具的使用

选择"钢笔"工具 ，在绘图页面中单击鼠标左键以确定直线的起点，拖曳鼠标光标到需要的位置，再单击鼠标左键以确定直线的终点，绘制出一段直线，效果如图 3-106 所示。

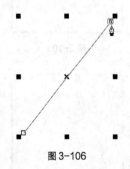

图 3-106

再继续单击鼠标左键确定下一个节点，就可以绘制出折线的效果，如果想绘制出多个折角的折线，只要继续单击鼠标左键确定节点即可，折线的效果如图 3-107 所示。要结束绘制，按 Esc 键或双击鼠标即可。

图 3-107

选择"钢笔"工具 ，在绘图页面中单击鼠标左键以确定曲线的起点。松开鼠标左键，将鼠标的光标移动到需要的位置再单击并按住左键不动，在两个节点间出现一条直线段，如图 3-108 所示。

图 3-108

拖曳鼠标，第 2 个节点的两边出现控制线和控制点，控制线和控制点会随着光标的移动而发生变化，直线段变为曲线的形状，如图 3-109 所示。达到需要的效果后松开鼠标左键，曲线的效果如图 3-110 所示。使用相同的方法可以对曲线继续绘制，效果如图 3-111、图 3-112 所示。按 Esc 键，绘制完成的曲线效果如图 3-113 所示。

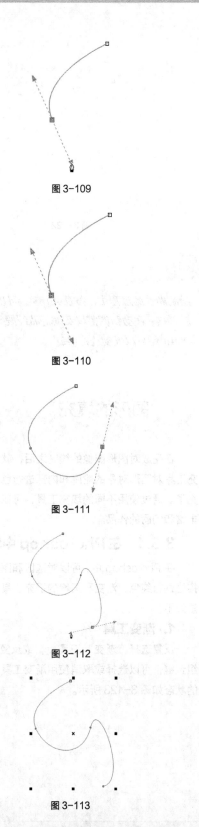

图 3-109

图 3-110

图 3-111

图 3-112

图 3-113

按住 C 键，在要继续绘制出直线的节点上按
住鼠标左键并拖曳光标，这时出现节点的控制点。

松开 C 键，将控制点拖曳到下一个节点的位置，
如图 3-114 所示。松开并单击鼠标左键，可以绘
制出一段直线，效果如图 3-115 所示。

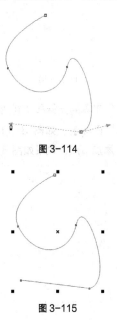

图 3-114

图 3-115

选择"钢笔"工具 ，在页面中绘制一条路
径，如图 3-116 所示。在属性栏中单击"自动添
加或删除节点"按钮 ，曲线绘制的过程变为"自
动添加/删除节点"模式。将"钢笔"工具的光标
移动到节点上，光标变为"删除节点"图标 ，
如图 3-117 所示，单击鼠标左键可以删除节点，效果
如图 3-118 所示。

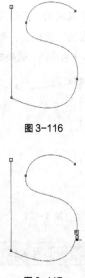

图 3-116

图 3-117

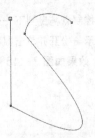

图 3-118

将"钢笔"工具的光标移动到曲线上，光标变为"添加节点"图标 ♦₊，如图 3-119 所示。单击鼠标左键可以添加节点，效果如图 3-120 所示。

图 3-119

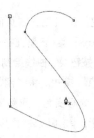

图 3-120

将"钢笔"工具的光标移动到曲线的起始点，光标变为"闭合曲线"图标 ♦₀，如图 3-121 所示。单击鼠标左键可以闭合曲线，效果如图 3-122 所示。

图 3-121

图 3-122

 **提示**

*绘制曲线的过程中，按住 Alt 键，可以进行节点的转换、移动和调整以及编辑曲线段等操作；松开 Alt 键可以继续进行绘制。*

## 3.3 图形的填充

在完成对图形图像的绘制之后，就可以使用填充工具对图形对象的轮廓和内部进行色彩和图案填充了。通过使用不同的填充工具，可以制作出更加丰富和绚丽的作品。

### 3.3.1 在 Photoshop 中填充图形

在 Photoshop 中，可以对选区和图层的内部和描边进行纯色、渐变和图案的填充。具体的填充方法如下。

#### 1. 渐变工具

反复选择"渐变"工具 ■，或反复按 Shift+G 组合键，可以选择或取消使用渐变工具，其属性栏的状态如图 3-123 所示。

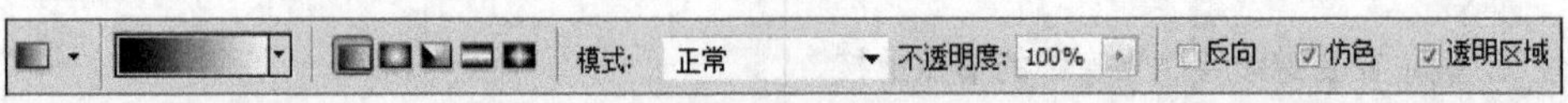

| ■ ▾ | ■■■■■ ▾ | ■■■■■ | 模式： | 正常 | ▾ | 不透明度： 100% | ▸ | □反向 | ☑仿色 | ☑透明区域 |

图 3-123

"点按可编辑渐变"按钮  用于选择和编辑渐变的色彩；选项用于选择不同类型的渐变，包括"线性渐变"、"径向渐变"、"角度渐变"、"对称渐变"和"菱形渐变"；"模式"选项用于选择着色的模式；"不透明度"选项用于设定不透明度；"反向"选项用于产生反向色彩渐变的效果；"仿色"选项用于使渐变更平滑；"透明区域"选项用于产生不透明度。

如果要自行编辑渐变形式和色彩，可单击"点按可编辑渐变"按钮 ，在弹出的如图 3-124 所示的"渐变编辑器"对话框中进行操作。

图 3-124

设置渐变颜色：在"渐变编辑器"对话框中，单击颜色编辑框下边的适当位置，可以增加颜色，如图 3-125 所示。在下面的"颜色"选项中选择颜色，或双击刚建立的颜色按钮，弹出颜色"拾色器"对话框，如图 3-126 所示，在其中选择适合的颜色，单击"确定"按钮，可改变颜色。在"位置"选项中输入数值或用鼠标直接拖曳颜色滑块，都可以调整颜色的位置。

任意选择一个颜色滑块，如图 3-127 所示，单击下面的"删除"按钮，或按 Delete 键，可以将颜色删除，如图 3-128 所示。

图 3-125

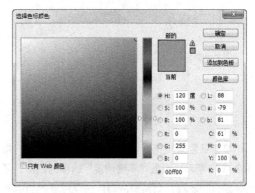

图 3-126

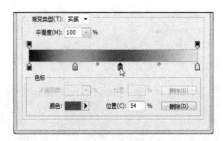

图 3-127

图 3-128

单击颜色编辑框左上方的黑色按钮，如图 3-129 所示，再调整"不透明度"选项，可以使开始的颜色到结束的颜色显示透明的效果，如图 3-130 所示。

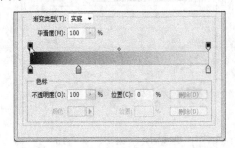

图 3-129

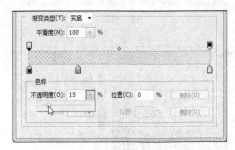

图 3-130

单击颜色编辑框的上方，会出现新的色标，如图 3-131 所示。设置"不透明度"选项的数值，可以使新色标的颜色向两边的颜色出现过渡式的透明效果，如图 3-132 所示。

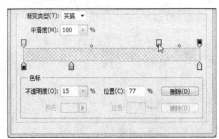

图 3-131

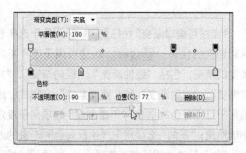

图 3-132

使用渐变工具：选择不同的渐变工具，在图像中单击并按住鼠标左键，拖曳鼠标到适当的位置，松开鼠标左键，可以获得不同的渐变效果，如图 3-133 所示。

图 3-133

### 2. 油漆桶工具

反复选择"油漆桶"工具，或反复按 Shift+G 组合键，可以选择或取消使用油漆工具，其属性栏的状态如图 3-134 所示。

图 3-134

"填充"选项用于选择填充的是前景色或是图案；"模式"选项用于选择着色的模式；"不透明度"选项用于设定不透明度；"容差"选项用于设定色差的范围，数值越小，容差越小，填的区域也越小；

"消除锯齿"选项用于消除边缘锯齿；"连续的"选项用于设定填充方式；"所有图层"选项用于选择是否对所有可见层进行填充。

原图像如图 3-135 所示。选择"油漆桶"

工具 🔥,在属性栏中对"容差"选项进行不同的设定,在图像窗口中的填充效果如图 3-136～图 3-139 所示。

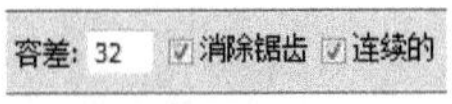

容差: 32  ☑ 消除锯齿 ☑ 连续的

图 3-135                    图 3-136

容差: 60  ☑ 消除锯齿 ☑ 连续的

图 3-137 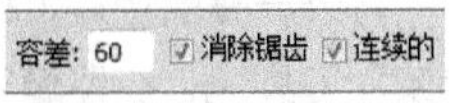                    图 3-138

图 3-139

在油漆桶工具属性栏中对"填充"和"图案"选项进行设置,如图 3-140 所示。用油漆桶工具在图像窗口中填充,效果如图 3-141 所示。

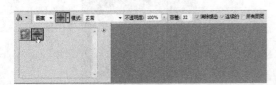

图 3-140

图 3-141

### 3.填充命令

打开一幅图像,在图像窗口中绘制出选区,如图 3-142 所示。选择"编辑>填充"命令,弹出"填充"对话框,如图 3-143 所示进行设置,单击"确定"按钮,填充效果如图 3-144 所示。

图 3-142

填充

内容
使用(U): 前景色
自定图案

混合
模式(M): 正常
不透明度(O): 100  %
☐ 保留透明区域(P)

确定
取消

图 3-143

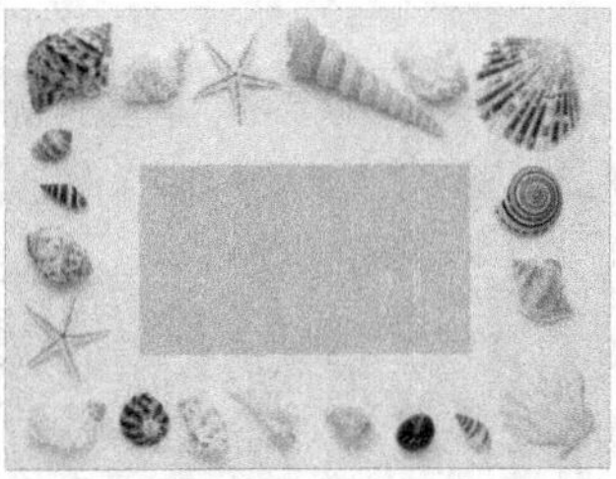

图 3-144

### 4.定义并填充图案

打开一幅图像并绘制出要定义为图案的选区,如图 3-145 所示。选择"编辑>定义图案"命令,弹出"图案名称"对话框，如图 3-146 所示，单击"确定"按钮，定义图案。按 Ctrl+D 组合键，取消选区。

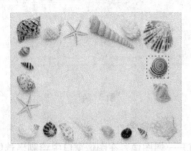

图 3-145

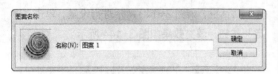

图 3-146

选择"编辑>填充"命令，弹出"填充"对话框，在"自定图案"选项中选择新定义的图案，按图 3-147 所示进行设置，单击"确定"按钮，填充效果如图 3-148 所示。

图 3-147

图 3-148

在"填充"对话框的"模式"选项中选择不同的填充模式，按图 3-149 所示进行设置，单击"确

定"按钮，填充效果如图 3-150 所示。

图 3-149

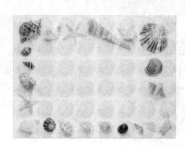

图 3-150

### 5. 描边效果

打开一幅图像，如图 3-151 所示。选择"磁性套索"工具，在图像窗口中适当的位置单击并按住鼠标左键，沿贝壳图像的轮廓拖曳鼠标，"磁性套索"工具的磁性轨迹会紧贴贝壳图像的轮廓，将光标移回到起点，当光标变为图标时，如图 3-152 所示，单击封闭选区，如图 3-153 所示。

图 3-151

图 3-152

图 3-153

选择"选择>修改>扩展"命令，在弹出的对话框中进行设置，如图 3-154 所示，单击"确定"按钮，扩展选区。选择"编辑>描边"命令，弹出"描边"对话框，按图 3-155 所示进行设置，单击"确定"按钮。按 Ctrl+D 组合键，取消选区，描边的效果如图 3-156 所示。

图 3-154

图 3-155

图 3-156

如果在"描边"对话框中将"模式"选项设置为"差值"，如图 3-157 所示，单击"确定"按钮。按 Ctrl+D 组合键，取消选区，描边的效果如图 3-158 所示。

图 3-157

图 3-158

### 3.3.2　在 CorelDRAW 中填充图形

在 CorelDRAW 中，可以对图形对象的内部进行单色、渐变、图案等多种方式的填充，但对轮廓只能进行单色填充。具体的填充方法如下。

#### 1. 调色板填充

使用"选择"工具 选中要填充的图形对象，如图 3-159 所示。在调色板中选中的颜色上单击鼠标左键，如图 3-160 所示，图形对象的内部被选中的颜色填充，如图 3-161 所示。

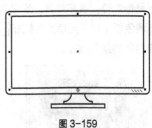

图 3-159

图 3-160

图 3-161

在调色板中选中的颜色上单击鼠标右键，如图 3-162 所示，图形对象的轮廓线被选中的颜色填充，如图 3-163 所示。按 Esc 键，取消选取状态。

图 3-162

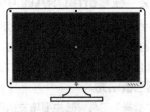

图 3-163

选中调色板中的色块，如图 3-164 所示，按住鼠标左键不放拖曳色块到图形对象上，如图 3-165 所示，松开鼠标左键，填充对象，效果如图 3-166 所示。单击调色板中的"无填充"按钮 ⊠，可取消对图形对象内部的颜色填充。

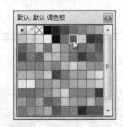

图 3-164

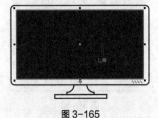

图 3-165

图 3-166

### 2. 泊坞窗填充

选择要填充的图形，如图 3-167 所示。在"颜色"泊坞窗中调配颜色，如图 3-168 所示。

图 3-167

图 3-168

调配好颜色后，单击"填充"按钮，如图 3-169 所示，颜色填充到图形的内部，效果如图 3-170 所示。再次调配颜色，单击"轮廓"按钮，如图 3-171 所示，填充颜色到图形的轮廓线，效果如图 3-172 所示。

图 3-169

图 3-170

图 3-171

图 3-172

### 3. 渐变填充

选择"填充"工具 ，展开工具栏中的"渐变填充"工具 ，弹出"渐变填充"对话框，如图 3-173 所示。在对话框中的"颜色调和"设置区中可选择渐变填充的两种类型，"双色"或"自定义"渐变填充。

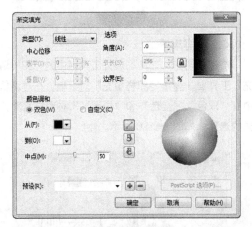

图 3-173

"双色"渐变填充的对话框如图 3-173 所示。"预设"选项中包含了 CorelDRAW X5 预设的一些渐变效果。如果调配好一个渐变效果，可以单击"预设"选项右侧的按钮 ，将调配好的渐变效果添加到预设选项中，单击"预设"选项右侧的按钮 ，可以删除预设选项中的渐变效果。在"颜色调和"设置区的中部有 3 个按钮，可以用它们来确定颜色

在"色轮"中所要遵循的路径。在上方的按钮 表示由沿直线变化的色相和饱和度来决定中间的填充颜色。在中间的按钮 表示以"色轮"中沿逆时针路径变化的色相和饱和度决定中间的填充颜色。在下面的按钮 表示以"色轮"中沿顺时针路径变化的色相和饱和度决定中间的填充颜色。在对话框中设置好渐变颜色后，单击"确定"按钮，完成图形的渐变填充。

单击选择"自定义"单选项，如图 3-174 所示。在"颜色调和"设置区中，出现了"预览色带"和"调色板"，在"预览色带"上方的左右两侧各有一个小正方形，分别表示自定义渐变填充的起点和终点颜色。单击终点的小正方形将其选中，小正方形由白色变为黑色，如图 3-175 所示。再单击调色板中的颜色，可改变自定义渐变填充终点的颜色。

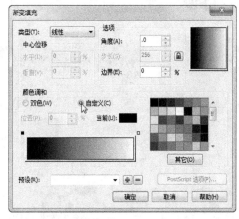

图 3-174

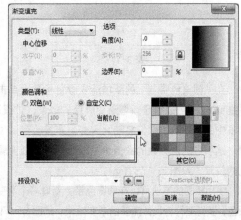

图 3-175

在"预览色带"上的起点和终点颜色之间双击鼠标左键，将在预览色带上产生一个黑色倒三角形，也就是新增了一个渐变颜色标记，如图 3-176 所示。"位置"选项中显示的百分数就是当前新增渐变颜色标记的位置。"当前"选项中显示的颜色就是当前新增渐变颜色标记的颜色。在"调色板"中单击需要的渐变颜色，"预览"色带上新增渐变颜色标记上的颜色将改变为需要的新颜色。"当前"选项中将显示新选择的渐变颜色，如图 3-177 所示。

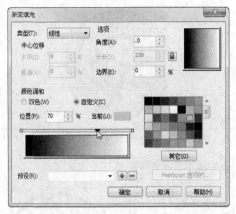

图 3-178

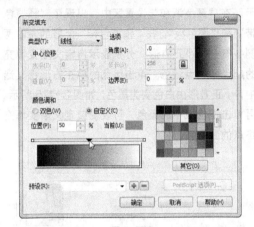

图 3-176

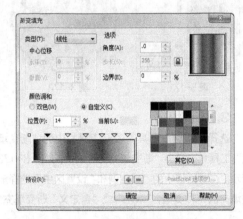

图 3-179

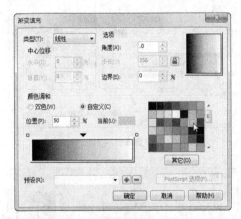

图 3-177

在"预览色带"上的新增渐变颜色标记上单击并拖曳光标，可以调整新增渐变颜色的位置，"位置"选项中的百分数的数值将随之改变。直接改变"位置"选项中的百分数的数值也可以调整新增渐变颜色的位置，如图 3-178 所示。

使用相同的方法可以在预览色带上新增多个渐变颜色，获得更符合设计需要的渐变效果，如图 3-179 所示。

### 4. 图样填充

选择"填充"工具，展开工具栏中的"图样填充"工具，弹出"图样填充"对话框，在对话框中有"双色"、"全色"和"位图"3 种图样填充方式的选项，如图 3-180 所示。

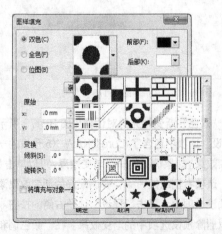

双色

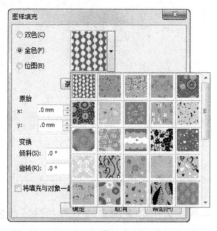

全色

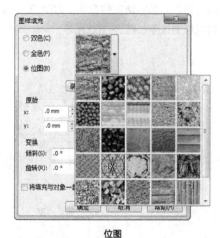

位图

图 3-180

"双色"：用两种颜色构成的图案来填充，也就是通过设置前景色和背景色的颜色来填充。

"全色"：图案由矢量和线描样式图像来生成的。

"位图"：使用位图图像进行填充。

"装入"按钮：可载入已有图片。

"创建"按钮：弹出"双色图案编辑器"对话框，单击鼠标左键绘制图案。

"大小"选项组：用来设置平铺图案的尺寸大小。

"变换"选项组：用来使图案产生倾斜或旋转变化。

"行或列位移"选项组：用来使填充图案的行或列产生位移。

### 5．底纹填充

选择"填充"工具，展开工具栏中的"底纹填

充"工具，弹出"底纹填充"对话框。

在对话框中，CorelDRAW X5 的底纹库提供了多个样本组和几百种预设的底纹填充图案，如图 3-181 所示。

图 3-181

在对话框中的"底纹库"选项的下拉列表中可以选择不同的样本组。CorelDRAW X5 底纹库提供了 7 个样本组。选择样本组后，在下面的"底纹列表"中，显示出样本组中的多个底纹的名称，单击选中一个底纹样式，下面的"预览"框中显示出底纹的效果。

在"底纹列表"中选择需要的底纹效果后，可以将底纹填充到图形对象中，几个填充不同底纹的图形效果如图 3-182 所示。

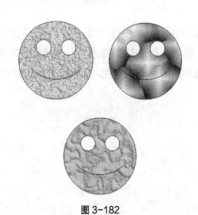

图 3-182

### 6．网状填充

绘制一个要进行网状填充的图形，如图 3-183

所示。选择"交互式填充"工具 ，展开工具栏中的
"网状填充"工具 ，在属性栏中将横竖网格的数
值均设置为 3，如图 3-184 所示，按 Enter 键，图
形的网状填充效果如图 3-185 所示。

图 3-183

图 3-184

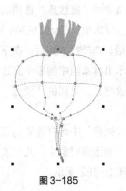

图 3-185

单击选中网格中需要填充的节点，如图 3-186
所示。在调色板中需要的颜色上单击鼠标左键，可
以为选中的节点填充颜色，效果如图 3-187 所示。

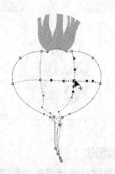

图 3-186

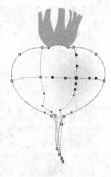

图 3-187

再依次选中需要填充的节点并进行颜色填
充，如图 3-188 所示。选中节点后，拖曳节点的
控制点可以扭曲颜色填充的方向，如图 3-189 所
示。网状填充效果如图 3-190 所示。

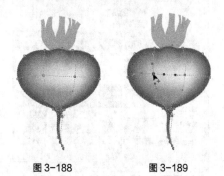

图 3-188　　　　　图 3-189

图 3-190

### 7．轮廓线填充

选取要填充轮廓线的图形，单击"轮廓笔"按
钮 ，弹出"轮廓笔"对话框，如图 3-191 所示。
"颜色"选项可以设置轮廓线的颜色。
"宽度"选项可以设置轮廓线的宽度值和宽度
的度量单位。
"样式"选项中可以选择轮廓线的样式。
"角"设置区可以设置轮廓线拐角的方式有 3

种，分别是尖角、圆角和平角。

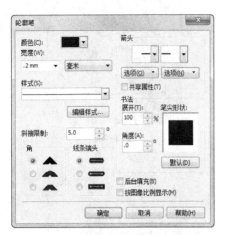

图 3-191

"线条端头"设置区可以设置线条端头的样式，分别是削平两端点、两端点延伸成半圆形和削平两端点并延伸。

"箭头"设置区可以设置线条两端的箭头样式。

"书法"设置区可以设置笔尖的效果。

"后台填充"复选框会将图形对象的轮廓置于图形对象的填充之后。图形对象的填充会遮挡图形对象的轮廓颜色，用户只能观察到轮廓的一段宽度的颜色。

"按图像比例显示"复选框，在缩放图形对象时，图形对象的轮廓线会根据图形对象的大小而改变，使图形对象的整体效果保持不变。

## 3.4　图形和图像的编辑

在完成设计作品的过程中，为了提高用户编辑和处理图像的效率，熟练掌握图形图像的编辑方法和技巧尤为重要。下面将具体介绍在 Photoshop 和 CorelDRAW 中编辑图形图像的方法和技巧。

### 3.4.1　在 Photoshop 中编辑图像

在 Photoshop 中，可以对图像的选区和画布进行选取、移动、复制、删除、裁剪和变换操作，具体的操作方法如下。

**1. 图像的选取**

对图像进行编辑，首先要进行选择图像的操作。能够快捷精确地选择图像，是提高处理图像效率的关键。Photoshop 中的选取工具主要有选框工具、套索工具和魔棒工具几种。

使用选框工具选取：反复选择"矩形选框"工具，或反复按 Shift+M 组合键，可以选择或取消使用选框工具，其属性栏状态如图 3-192 所示。

图 3-192

"新选区" ：去除旧选区，绘制新选区。"添加到选区" ：在原有选区的上面增加新的选区。"从选区减去" ：在原有选区上减去新选区的部分。"与选区交叉" ：选择新旧选区重叠的部分。"羽化"：用于设定选区边界的羽化程度。"消除锯齿"：用于清除选区边缘的锯齿。"样式"：用于选择选区类型。"高度和宽度互换"按钮 ，可以快速地将宽度和高度比的数值互相交换。

选择"矩形选框"工具 ，在图像中适当的位置单击并按住鼠标不放，向右下方拖曳鼠标绘制选区；松开鼠标，矩形选区绘制完成，选区中的内容被选取，如图 3-193 所示。按住 Shift 键，在图像

中适当的位置单击并按住鼠标不放，可以绘制出正方形选区，正方形选区中的内容被选取，如图 3-194 所示。

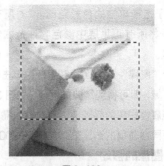

图 3-193

图 3-194

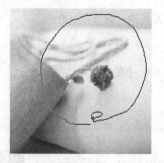

图 3-196

因"椭圆选框"工具的应用与"矩形选框"工具基本相同，这里就不再赘述。

使用套索工具选取：反复选择"套索"工具，或反复按 Shift+L 组合键，可以选择或取消使用套索工具，其属性栏状态如图 3-195 所示。

图 3-195

：为选择方式选项。"羽化"：用于设定选区边缘的羽化程度。"消除锯齿"：用于清除选区边缘的锯齿。

选择"套索"工具，在图像中适当的位置单击并按住鼠标不放，拖曳鼠标在杯子的周围进行绘制，如图 3-196 所示，松开鼠标，选择区域自动封闭生成选区，选区中的内容被选取，效果如图 3-197 所示。

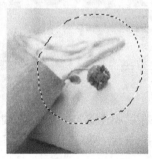

图 3-197

使用魔棒工具选取：反复选择"魔棒"工具，或按 Shift+W 组合键，可以选择或取消使用魔棒工具，其属性栏状态如图 3-198 所示。

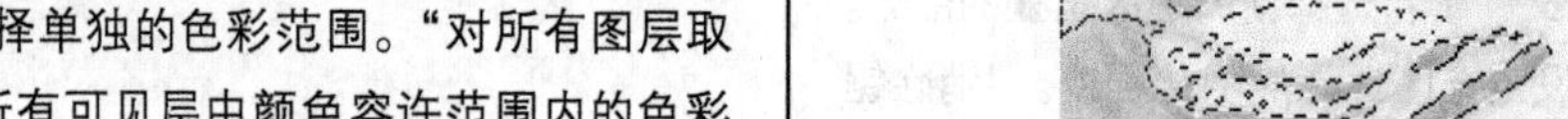

图 3-198

：为选择方式选项。"容差"：用于控制色彩的范围，数值越大，可容许的颜色范围越大。"消除锯齿"：用于清除选区边缘的锯齿。"连续"：用于选择单独的色彩范围。"对所有图层取样"：用于将所有可见层中颜色容许范围内的色彩加入选区。

选择"魔棒"工具，在图像中单击需要选择的颜色区域，即可得到需要的选区，如图 3-199 所示。调整属性栏中的容差值，再次单击需要选择的区域，不同容差值的选区效果如图 3-200 所示。

**2．图像的移动**

打开一幅图像，选择"椭圆选框"工具，绘

制出要移动的图像区域，如图 3-201 所示。

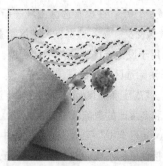

图 3-199

图 3-200

图 3-201

选择"移动"工具 ，将光标放在选区中，光标变为 图标，如图 3-202 所示，单击并按住鼠标左键，拖曳图标到适当的位置，选区内的图像移动到其他位置，原来的选区位置被背景色填充，效果如图 3-203 所示。

图 3-202

图 3-203

按 Ctrl+方向组合键，可以将选区内的图像沿移动方向移动 1 像素，效果如图 3-204 所示；按 Shift+方向组合键，可以将选区内的图像沿移动方向移动 10 像素，效果如图 3-205 所示。

图 3-204

图 3-205

**提 示**

如果想将当前图像中的选区内的图像移动到另一幅图像中，只要使用"移动"工具 将选区内的图像拖曳到另一幅图像中即可。使用相同的方法也可以将当前图像拖曳到另一幅图像中。

### 3. 图像的复制

在复制图像前，要选择需要复制的图像区域，如果不选择图像区域，将不能复制图像。打开一幅图像，使用"椭圆选框"工具 绘制出要复制的图像区域，如图 3-206 所示。

图 3-206

选择"移动"工具 ，将光标放在选区中，光标变为 图标，如图 3-207 所示，按住 Alt 键，光标变为 图标，效果如图 3-208 所示，同时单击并按住鼠标左键，拖曳选区内的图像到适当的位置，松开鼠标左键和 Alt 键，图像复制完成。按 Ctrl+D 组合键，取消选区，效果如图 3-209 所示。

图 3-207

图 3-208

图 3-209

选择"编辑>复制"命令或按 Ctrl+C 组合键，将选区内的图像复制。这时屏幕上的图像并没有变化，但系统已将复制的图像粘贴到剪贴板中。选择"编辑>粘贴"命令或按 Ctrl+V 组合键，将选区内的图像粘贴在生成的新图层中，复制的图像在原图的上面。

按住 Ctrl+Alt 组合键，光标变为 图标，同时单击并按住鼠标左键，拖曳选区内的图像到适当的位置，松开鼠标左键、Ctrl 键和 Alt 键，图像复制完成。

### 4. 图像的删除

打开一幅图像，使用"椭圆选框"工具 绘制出要删除的图像区域，如图 3-210 所示，选择"编辑>清除"命令，将选区内的图像删除。按 Ctrl+D 组合键，取消选区，效果如图 3-211 所示。删除后的图像区域由背景色填充。如果在图层中，删除后的图像区域将显示下面一层的图像效果。还可以按 Delete 键或 Backspace 键，将选区内的图像删除。

图 3-210

图 3-211

### 5. 图像的裁剪

打开一幅图像，选择"裁剪"工具，在图像中单击并按住鼠标左键，拖曳光标到适当的位置，松开鼠标，绘制出矩形裁剪框，如图 3-212 所示。

图 3-212

在矩形裁剪框内双击或按 Enter 键，都可以完成图像的裁剪，效果如图 3-213 所示。

图 3-213

对已经绘制出的矩形裁剪框可以使其移动，将光标放在裁剪框内，光标变为小箭头 ▶ 图标，单击并按住鼠标拖曳裁剪框，可以移动裁剪框，松开鼠标左键，效果如图 3-214 所示。

对已经绘制出的矩形裁剪框可以调整其大小，将光标放在裁剪框 4 个角的控制手柄上，光标会变为双向箭头 图标，单击并按住鼠标拖曳控制手柄，可以调整裁剪框的大小，效果如图 3-215 和图 3-216 所示。

图 3-214

图 3-215

图 3-216

对已经绘制出的矩形裁剪框可以使其旋转，将光标放在裁剪框 4 个角的控制手柄外边，光标会变为旋转 图标，单击并按住鼠标旋转裁剪框，效果如图 3-217 所示。单击并按住鼠标拖曳旋转裁剪框的中心点，可以移动旋转中心点。通过移动旋转

中心点可以改变裁剪框的旋转方式，效果如图 3-218 所示。按 Esc 键，可以取消绘制出的裁剪框。按 Enter 键，裁剪旋转裁剪框内的图像，效果如图 3-219 所示。

图 3-217

图 3-218

图 3-219

### 6. 图像画布的变换

图像画布的变换将对整个图像起作用。选择"图像>图像旋转"命令，出现下拉菜单，如图 3-220 所示，可以对整个图像进行编辑。

图 3-220

画布旋转固定角度后的效果，如图 3-221 所示。

原图像 　　　　　　180°效果

90°（顺时针） 　　　　90°（逆时针）

图 3-221

选择"任意角度"命令，弹出"旋转画布"对话框，如图 3-222 所示，设定任意角度后的画布效果如图 3-223 所示。

图 3-222

图 3-223

画布水平翻转、垂直翻转后的效果如图 3-224 和图 3-225 所示。

图 3-224

图 3-225

### 7. 图像选区的变换

在图像中绘制好选区，选择"编辑>自由变换"或"变换"命令，可以对图像的选区进行各种变换。"变换"命令的下拉菜单如图 3-226 所示。图像选区的变换，有以下几种方法。

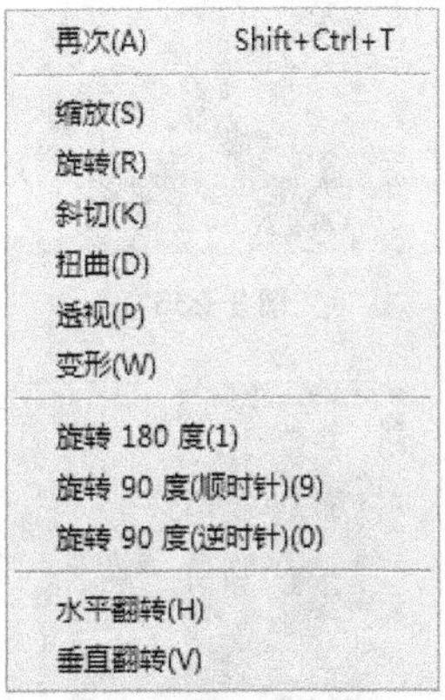

| | |
|---|---|
| 再次(A) | Shift+Ctrl+T |
| 缩放(S) | |
| 旋转(R) | |
| 斜切(K) | |
| 扭曲(D) | |
| 透视(P) | |
| 变形(W) | |
| 旋转 180 度(1) | |
| 旋转 90 度(顺时针)(9) | |
| 旋转 90 度(逆时针)(0) | |
| 水平翻转(H) | |
| 垂直翻转(V) | |

图 3-226

打开一幅图像，使用"椭圆选框"工具 ⬭ 绘制出选区，如图 3-227 所示。选择"编辑>变换>缩放"命令，拖曳变换框的控制手柄，可以对图像选区自由地缩放，如图 3-228 所示。

图 3-227

图 3-228

选择"编辑>变换>旋转"命令，拖曳变换框，可以对图像选区自由地旋转，如图 3-229 所示。

图 3-229

选择"编辑>变换>斜切"命令，拖曳变换框的控制手柄，可以对图像选区进行斜切调整，如图 3-230 所示。

图 3-230

选择"编辑>变换>扭曲"命令，拖曳变换框的控制手柄，可以对图像选区进行扭曲调整，如图 3-231 所示。

图 3-231

选择"编辑>变换>透视"命令，拖曳变换框的控制手柄，可以对图像选区进行透视调整，如图 3-232 所示。

图 3-232

选择"编辑>变换>变形"命令，拖曳变换框的控制手柄，可以对图像选区进行变形调整，如图 3-233 所示。

图 3-233

选择"编辑>变换>缩放"命令，再选择旋转180°、旋转 90°（顺时针）、旋转 90°（逆时针）菜单命令，可以直接对图像选区进行角度的调整，如图 3-234 所示。

旋转 180°　　　　　旋转 90°（顺时针）

旋转 90°（逆时针）

图 3-234

选择"编辑>变换>缩放"命令，再选择"水平翻转"和"垂直翻转"命令，可以直接对图像选区进行水平或垂直翻转，如图 3-235 和图 3-236 所示。

图 3-235

图 3-236

### 3.4.2　在 CorelDRAW 中编辑对象

CorelDRAW 提供了强大的对象编辑功能，包括对象的多种选取方式、对象的缩放、移动、镜像、复制和倾斜变形。下面介绍具体的操作方法。

### 1. 对象的选取

选择“选择”工具，在要选取的图形对象上单击，即可以选取该对象。按住 Shift 键，在依次选取的对象上连续单击，即可选取多个图形对象，如图 3-237 所示。

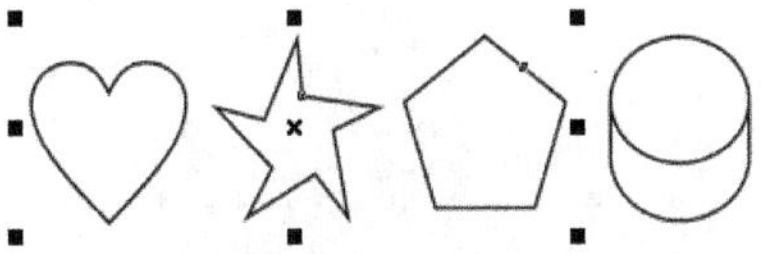

图 3-237

选择“选择”工具，在绘图页面中要选取的图形对象外围单击并拖曳鼠标，拖曳后会出现一个蓝色的虚线圈选框，如图 3-238 所示。在圈选框完全圈选住对象后松开鼠标，被圈选的对象处于选取状态。用圈选的方法可以同时选取一个或多个对象，如图 3-239 所示。

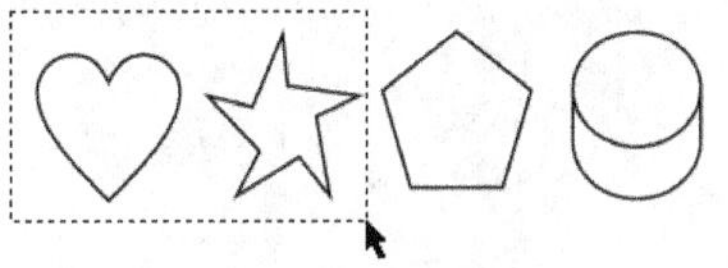

图 3-238

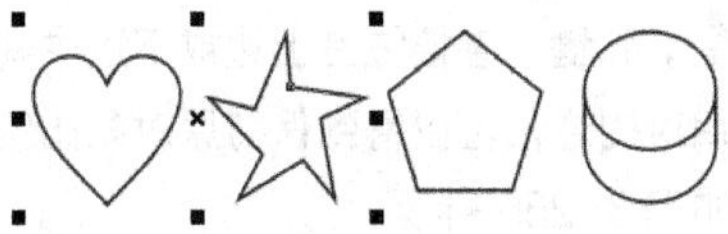

图 3-239

在圈选的同时按住 Alt 键，蓝色的虚线圈选框接触到的对象都将被选取，如图 3-240 所示。

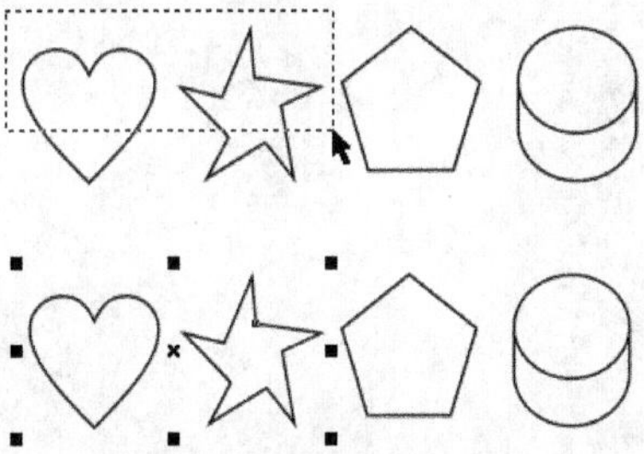

图 3-240

### 2. 对象的缩放

使用“选择”工具选取要缩放的对象，对象的周围出现控制点。用鼠标拖曳控制点可以缩放对象，拖曳对角线上的控制点可以按比例缩放对象，如图 3-241 所示。拖曳中间的控制点可以不规则缩放对象，如图 3-242 所示。

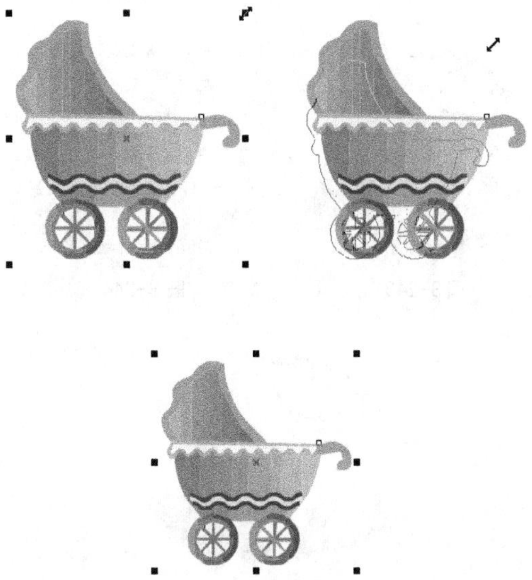

图 3-241

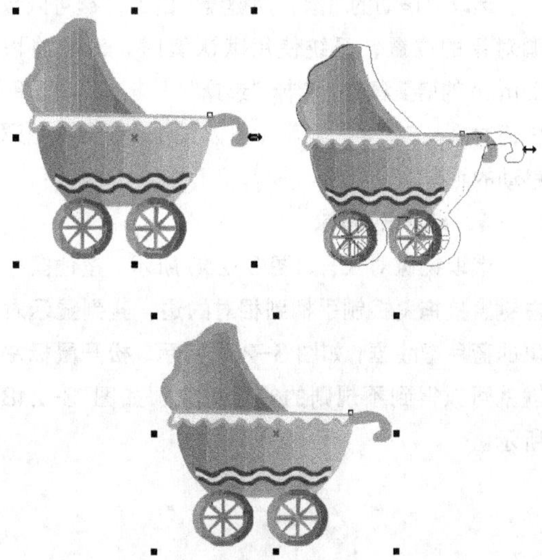

图 3-242

拖曳对角线上的控制点时，按住 Ctrl 键，对象会以 100%的比例放大。同时按住 Shift+Ctrl 组合键，对象会以 100%的比例从中心放大。

### 3．对象的移动

使用"选择"工具 选取要移动的对象，如图 3-243 所示。使用"选择"工具 或其他的绘图工具，将鼠标的光标移到对象的中心控制点，光标将变为十字箭头形，如图 3-244 所示。按住鼠标的左键不放，拖曳对象到需要的位置，松开鼠标左键，完成对象的移动，效果如图 3-245 所示。

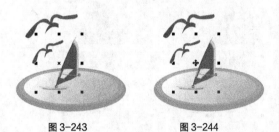

图 3-243　　　　　　　图 3-244

图 3-245

选取要移动的对象，用键盘上的方向键可以微调对象的位置，系统使用默认值时，对象将以0.1mm 的增量移动。选择"选择"工具 后不选取任何对象，在 框中可以重新设定每次微调移动的距离。

### 4．对象的镜像

选取镜像对象，如图 3-246 所示。按住鼠标左键直接拖曳控制手柄到相对的边，直到显示对象的蓝色虚线框，如图 3-247 所示，松开鼠标左键就可以得到不规则的镜像对象，如图 3-248所示。

图 3-246

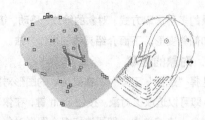

图 3-247

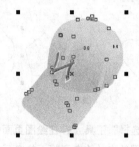

图 3-248

按住 Ctrl 键，直接拖曳左边或右边中间的控制手柄到相对的边，可以得到保持原对象比例的水平镜像，如图 3-249 所示。

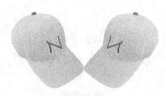

图 3-249

按住 Ctrl 键，直接拖曳上边或下边中间的控制手柄到相对的边，可以得到保持原对象比例的垂直镜像，如图 3-250 所示。

按住 Ctrl 键，直接拖曳边角上的控制手柄到相对的角，可以得到保持原对象比例的沿对角线方向的镜像，如图 3-251 所示。

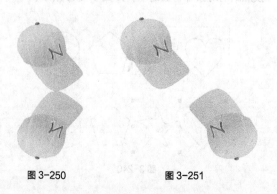

图 3-250　　　　　　　图 3-251

**技 巧**

*在镜像的过程中，只能使对象本身产生镜像。如果想产生图 3-249、图 3-250 和图 3-251 所示的效果，就要在镜像的位置生成一个复制对象。其实方法很简单，在松开鼠标左键之前按下鼠标右键，就可以在镜像的位置生成一个复制对象。*

单击属性栏中的"镜像"按钮可以完成对象的镜像，单击"水平镜像"按钮，可以使对象沿水平方向镜像翻转。单击"垂直镜像"按钮，可以使对象沿垂直方向镜像翻转。

### 5. 对象的旋转

使用"选择"工具选取要旋转的对象，对象的周围出现控制点。再次单击对象，这时对象的周围出现旋转和倾斜控制手柄，如图 3-252 所示。

旋转中心

图 3-252

将鼠标的光标移动到旋转控制手柄上，这时光标变为旋转符号，如图 3-253 所示。按下鼠标左键，拖曳鼠标旋转对象，旋转时，对象会出现蓝色的虚线框指示旋转方向和角度，如图 3-254 所示。旋转到需要的角度后，松开鼠标左键，完成对象的旋转，如图 3-255 所示。

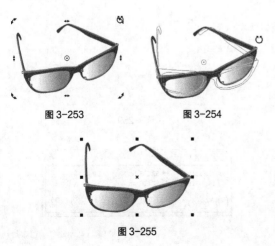

图 3-253　　　　图 3-254

图 3-255

对象是围绕旋转中心旋转的，CorelDRAW 默认的旋转中心是对象的中心点，我们可以通过改变旋转中心来使对象旋转到新的位置。方法很简单，将鼠标光标移动到旋转中心上，按下鼠标左键拖曳旋转中心到需要的位置，如图 3-256 所示，松开鼠标左键，完成对旋转中心的移动。应用新的旋转中心旋转对象的效果如图 3-257 所示。

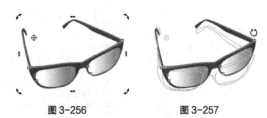

图 3-256　　　　图 3-257

### 6. 对象的倾斜变形

选取要倾斜变形的对象，对象的周围出现控制点。再次单击对象，这时对象的周围出现旋转和倾斜控制点，如图 3-258 所示。

将鼠标的光标移动到倾斜控制点上，光标变为倾斜符号，如图 3-259 所示。按下鼠标左键，拖曳鼠标变形对象，倾斜变形时，对象会出现蓝色的虚线框指示倾斜变形的方向和角度，如图 3-260 所示。倾斜到需要的角度后，松开鼠标左键，倾斜变形的效果如图 3-261 所示。

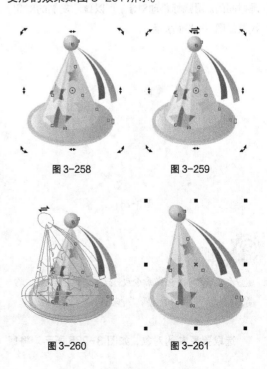

图 3-258　　　　图 3-259

图 3-260　　　　图 3-261

### 7. 对象的复制

选取要复制的对象，如图 3-262 所示。选择"编辑>复制"命令，或按 Ctrl+C 组合键，如图 3-263 所示，对象的副本将被放置在剪贴板中。

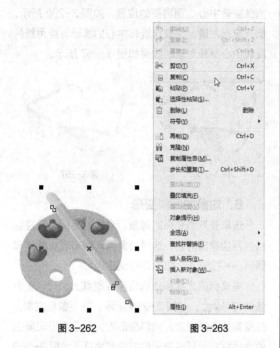

图 3-262　　　　　　图 3-263

选择"编辑>粘贴"命令或按 Ctrl+V 组合键，对象的副本被粘贴到原对象的下面，位置和原对象是相同的。用鼠标移动对象，可以显示复制的对象，效果如图 3-264 所示。

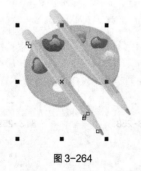

图 3-264

 提 示

*选择"编辑>剪切"命令或按 Ctrl+X 组合键，对象将从绘图页面中删除并被放置在剪贴板上。*

选取要复制的对象，如图 3-265 所示。将鼠

标光标移动到对象的中心点上，光标变为移动光标 ✛，如图 3-266 所示。按住鼠标左键拖曳对象到需要的位置，如图 3-267 所示。在位置合适后单击鼠标右键，对象复制完成，效果如图 3-268 所示。

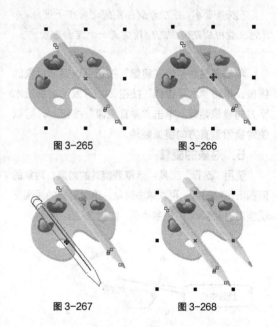

图 3-265　　　　　　　图 3-266

图 3-267　　　　　　　图 3-268

先使一个对象处于旋转的状态，再将对象的旋转中心如图 3-269 所示设定。在数字键盘上按+键，复制一个对象，复制对象的位置和原对象的位置相同。在属性栏中设定旋转角度为"30°"，如图 3-270 所示。

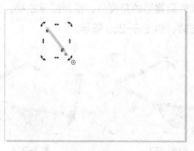

图 3-269

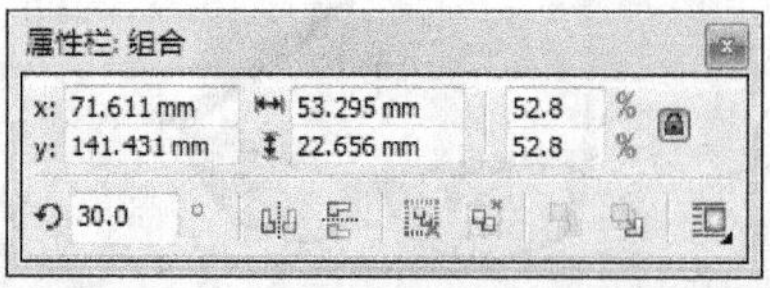

图 3-270

按 Enter 键，复制对象的旋转效果如图 3-271 所示。按住 Ctrl 键，再连续点按键盘上的 D 键，连续复制的对象效果如图 3-272 所示。

图 3-272

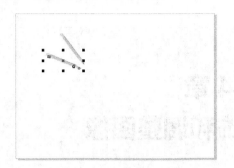

图 3-271

# 4 Chapter

# 第 4 章
# 修饰和调整图像

本章将详细介绍 Photoshop 和 CorelDRAW 中图像图形的颜色调整、修饰及滤镜效果的使用方法和技巧。读者通过学习，要了解和掌握如何应用强大的特殊效果功能制作出精美的图像，更要努力将调整和修饰图形图像的各种技能应用到实际的设计制作任务中，真正做到学有所用。

【课堂学习目标】

- 调整图像颜色
- 修图和应用特殊效果
- 滤镜效果的应用

# 4.1 调整图像颜色

调整图像颜色是设计制作过程中经常遇到的问题，熟练掌握调色技能，可以使设计工作更加得心应手，使设计作品更加精美。

## 4.1.1 在 Photoshop 中调整图像颜色

调整图像颜色是 Photoshop 的强项，也是读者必须要掌握的一项技能。在 Photoshop 中，调整图像颜色的命令全部在"图像"菜单下的"调整"命令中，如图 4-1 所示。它可以用来调整图像的层次、对比度及色彩变化等，各命令的具体操作方法如下。

### 1. 色阶

"色阶"命令用于调整图像的对比度、饱和度及灰度。打开一幅图像，如图 4-2 所示，选择"色阶"命令，或按 Ctrl+L 组合键，弹出"色阶"对话框，如图 4-3 所示。

图 4-1　　　　　图 4-2

在对话框中，中央是一个直方图，其横坐标为 0～255，表示亮度值，纵坐标为图像像素数。

"通道"选项：可以从其下拉菜单中选择不同的通道来调整图像，如果想选择两个以上的色彩通道，要先在"通道"控制面板中选择所需要的通道，再打开"色阶"对话框。

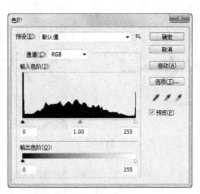

图 4-3

"输入色阶"选项：控制图像选定区域的最暗和最亮色彩，通过输入数值或拖曳三角滑块来调整图像；左侧的数值框和左侧的黑色三角滑块用于调整黑色，图像中低于该亮度值的所有像素将变为黑色；中间的数值框和中间的灰色滑块用于调整灰度，其数值范围在 0.1～9.99，1.00 为中性灰度，数值大于 1.00 时，将降低图像中间灰度，小于 1.00 时，将提高图像中间灰度；右侧的数值框和右侧的白色三角滑块用于调整白色，图像中高于该亮度值的所有像素将变为白色。

下面为调整输入色阶三个滑块后，图像产生的不同色彩效果，如图 4-4～图 4-7 所示。

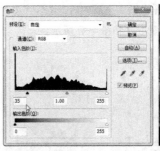

图 4-4

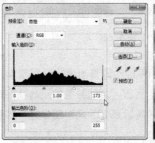

图 4-5

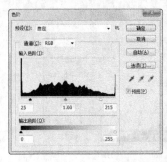

图 4-6

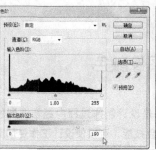

图 4-9

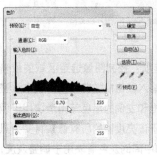

图 4-7

"输出色阶"选项：可以通过输入数值或拖曳三角滑块来控制图像的亮度范围（左侧数值框和左侧黑色三角滑块用于调整图像最暗像素的亮度，右侧数值框和右侧白色三角滑块用于调整图像最亮像素的亮度），输出色阶的调整将增加图像的灰度，降低图像的对比度。

下面为调整输出色阶两个滑块后，图像产生的不同色彩效果，如图 4-8 和图 4-9 所示。

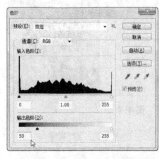

图 4-8

"自动"按钮：可自动调整图像并设置层次。单击"选项"按钮，弹出"自动颜色校正选项"对话框，可以看到系统将以 0.10% 来对图像进行加亮和变暗。

### 提 示

*按住 Alt 键，"取消"按钮变成"复位"按钮，单击"复位"按钮可以将刚调整过的色阶复位还原，重新进行设置。*

3 个吸管工具 分别是黑色吸管工具、灰色吸管工具和白色吸管工具。选中黑色吸管工具，用黑色吸管工具在图像中单击，图像中暗于单击点的所有像素都会变为黑色。用灰色吸管工具在图像中单击，单击点的像素都会变为灰色，图像中的其他颜色也会随之相应调整。用白色吸管工具在图像中单击，图像中亮于单击点的所有像素都会变为白色。双击吸管工具，可在颜色"拾色器"对话框中设置吸管颜色。

### 2. 曲线

"曲线"命令可以通过调整图像色彩曲线上的任意一个像素点来改变图像的色彩范围。下面将进行具体讲解。

打开一幅图像，选择"曲线"命令，或按 Ctrl+M 组合键，弹出"曲线"对话框，如图 4-10 所示。在花朵图像中单击鼠标左键，如图 4-11 所示，"曲线"对话框的图表中会出现一个小方块，它表示刚才在图像中单击处的像素数值，如图 4-12 所示。

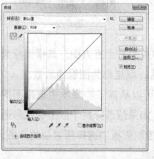

图 4-10　　　　　　　　　图 4-11

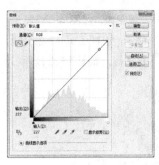

图 4-12

在对话框中，"通道"选项可以选择调整图像的颜色通道。

在图表中的 X 轴为色彩的输入值，Y 轴为色彩的输出值。曲线代表了输入和输出色阶的关系。

绘制曲线工具，在缺省状态下使用的是工具，使用它在图表曲线上单击，可以增加控制点，按住鼠标拖曳控制点可以改变曲线的形状，拖曳控制点到图表外将删除控制点。使用工具可以在图表中绘制出任意曲线，单击右侧的"平滑"按钮可使曲线变得光滑。按住 Shift 键，使用工具可以绘制出直线。

输入和输出数值显示的是图表中光标所在位置的亮度值。

"自动"按钮可自动调整图像的亮度。

下面为调整曲线后的图像效果，如图 4-13～图 4-16 所示。

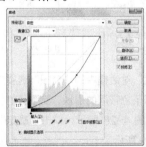

图 4-13

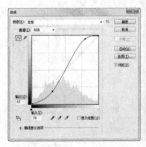

图 4-14

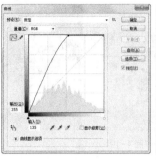

图 4-15

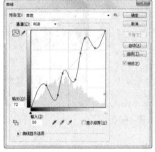

图 4-16

### 3. 色彩平衡

"色彩平衡"命令用于调节图像的色彩平衡度。打开一幅图像，如图 4-17 所示，选择"色彩平衡"命令，或按 Ctrl+B 组合键，弹出"色彩平衡"对话框，如图 4-18 所示。

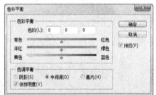

图 4-17　　　　　　　图 4-18

在对话框中，"色调平衡"选项组用于选取图像的阴影、中间调、高光图像区。"色彩平衡"选项组用于在上述选区中添加过渡色来平衡色彩效果，拖曳三角滑块可以调整整个图像的色彩，也可以在"色阶"选项的数值框中输入数值调整整个图像的色彩。"保持亮度"选项用于保持原图像的亮度。

下面为调整色彩平衡后的图像效果，如图 4-19 和图 4-20 所示。

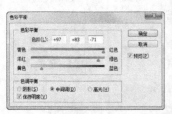

图 4-19

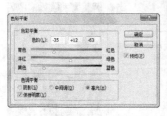

图 4-20

### 4. 亮度/对比度

"亮度/对比度"命令可以调节图像的亮度和对比度。选择"亮度/对比度"命令，弹出"亮度/对比度"对话框，如图 4-21 所示。在对话框中，可以通过拖曳亮度和对比度滑块来调整图像的亮度和对比度，"亮度/对比度"命令调整的是整个图像的色彩。设置如图 4-22 所示，单击"确定"按钮，效果如图 4-23 所示。

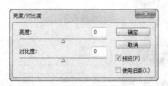

图 4-21

图 4-22　　　　　　图 4-23

### 5. 色相/饱和度

"色相/饱和度"命令可以调节图像的色相和饱

和度。打开一幅图像，如图 4-24 所示，选择"色相/饱和度"命令，或按 Ctrl+U 组合键，弹出"色相/饱和度"对话框，如图 4-25 所示。

图 4-24　　　　　　图 4-25

在对话框中，"编辑"选项用于选择要调整的色彩范围，可以通过拖曳各项中的滑块来调整图像的色彩、饱和度和明度；"着色"选项用于在由灰度模式转化而来的色彩模式图像中填加需要的颜色。

勾选"着色"选项的复选框，在"色相/饱和度"对话框中进行设置，如图 4-26 所示，单击"确定"按钮，效果如图 4-27 所示。

图 4-26　　　　　　图 4-27

在"色相/饱和度"对话框中的"全图"选项中选择"黄色"，拖曳两条色带间的滑块，使图像的色彩符合要求，设置如图 4-28 所示，单击"确定"按钮，效果如图 4-29 所示。

图 4-28　　　　　　图 4-29

### 6. 去色

"去色"命令能够去除图像中的颜色。选择"去色"命令，或按 Shift+Ctrl+U 组合键，可以去掉整体图像或选区中的图像色彩，使其变为灰度图，但图像的色彩模式并不改变。

### 7. 匹配颜色

"匹配颜色"命令用于对色调不同的图像进行调整，统一成一个协调的色调，是做图像合成的时候非常方便实用的一个功能。

打开两幅不同色调的图像，如图 4-30 和图 4-31 所示。选择需要调整的图像，选择"匹配颜色"命令，弹出"匹配颜色"对话框，如图 4-32 所示。在"匹配颜色"对话框中，需要先在"源"选项中选择匹配文件的名称，然后再设置其他各选项，对图像进行调整。

图 4-30　　　　　　　　　　图 4-31

图 4-32

在"目标"选项中显示了所选择匹配文件的名称。如果当前调整的图中有选区，选中"应用调整时忽略选区"选项，可以忽略图中的选区，调整整张图像的颜色；不选中"应用调整时忽略选区"选项，可以调整图中选区内的颜色。在"图像选项"选项组中，可以通过拖动滑块来调整图像的"明亮度"、"颜色强度"、"渐隐"的数值。"中和"选项，用来确定调整的方式。在"图像统计"选项组中可以设置图像的颜色来源。

下面为调整匹配颜色后的图像效果，如图 4-33 和图 4-34 所示。

图 4-33　　　　　　　　　　图 4-34

### 8. 替换颜色

"替换颜色"命令能够将图像中的颜色进行替换。选择"替换颜色"命令，弹出"替换颜色"对话框，如图 4-35 所示。可以在"选区"选项组下设置"颜色容差"数值，数值越大，吸管工具取样的颜色范围越大，在"替换"选项组下调整图像颜色的效果越明显。选中"选区"单选框，可以创建蒙版和拖曳滑块来调整蒙版内图像的色相、饱和度和明度。

图 4-35

用吸管工具在图像中取样颜色，调整图像的色相、饱和度和明度，"替换颜色"对话框如图 4-36 所示，取样的颜色被替换成新的颜色，如图 4-37 所示。单击"颜色"选项和"结果"选项后面的色块，都会弹出"拾色器"对话框，可以在对话框中输入数值设置精确颜色。

图 4-36　　　　　　图 4-37

### 9. 可选颜色

"可选颜色"命令能够将图像中的颜色替换成选择后的颜色。选择"可选颜色"命令，弹出"可选颜色"对话框，如图 4-38 所示。在"可选颜色"对话框中，"颜色"选项的下拉列表中可以选择图像中含有的不同色彩，如图 4-39 所示。可以通过拖曳滑块调整青色、洋红、黄色、黑色的百分比，并确定调整方法是"相对"或"绝对"方式。

图 4-38

在对话框中进行设置，如图 4-40 所示，单击"确定"按钮，效果如图 4-41 所示。

图 4-39

图 4-40　　　　　　图 4-41

### 10. 通道混合器

"通道混合器"命令用于调整图像通道中的颜色。选择"通道混合器"命令，弹出"通道混合器"对话框，如图 4-42 所示。在"通道混合器"对话框中，"输出通道"选项可以选取要修改的通道；"源通道"选项组通过拖曳滑块来调整图像；"常数"选项通过拖曳滑块也可以调整图像；"单色"选项可创建灰度模式的图像。

图 4-42

在对话框中进行设置，如图 4-43 所示，单击"确定"按钮，效果如图 4-44 所示。所选图像的色彩模式不同，则"通道混合器"对话框中的内容也不同。

图 4-43　　　　　　　　图 4-44

### 11. 渐变映射

"渐变映射"命令用于将图像的最暗和最亮色调映射为一组渐变色中的最暗和最亮色调。打开一幅图像，如图 4-45 所示，选择"渐变映射"命令，弹出"渐变映射"对话框，如图 4-46 所示。单击"灰度映射所用的渐变"选项的色带，在弹出的"渐变编辑器"对话框中设置渐变色，如图 4-47 所示，单击"确定"按钮，图像效果如图 4-48 所示。

图 4-45　　　　　　　　图 4-46

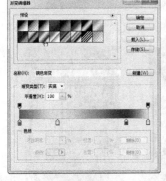

图 4-47　　　　　　　　图 4-48

"灰度映射所用的渐变"选项可以选择不同的

渐变形式；"仿色"选项用于为转变色阶后的图像增加仿色；"反向"选项用于将转变色阶后的图像颜色反转。

### 12. 照片滤镜

"照片滤镜"命令用于模仿传统相机的滤镜效果处理图像，通过调整图像颜色可以获得各种效果。打开一张图像，选择"照片滤镜"命令，弹出"照片滤镜"对话框，如图 4-49 所示。

图 4-49

"滤镜"：用于选择颜色调整的过滤模式。"颜色"：单击此选项的图标，弹出"选择滤镜颜色"对话框，可以在对话框中设置精确颜色对图像进行过滤。"浓度"：拖动此选项的滑块，设置过滤颜色的百分比。"保留明度"：勾选此选项进行调整时，图像的明亮度保持不变；取消勾选此选项，则图像的全部颜色都随之改变，效果如图 4-50 和图 4-51所示。

图 4-50

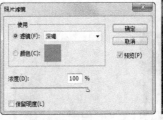

图 4-51

### 13. 阴影/高光

"阴影/高光"命令用于快速改善图像中曝光过

度或曝光不足区域的对比度，同时保持照片的整体平衡。打开一幅图像，如图 4-52 所示，选择"阴影/高光"命令，弹出"阴影/高光"对话框，如图 4-53所示，拖曳阴影和高光下方的滑块，可以预览到图像的暗部变化，效果如图 4-54 所示。

图 4-52    图 4-53

图 4-54

在对话框中，在"阴影"选项组中的"数量"选项中，拖动滑块设置暗部数量的百分比，数值越大，图像越亮。在"高光"选项组中的"数量"选项中，拖动滑块设置高光数量的百分比，数值越大，图像越暗。"显示更多选项"选项用于显示或者隐藏其他选项，进一步对各选项组进行精确设置。

### 14. 反相

选择"反相"命令，或按 Ctrl+I 组合键，可以将图像或选区的像素反转为其补色，使其出现底片效果。不同色彩模式的图像反相后的效果也不相同，如图 4-55 所示。

打开的图像    RGB 色彩模式反相后的效果

CMYK 色彩模式反相后的效果

图 4-55

### 15. 色调均化

"色调均化"命令，用于调整图像或选区像素的过黑部分，使图像变得明亮，并将图像中其他的像素平均分配在亮度色谱中。

选择"色调均化"命令，下面不同色彩模式的图像将产生不同的图像效果，如图 4-56 所示。

打开的图像    RGB 色调均化的效果

CMYK 色调均化的效果    LAB 色调均化的效果

图 4-56

### 16. 阈值

"阈值"命令可以提高图像色调的反差度。打开一幅图片，如图 4-57 所示，选择"阈值"命令，弹出"阈值"对话框，在"阈值"对话框中拖曳滑块或在"阈值色阶"选项数值框中输入数值，可以改变图像的阈值，系统会使大于阈值的像素变为白色，小于阈值的像素变为黑色，使图像具有高度反差，如图 4-58 所示，单击"确定"按钮，图像效果如图 4-59 所示。

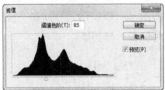

图 4-57          图 4-58

图 4-59

### 17. 色调分离

"色调分离"命令用于将图像中的色调进行分离。选择"色调分离"命令，弹出"色调分离"对话框，如图 4-60 所示。

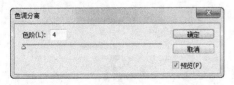

图 4-60

在"色调分离"对话框中，"色阶"选项可以设置色阶数，系统将以 256 阶的亮度对图像中的像素亮度进行分配。不同的色阶数值会产生的不同效果的图像，色阶数值越高，图像产生的变化越小，

如图 4-61 和图 4-62 所示。

图 4-61

图 4-62

### 18. 变化

"变化"命令用于调整图像色彩。选择"变化"命令，弹出"变化"对话框，如图 4-63 所示。

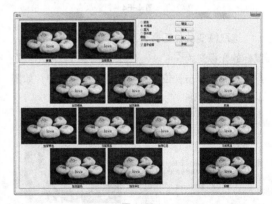

图 4-63

在对话框中，"阴影"、"中间调"、"高光"、"饱和度"4 个选项，可以控制图像色彩的改变范围，下面的滑块用来设定调整的等级，左上方的两个图像是图像的原稿和调整前挑选的图像稿，左下方的区域有 7 个小图像，可以选择增加不同的颜色效果，调整图像的亮度、饱和度等色彩值。右侧的区域有 3 个小图像，用来调整图像亮度的效果。选择"显示修剪"选项的复选框，在图像色彩调整超出色彩空间时显示超色域。

### 4.1.2 在CorelDRAW中调整位图颜色

CorelDRAW 的调色功能只能应用到导入或转换的位图上，相对比较简单。具体的操作方法如下。

#### 1. 位图的导入

选择"文件>导入"命令，或按 Ctrl+I 组合键，弹出"导入"对话框，在对话框上方选择需要的文件夹，在文件夹中选取需要的位图文件，如图 4-64 所示。

图 4-64

选取需要的位图文件后，单击"导入"按钮，鼠标的光标变为，如图 4-65 所示。在绘图页面中单击，位图被导入到绘图页面中，如图 4-66 所示。

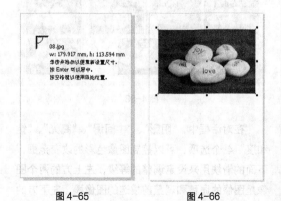

图 4-65　　　　　图 4-66

#### 2. 转换为位图

打开一个矢量图形并保持其选取状态，如图 4-67 所示。选择"位图>转换为位图"命令，弹出"转换为位图"对话框，如图 4-68 所示。

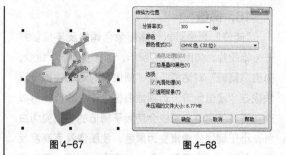

图 4-67　　　　　图 4-68

在"转换为位图"对话框中，单击"颜色模式"选项的列表框，弹出下拉列表，如图 4-69 所示，可以在下拉列表中选择要转换的色彩模式。单击"分辨率"选项的列表框，弹出下拉列表，如图 4-70 所示，可以在下拉列表中选择要转换为位图的分辨率。

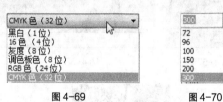

图 4-69　　　　　图 4-70

勾选"光滑处理"复选框，可以在转换成位图后消除位图的锯齿，使其光滑。勾选"透明背景"复选框，可以在转换成位图后保留原对象的通透性。

#### 3. 调整位图的颜色

选取导入的位图，选择"效果>调整"子菜单下的命令，如图 4-71 所示，选择其中的命令，在弹出的对话框中可以对位图的颜色进行各种方式的调整。

图 4-71

选择"效果>变换"子菜单下的命令，如图 4-72

所示，在弹出的对话框中也可以对位图的颜色进行调整。

图 4-72

### 4. 位图色彩模式

选择"位图>模式"子菜单下的各种色彩模式，可以转换位图的色彩模式，如图 4-73 所示。不同的色彩模式会以不同的方式对位图的颜色进行分类和显示。

图 4-73

黑白（1 位）：将位图转换成不同类型的 1 位黑白图像，这种模式可以将图像保存为黑色和白色，没有灰度级别。

灰度（8 位）：将位图转换成 8 位双色套印彩色图像，灰度模式由具有 256 级灰度的黑白颜色构成，灰度图像中的每个像素都有一个 0（黑色）～255（白色）之间的亮度值。

双色（8 位）：将多彩图像转换为 8 位双色套

印彩色图像，这种模式可以在灰度图像中添加色彩，通过色调曲线的设置，能创建出特殊的图像效果。

调色板色（8 位）：将全彩图像转换为指定的调色板模式图像，调色板颜色模式又叫索引模式，它的图像文件应用较少。

RGB 颜色（24 位）：将非 RGB 色的位图转换成 24 位的 RGB 色彩模式，该模式由红、绿、蓝这3 种颜色按不同的比例混合而成。

Lab 颜色（24 位）：将全彩影像转换成 24 位 Lab 色彩模式，Lab 模式是用一个亮度分量和 a、b 两个颜色分量来表示颜色的模式。

CMYK 色（32 位）：将全彩影像转换成 32 位 CMYK 色彩模式，该模式由青（C）、洋红（M）、黄（Y）、黑（K）4 种颜色构成。

## 4.2 修图和应用特殊效果

修图和为图形应用特殊效果都是设计工作中常见的问题，要想高效快捷地解决这些问题，只有通过合理选择软件、恰当运用工具才能做到。

### 4.2.1  在 Photoshop 中修饰图像

修饰图像是 Photoshop 用户必须掌握的另一个技能。修图工具可以对图像和照片的细微部分进行修整，是在处理图像和照片时必不可少的工具。

#### 1. 仿制图章工具

仿制图章工具可以以指定的像素点为复制基准点，将其周围的图像复制到其他地方。反复选择"仿制图章"工具 ⊥，或反复按 Shift+S 组合键，可以选择或取消使用仿制图章工具，其属性栏的状态如图 4-74 所示。

图 4-74

"画笔"选项：用于选择画笔。

"切换画笔面板"按钮 ：单击可打开"画笔"控制面板。

"切换仿制源面板"按钮 ：单击可打开"仿

制源"控制面板。

"模式"选项：用于选择混合模式。

"不透明度"选项：用于设定不透明度。

"流量"选项：用于设定扩散的速度。

"对齐"：用于控制在复制时是否使用对齐功能。

"样本"：用来在选中的图层中进行像素取样。它有 3 种不同的样本类型，即"当前图层"、"当前和下方图层"和"所有图层"。

选择"仿制图章"工具 ，将鼠标指针放在图像中需要复制的位置，如图 4-75 所示。按住 Alt 键，鼠标指针由仿制图章图标变为圆形十字图标 ，单击鼠标左键，定下取样点，松开鼠标左键，在合适的位置单击并按住鼠标左键，拖曳鼠标复制出取样点及其周围的图像，效果如图 4-76 所示。

图 4-76

### 2．污点修复画笔工具

污点修复画笔工具可以快速清除照片中的污点和其他不理想部分。反复选择"污点修复画笔"工具 ，或反复按 Shift+J 组合键，可以选择或取消使用污点修得画笔工具，其属性栏的状态如图 4-77 所示。

图 4-75

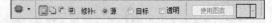

图 4-77

"画笔"选项：单击此按钮，弹出"画笔"选取器，如图 4-78 所示，在该下拉列表中可以设置画笔的大小、硬度、间距、角度、圆度和压力大小。

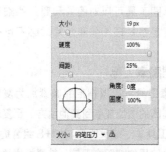

图 4-78

"模式"：在其弹出式菜单中可以选择复制像素或填充图案与底图的混合模式。

"近似匹配"：能使用选区边缘的像素来查找用做选定区域修补的图像区域。

"创建纹理"：能使用选区中的所有像素创建一个用于修复该区域的纹理。

打开一幅图像，如图 4-79 所示，选择"污点修复画笔"工具 ，在属性栏中设置画笔的大小，

在图像中需要修复的位置单击鼠标左键，修复的效果如图 4-80 所示。

图 4-79          图 4-80

### 3．修补工具

修补工具可以用图像中的其他区域来修补当前选中的需要修补的区域，也可以使用图案来修补需要修补的区域。反复选择"修补"工具 ，或反复按 Shift+J 组合键，可以选择或取消使用修补工具，其属性栏的状态如图 4-81 所示。

图 4-81

为选择修补选区方式的选项："新选区" 🔲 可以去除旧选区，绘制新选区；"添加到选区" 🔲 可以在原有选区的基础上再增加新的选区；"从选区减去" 🔲 可以在原有选区的基础上减去新选区的部分；"与选区交叉" 🔲 可以选择新旧选区重叠的部分。

打开一幅图像，用"修补"工具 🔲 圈选图像中的鸟，如图 4-82 所示。选择修补工具属性栏中的"源"选项，在圈选的鸟中单击并按住鼠标左键，拖曳鼠标将选区放置到需要的位置，如图 4-83 所示。松开鼠标左键，选中的鸟被新放置的选取位置的图像所修补，效果如图 4-84 所示。按 Ctrl+D 组合键，取消选区，修补的效果如图 4-85 所示。

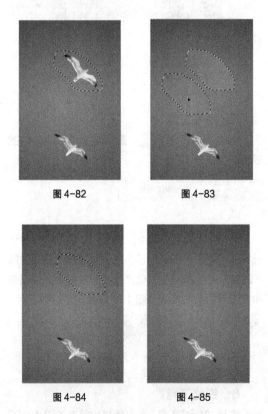

图 4-82　　　　　　图 4-83

图 4-84　　　　　　图 4-85

选择修补工具属性栏中的"目标"选项，用"修补"工具 🔲 圈选图像中的区域，如图 4-86 所示。再将选区拖曳到要修补的图像区域，如图 4-87 所示。圈选图像中的区域修补了图像中的鸟，如图 4-88 所示。按 Ctrl+D 组合键，取消选区，修补效果如图 4-89 所示。

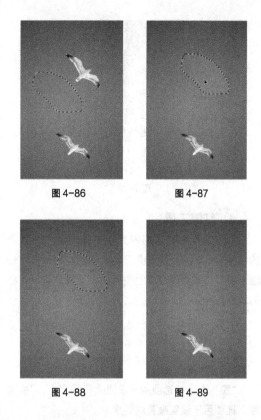

图 4-86　　　　　　图 4-87

图 4-88　　　　　　图 4-89

用"修补"工具 🔲 在图像中圈选出需要使用图案的选区，如图 4-90 所示。修补工具属性栏中的"使用图案"选项变为可用，选择需要的图案，如图 4-91 所示，单击"使用图案"按钮，在选区中填充了所选的图案，按 Ctrl+D 组合键，取消选区，填充效果如图 4-92 所示。

图 4-90

图 4-91

图 4-92

### 4. 红眼工具

红眼工具可移去用闪光灯拍摄的照片中人物的红眼。反复选择"红眼"工具，或反复按 Shift+J 组合键，可以选择或取消使用红眼工具，其属性栏的状态如图 4-93 所示。

图 4-93

"瞳孔大小"选项用于设置瞳孔的大小；"变暗量"选项用于设置瞳孔的暗度。

打开一幅人物照片，如图 4-94 所示，选择"红眼"工具，在属性栏中进行设置，如图 4-95 所示。在照片中瞳孔的位置单击，如图 4-96 所示。去除照片中的红眼，效果如图 4-97 所示。

图 4-94      图 4-95

图 4-96      图 4-97

### 5. 模糊工具

选择"模糊"工具，属性栏的状态如图 4-98 所示。

图 4-98

"画笔"选项用于选择画笔的形状；"模式"选项用于设定模式；"强度"选项用于设定压力的大小；"对所有图层取样"选项用于确定模糊工具是否对所有可见层起作用。

选择"模糊"工具，在模糊工具属性栏中进行设置，如图 4-99 所示。在图像中单击并按住鼠标左键，拖曳鼠标使图像产生模糊的效果。原图像和模糊后的图像效果如图 4-100 和图 4-101 所示。

图 4-99

图 4-100      图 4-101

### 6. 锐化工具

选择"锐化"工具，属性栏的状态如图 4-102 所示。其属性栏中的内容与模糊工具属性栏的选项内容类似。

图 4-102

选择"锐化"工具，在锐化工具属性栏中进行设置，如图 4-103 所示。在图像中单击并按住鼠标左键，拖曳鼠标使图像产生锐化的效果。原图像和锐化后的图像效果如图 4-104 和图 4-105 所示。

图 4-103

图 4-104　　　　　图 4-105

### 7. 涂抹工具

选择"涂抹"工具，属性栏的状态如图 4-106 所示。其属性栏中的内容与模糊工具属性栏的选项内容类似，只是多了一个"手指绘画"选项，用于设置是否按前景色进行涂抹。

图 4-106

选择"涂抹"工具，在属性栏中进行设置，如图 4-107 所示。在图像窗口中单击并按住鼠标左键，拖曳鼠标使图像产生涂抹的效果。原图像和涂抹后的图像效果如图 4-108 和图 4-109 所示。

图 4-107

图 4-108　　　　　图 4-109

### 8. 减淡工具

反复选择"减淡"工具，或反复按 Shift+O 组合键，可以选择或取消使用减淡工具，其属性栏的状态如图 4-110 所示。

图 4-110

"范围"选项用于设定图像中需要提高亮度的区域；"曝光度"选项用于设定曝光的强度。

选择"减淡"工具，在属性栏中进行设置，如图 4-111 所示，在图像中单击并按住鼠标左键，拖曳鼠标使图像产生减淡的效果。原图像和减淡后的图像效果如图 4-112 和图 4-113 所示。

图 4-111

图 4-112

图 4-113

### 9. 加深工具

反复选择"加深"工具，或反复按 Shift+O 组合键，可以选择或取消使用加深工具，属性栏的状态如图 4-114 所示。其属性栏中的内容与减淡工具属性栏选项内容的作用正好相反。

图 4-114

选择"加深"工具，在加深工具属性栏中进行设置，如图 4-115 所示。在图像中单击并按住鼠标左键，拖曳鼠标使图像产生加深的效果。原图像和加深后的图像效果如图 4-116 和图 4-117 所示。

图 4-115

图 4-116

图 4-117

### 10. 海绵工具

反复选择"海绵"工具，或反复按 Shift+O 组合键，可以选择或取消使用海绵工具，其属性栏的状态如图 4-118 所示。

图 4-118

"模式"选项用于设定饱和度处理方式；"流量"选项用于设定扩散的速度。

选择"海绵"工具，在海绵工具属性栏中进行设置，如图 4-119 所示。在图像中单击并按住鼠标左键，拖曳鼠标使图像产生增加色彩饱和度的效果。原图像和使用海绵工具后的图像效果如图 4-120 和图 4-121 所示。

图 4-119

### 4.2.2 在 CorelDRAW 中应用特殊效果

应用特殊效果是 CorelDRAW 用户必须掌握的一项高级技能。CorelDRAW 提供了多种特效工具和命令，熟练掌握和运用这些工具和命令可以制作出丰富多彩的图形特效。

图 4-120

图 4-121

### 1．制作透明效果

选择"选择"工具 ⏚，选择需要的图形，如图 4-122 所示。选择"透明度"工具 🔲，在属性栏中的"透明度类型"下拉列表中选择一种透明类型，如图 4-123 所示，图形的透明效果如图 4-124 所示。

图 4-122

图 4-123

图 4-124

交互式透明属性栏中各选项的含义如下。

"透明度类型" 标准 ▾ 选项：可以选择透明的类型，包含标准、线性、射线、圆锥、方角、双色图样、全色图样、位图图样和底纹等。

"透明度操作" 常规 ▾ 选项：可以选择透明样式。对多边形应用不同的透明样式，可以得到不同的透明样式效果，如图 4-125 所示。

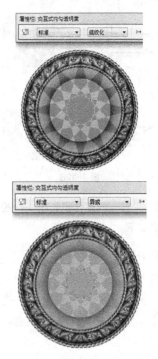

图 4-125

"编辑透明度"按钮 🔲：打开与透明度类型相对应的对话框，可以对透明选项进行具体的设置。

"开始透明度" ⊢──┃──── 50 选项：拖曳滑块或直接输入数值，可以改变对象的透明度。

"透明目标" 🔲全部 ▾ 选项：设置应用透明度到"填充"、"轮廓"或"全部"效果。

"冻结透明度"按钮 ❄：冻结当前视图的透明度。

"复制透明度属性"按钮 🔲：可以复制对象的透明效果。

"清除透明度"按钮 ⊘：可以清除对象中的透明效果。

### 2．设置调和

绘制两个要制作调和效果的图形，如图 4-126 所示。选择"调和"工具 🔲，将鼠标的光标放在左侧的图形上，鼠标的光标变为 🔲 图标，按住鼠标左键并拖曳光标到右边的图形上，如图 4-127 所示，松开鼠标左键，两个图形的调和效果如图 4-128 所示。

图 4-126

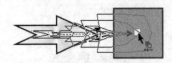

图 4-127

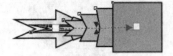

图 4-128

"调和"工具 ▣ 的属性栏如图 4-129 所示。各选项的含义如下。

图 4-129

"调和对象" ▣ 20 ▣ 选项：可以设置调和的步数，设置为 6 时，效果如图 4-130 所示。

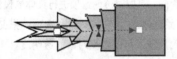

图 4-130

"调和方向" ▣ 0 ▣ 选项：可以设置调和的旋转角度，设置为 90° 时，效果如图 4-131 所示。

图 4-131

"环绕调和"按钮 ▣：当设置调和的旋转角度值大于零时，此按钮可用。调和的图形除了自身旋转外，同时将以起点图形和终点图形的中间位置为旋转中心做旋转分布，如图 4-132 所示。

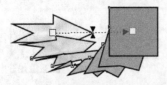

图 4-132

"直接调和"按钮 ▣、"顺时针调和"按钮 ▣、"逆时针调和"按钮 ▣：设定调和对象之间颜色过渡的方向，效果如图 4-133 所示。

a. 顺时针调和

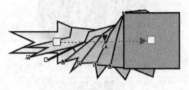

b. 逆时针调和

图 4-133

"对象和颜色加速"按钮 ▣：设置对象和颜色的加速属性。单击此按钮弹出如图 4-134 所示的面板，拖动滑块到需要的位置，对象加速调和效果如图 4-135 所示，颜色加速调和效果如图 4-136 所示。

图 4-134

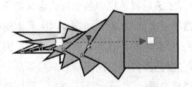

图 4-135

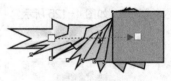

图 4-136

"调整加速大小"按钮 ▣：可以设置调和的加速属性。

"起始和结束属性"按钮 ▣：可以显示或重新设定调和的起始及终止对象。单击此按钮，弹出如

图 4-137 所示的菜单，选择"新终点"选项，鼠标的光标变为 ◀┃。在新的终点对象上单击鼠标左键，如图 4-138 所示，终点对象被更改，如图 4-139 所示。

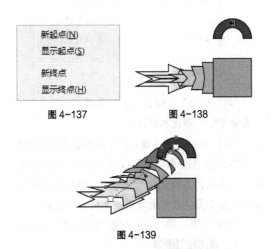

图 4-137　　　　　图 4-138

图 4-139

"路径属性"按钮 ↘：使调和对象沿绘制好的路径分布。单击此按钮，弹出如图 4-140 所示的菜单，选择"新路径"选项，鼠标的光标变为 ✔。在新绘制的路径上单击鼠标，如图 4-141 所示，沿路径进行调和的效果如图 4-142 所示。

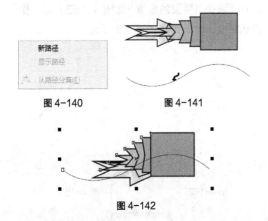

图 4-140　　　　　图 4-141

图 4-142

"更多调和选项"按钮 ▦：可以进行更多的调和设置。单击此按钮，弹出如图 4-143 所示的菜单。"映射节点"按钮可指定起始对象的某一点与终止对象的某一节点对应，以产生特殊的调和效果。"拆分"按钮可将过渡对象分割成独立的对象，并可与其他对象再次进行调和。勾选"沿全路径调和"复选框，可以使调和对象自动充满整个路径。勾选"旋转全部对象"复选框，可以使调和对象的

方向与路径一致。

图 4-143

### 3. 制作阴影效果

使用"阴影"工具 ▢ 可以快速地给图形添加阴影效果，还可以设置阴影的透明度、角度、位置、颜色和羽化程度。下面具体介绍如何制作阴影效果。

使用"选择"工具 ▷ 选取需要的图形，如图 4-144 所示。选择"阴影"工具 ▢，将鼠标光标放在图形上，按住鼠标左键并向阴影投射的方向拖曳鼠标，如图 4-145 所示，到需要的位置后松开鼠标左键，阴影效果如图 4-146 所示。

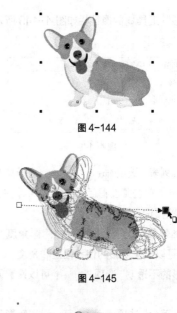

图 4-144

图 4-145

图 4-146

拖曳阴影控制线上的 ✐ 图标，可以调节阴影的透光程度。拖曳时越靠近 ▫ 图标，透光度越小，阴影越淡，如图 4-147 所示；拖曳时越靠近 ▦ 图标，透光度越大，阴影越浓，如图 4-148 所示。

图 4-147

图 4-148

"阴影"工具 ▫ 的属性栏如图 4-149 所示，各选项的含义如下。

图 4-149

"预设列表"选项 预设... ：选择需要的预设阴影效果。单击预设框后面的 ✚ 或 ━ 按钮，可以添加或删除预设框中的阴影效果。

"阴影偏移"选项 、"阴影角度"选项 ：可以设置阴影的偏移位置和角度。

"阴影的不透明"选项 ▽ 70 ✚ ：可以设置阴影的透明度。

"阴影羽化"选项 ⊘ 15 ✚ ：可以设置阴影的羽化程度。

"羽化方向"按钮 ▫ ：可以设置阴影的羽化方向。单击此按钮可弹出"羽化方向"设置区，如图 4-150 所示。

"羽化边缘"按钮 ▫ ：可以设置阴影的羽化边缘模式。单击此按钮可弹出"羽化边缘"设置区，

如图 4-151 所示。

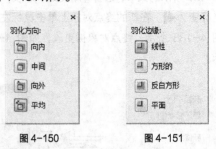

图 4-150                    图 4-151

"阴影淡出"、"阴影延展"选项 0 ✚ 50 ✚ ：可以设置阴影的淡化和延展。

"阴影颜色"选项 ▮ ▾ ：可以改变阴影的颜色。

"复制阴影效果属性"按钮 ▫ ：可以复制阴影。单击此按钮，光标变为黑色箭头，用黑色箭头在已制作阴影图形的阴影上单击，即可复制阴影。

"清除阴影"按钮 ▧ ：可以将制作的阴影清除。

### 4．编辑轮廓图

轮廓图效果是由图形中间向内部或者外部放射的层次效果，它由多个同心线圈组成。下面介绍如何制作轮廓图效果。

打开一个图形，如图 4-152 所示。选择"轮廓图"工具 ▫ ，用光标在图形轮廓上方的节点上单击并向外拖曳至需要的位置，如图 4-153 所示，松开鼠标左键，效果如图 4-154 所示。

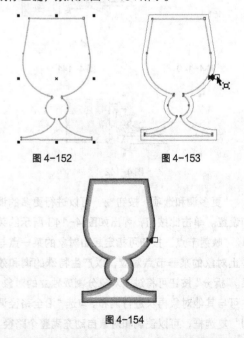

图 4-152                    图 4-153

图 4-154

属性栏如图 4-155 所示。各选项的含义如下。

图 4-155

"预设列表"选项 预设... ▼ ：选择系统预设的样式。

"内部轮廓"按钮 、"外部轮廓"按钮 ：使对象产生向内和向外的轮廓图。

"到中心"按钮 ：根据设置的偏移值一直向内创建轮廓图，效果如图 4-156 所示。

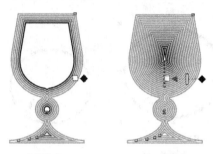

a. 内部轮廓          b. 到中心

c. 外部轮廓

图 4-156

"轮廓图步长"选项 20 ▲ 、"轮廓图偏移"选项 1.0 mm ：设置轮廓图的步数和偏移值，如图 4-157、图 4-158 所示。

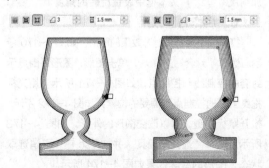

图 4-157

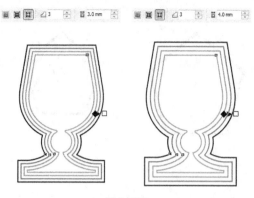

图 4-158

"轮廓色"选项 ■ ▼ ：设定最内一圈轮廓线的颜色。

"填充色"选项 ▼ ：设定轮廓图的颜色。

### 5. 制作变形效果

选择"变形"工具 ，弹出如图 4-159 所示的属性栏，在属性栏中提供了 3 种变形方式的按钮："推拉变形"按钮 、"拉链变形"按钮 和"扭曲变形"按钮 。

图 4-159

在"预设列表" 预设... ▼ 选项中，CorelDRAW 提供了多个预置的变形效果，单击黑色三角按钮 ▼，弹出下拉列表，在其中选择需要的预置变形效果，如图 4-160 所示。单击预置框后面的 ＋ 按钮或 － 按钮，可以添加或删除预置框中的变形效果。

图 4-160

绘制一个图形，如图 4-161 所示，单击属性栏中的"推拉变形"按钮 ，在图形上按住鼠标左键并向右拖曳鼠标，如图 4-162 所示，松开鼠标左键，变形的效果如图 4-163 所示。

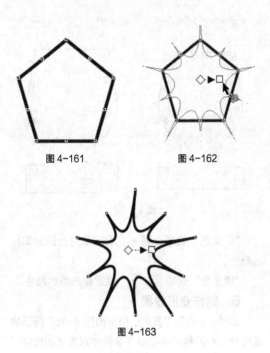

图 4-161                     图 4-162

图 4-163

在属性栏中的"推拉振幅" 框中，可以输入数值来控制推拉变形的幅度，推拉变形的设置范围为-200～200。单击"居中变形"按钮，可以将变形的中心移至图形的中心。单击"转换为曲线"按钮，可以将图形转换为曲线。

绘制一个图形，如图 4-164 所示，单击属性栏中的"拉链变形"按钮，在图形上按住鼠标左键并向左下方拖曳鼠标，如图 4-165 所示，松开鼠标左键，变形效果如图 4-166 所示。

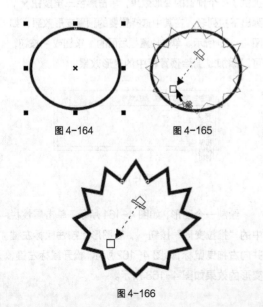

图 4-164                     图 4-165

图 4-166

在属性栏的"拉链失真频率" 框中，可以输入频率的数值来设置两个节点之间的锯齿数。单击"随机变形"按钮，图形锯齿的深度可以随机变化。单击"平滑变形"按钮，可以将图形锯齿的尖角变成圆弧。单击"局部变形"按钮，在图形中拖曳鼠标，可以将图形锯齿的局部进行变形。

绘制一个图形，如图 4-167 所示。单击属性栏中的"扭曲变形"按钮，在图形上按住鼠标左键并向右下方拖曳鼠标，如图 4-168 所示，松开鼠标左键，变形的效果如图 4-169 所示。

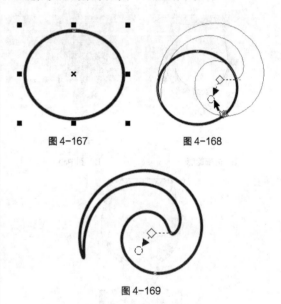

图 4-167                     图 4-168

图 4-169

单击属性栏中的"添加新的变形"按钮，可以继续在图形中按住鼠标左键并转动光标，制作新的变形效果。单击"顺时针旋转"按钮和"逆时针旋转"按钮，可以设置旋转的方向。在"完全旋转" 文本框中设置完全旋转的圈数。在"附加角度" 文本框中设置旋转的角度。

### 6. 制作封套效果

打开一个要制作封套效果的图形，如图 4-170 所示。选择"封套"工具，单击图形，图形外围显示封套的控制线和控制点，如图 4-171 所示。用光标拖曳上面的控制点到需要的位置，如图 4-172 所示。松开鼠标左键，可以改变图形的外形，如图 4-173 所示。选择"选择"工具并按 Esc 键，取消选取状态，图形的封套效果如图 4-174 所示。

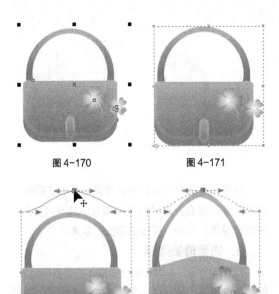

图 4-170          图 4-171

图 4-172          图 4-173

图 4-174

由变形"模式和"垂直"模式。使用不同的映射模式可以使封套中的对象符合封套的形状,制作出需要的变形效果。

**7. 设置立体化效果**

绘制一个要制作立体化的图形,如图 4-176 所示。选择"立体化"工具 ，在图形上按住鼠标左键并向右上方拖曳光标,如图 4-177 所示。达到需要的立体效果后,松开鼠标左键,图形的立体化效果如图 4-178 所示。

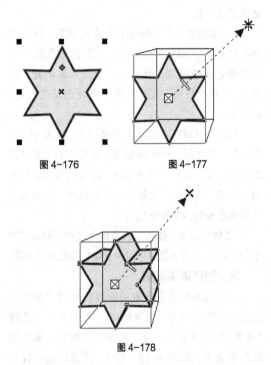

图 4-176          图 4-177

图 4-178

"封套"工具 的属性栏如图 4-175 所示。各选项的含义如下。

"预设列表" 预设... ▼ 选项:可以选择需要的预设封套效果。

"直线模式"按钮□、"单弧模式"按钮□、"双弧模式"按钮□和"非强制模式"按钮 :可以选择不同的封套编辑模式。

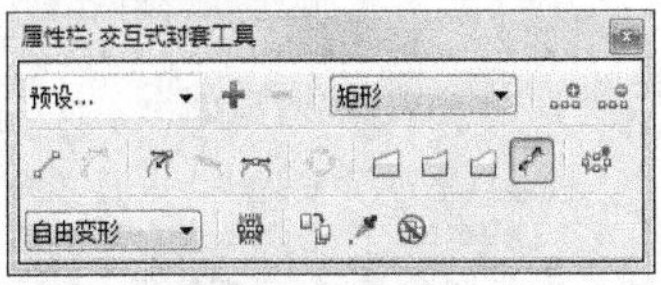

图 4-175

"映射模式" 自由变形 ▼ 列表框:包含 4 种映射模式,分别是"水平"模式、"原始"模式、"自

"立体化"工具 的属性栏如图 4-179 所示。各选项的含义如下。

"立体化类型" □ ▼ 选项:单击弹出下拉列表,分别选择可以出现不同的立体化效果。

图 4-179

"深度" 20 选项:可以设置图形立体化的深度。

"灭点属性" 灭点锁定到对象 ▼ 选项:可以设置灭点的属性。

"页面或对象灭点"按钮：可以将灭点锁定到页面，在移动图形时灭点不能移动，立体化的图形形状会改变。

"立体的方向"按钮：单击此按钮，弹出旋转设置框，光标放在三维旋转设置区内会变为手形，拖曳鼠标可以在三维旋转设置区中旋转图形，页面中的立体化图形会进行相应的旋转。单击按钮，设置区中出现"旋转值"数值框，可以精确地设置立体化图形的旋转数值。单击按钮，恢复到设置区的默认设置。

"立体化颜色"按钮：单击此按钮，弹出立体化图形的"颜色"设置区。在颜色设置区中有三种颜色设置模式，分别是"使用对象填充"模式、"使用纯色"模式和"使用递减的颜色"模式。

"立体化倾斜"按钮：单击此按钮，弹出"斜角修饰"设置区，通过拖动面板中图例的节点来添加斜角效果，也可以在增量框中输入数值来设定斜角。勾选"只显示斜角修饰边"复选框，将只显示立体化图形的斜角修饰边。

"立体化照明"按钮：单击此按钮，弹出"照明"设置区，在设置区中可以为立体化图形添加光源。

### 8. 制作透视效果

打开要制作透视效果的图形，使用"选择"工具将图形选中，效果如图 4-180 所示。选择"效果>添加透视"命令，在图形的周围出现控制线和控制点，如图 4-181 所示。用鼠标拖曳控制点，制作需要的透视效果，在拖曳控制点时出现了透视点×，如图 4-182 所示。用鼠标可以拖曳透视点×，同时可以改变透视效果，如图 4-183 所示。制作好透视效果后，按空格键确定完成透视效果的制作。

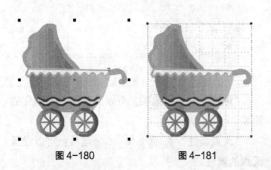

图 4-180　　　　　图 4-181

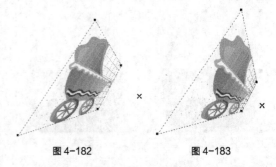

图 4-182　　　　　图 4-183

要修改已经制作好的透视效果，需双击图形，再对已有的透视效果进行调整即可。选择"效果>清除透视点"命令，可以清除透视效果。

### 9. 精确剪裁效果

打开一个图形，再绘制一个图形作为容器对象，使用"选择"工具选中要用来内置的图片，效果如图 4-184 所示。

图 4-184

选择"效果>图框精确剪裁>放置在容器中"命令，鼠标的光标变为黑色箭头，将箭头放在容器对象内并单击鼠标左键，如图 4-185 所示。完成的图框精确剪裁对象效果如图 4-186 所示。内置图形的中心和容器对象的中心是重合的。

图 4-185

图 4-186

选择"效果>图框精确剪裁>提取内容"命令，可以将容器对象内的内置位图提取出来。选择"效果>图框精确剪裁>编辑内容"命令，可以修改内置对象。选择"效果>图框精确剪裁>结束编辑"命令，完成内置位图的重新选择。选择"效果>复制效果>图框精确剪裁自"命令，鼠标的光标变为黑色箭头，将箭头放在图框精确剪裁对象上并单击鼠标左键，可复制内置对象。

# 4.3 滤镜效果的应用

滤镜是设计制作中最重要的功能之一，它不仅可以调整图像，还可以创作出五彩缤纷的创意图像，使图像有着很强的艺术性和实用价值。

## 4.3.1　在 Photoshop 中应用滤镜

Photoshop 的滤镜功能非常强大，可以创作出很多特殊的艺术效果。它的滤镜命令主要集中在"滤镜"菜单下，如图 4-187 所示。Photoshop 的滤镜菜单被分为 6 部分，并已用横线划分开。

| 上次滤镜操作(F) | Ctrl+F |
| --- | --- |
| 转换为智能滤镜 | |
| 滤镜库(G)... | |
| 镜头校正(R)... | Shift+Ctrl+R |
| 液化(L)... | Shift+Ctrl+X |
| 消失点(V)... | Alt+Ctrl+V |
| 风格化 | ▶ |
| 画笔描边 | ▶ |
| 模糊 | ▶ |
| 扭曲 | ▶ |
| 锐化 | ▶ |
| 视频 | ▶ |
| 素描 | ▶ |
| 纹理 | ▶ |
| 像素化 | ▶ |
| 渲染 | ▶ |
| 艺术效果 | ▶ |
| 杂色 | ▶ |
| 其它 | ▶ |
| Digimarc | ▶ |
| 浏览联机滤镜... | |

图 4-187

第 1 部分是最近一次使用的滤镜，当没有使用滤镜时，它是灰色的，不可以选择。当使用一种滤镜后，需要重复使用这种滤镜时，只要直接选择这种滤镜或按 Ctrl+F 组合键，即可重复使用。

第 2 部分是转换智能滤镜部分，选择此命令可以将普通滤镜转换为智能滤镜。

第 3 部分是 4 种 Photoshop 滤镜，每个滤镜的功能都十分强大。

第 4 部分是 13 种 Photoshop 滤镜，每个滤镜中都有包含其他滤镜的子菜单。

第 5 部分是常用外挂滤镜，当没有安装常用外挂滤镜时，它是灰色的，不可以选择。

第 6 部分是浏览联机滤镜。

下面将具体介绍几种常见滤镜的使用方法和应用技巧。

### 1. "像素化"滤镜

"像素化"滤镜可以用来将图像分块或将图像平面化。"像素化"滤镜组中各种滤镜效果如图 4-188 所示。

"彩块化"滤镜

"彩色半调"滤镜

"点状化"滤镜

"晶格化"滤镜

图 4-188

"马赛克"滤镜

"碎片"滤镜

"极坐标"滤镜

"挤压"滤镜

"铜版雕刻"滤镜

图 4-188（续）

"扩散亮光"滤镜

"切变"滤镜

## 2."扭曲"滤镜

"扭曲"滤镜可以制作出一组从波纹到扭曲图像的变形效果。"扭曲"滤镜组中各种滤镜效果如图 4-189 所示。

"球面化"滤镜

"水波"滤镜

"波浪"滤镜

"波纹"滤镜

"旋转扭曲"滤镜

"置换"滤镜

图 4-189

"玻璃"滤镜

"海洋波纹"滤镜

## 3."杂色"滤镜

"杂色"滤镜可以混合干扰，制作出着色像素图案的纹理。"杂色"滤镜组中各种滤镜效果如图 4-190 所示。

"减少杂色"滤镜　　　　　"蒙尘与划痕"滤镜

"去斑"滤镜　　　　　　"添加杂色"滤镜

"中间值"滤镜

图 4-190

### 4．"模糊"滤镜

"模糊"滤镜可以使图像中过于清晰或对比度过于强烈的区域产生模糊效果。此外，也可用于制作柔和阴影。"模糊"滤镜组中各种滤镜效果如图 4-191 所示。

表面模糊　　　　　　　动感模糊

方框模糊　　　　　　　高斯模糊

进一步模糊　　　　　　径向模糊

镜头模糊　　　　　　　模糊

平均　　　　　　　　　特殊模糊

形状模糊

图 4-191

### 5. "渲染"滤镜

"渲染"滤镜可以在图像中产生照明的效果，它可以产生不同的光源效果和夜景效果等。"渲染"滤镜组中各种滤镜效果如图 4-192 所示。

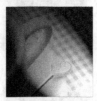

"分层云彩"滤镜　　　　"光照效果"滤镜

"镜头光晕"滤镜　　　　"纤维"滤镜

"云彩"滤镜

图 4-192

### 6. "画笔描边"滤镜

"画笔描边"滤镜可以通过不同的油墨和画笔勾画图像使其产生绘画效果，也可以添加纹理、杂色、颗粒、边缘细节等，它对 CMYK 和 Lab 颜色模式的图像都不起作用。"画笔描边"滤镜组中各种滤镜效果如图 4-193 所示。

"成角的线条"滤镜　　　"墨水轮廓"滤镜

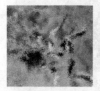

"喷溅"滤镜　　　　　　"喷色描边"滤镜

"强化的边缘"滤镜　　　"深色线条"滤镜

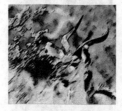

"烟灰墨"滤镜　　　　　"阴影线"滤镜

图 4-193

### 7. "素描"滤镜

"素描"滤镜只对 RGB 或灰度模式的图像起作用，它可以将纹理添加到图像上，主要用于模拟速写和素描等艺术效果。"素描"滤镜组中各种滤镜效果如图 4-194 所示。

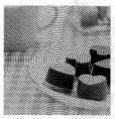

"半调图案"滤镜　　　　"便条纸"滤镜

"粉笔和炭笔"滤镜　　　"铬黄"滤镜

"绘图笔"滤镜

图 4-194

"基底凸现"滤镜

"石膏"效果

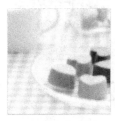
"水彩画纸"滤镜

"撕边"滤镜

"炭笔"滤镜

"炭精笔"滤镜

"图章"滤镜

"网状"滤镜

"影印"滤镜

图 4-194（续）

### 8."纹理"滤镜

"纹理"滤镜可以使图像中各颜色之间产生过渡变形的效果。"纹理"滤镜组中各种滤镜效果如

图 4-195 所示。

"龟裂缝"滤镜

"颗粒"滤镜

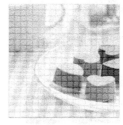
"马赛克拼贴"滤镜

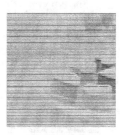
"拼缀图"滤镜

"染色玻璃"滤镜

"纹理化"滤镜

图 4-195

### 9."艺术效果"滤镜

"艺术效果"滤镜主要用于为美术或商业项目制作绘画或艺术效果，只有在 RGB 颜色模式和多通道颜色模式下才可以使用。"艺术效果"滤镜组中各种滤镜效果如图 4-196 所示。

"壁画"滤镜

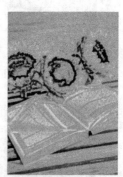
"彩色铅笔"滤镜

图 4-196

"粗糙蜡笔"滤镜

"底纹效果"滤镜

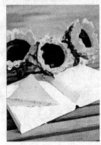

"干画笔"滤镜

"海报边缘"滤镜

"海绵"滤镜

"绘画涂抹"滤镜

"胶片颗粒"滤镜

"木刻"滤镜

"霓虹灯光"滤镜

"水彩"滤镜

"塑料包装"滤镜

"调色刀"滤镜

"涂抹棒"滤镜

图 4-196（续）

## 10."锐化"滤镜

"锐化"滤镜可以通过生成更大的对比度来使图像清晰化，并增强处理图像的轮廓。此组滤镜可减弱图像修改后产生的模糊效果。"锐化"滤镜组中各种滤镜效果如图 4-197 所示。

"USM 锐化"滤镜

"进一步锐化"滤镜

"锐化"滤镜

图 4-197

"锐化边缘"滤镜　　　　　"智能锐化"滤镜

图 4-197（续）

### 11. "风格化"滤镜

"风格化"滤镜可以产生印象派以及其他风格画派作品的效果，它是完全模拟真实艺术手法进行创作的。"风格化"滤镜中各种滤镜效果如图 4-198 所示。

"查找边缘"滤镜 　　　　　"等高线"滤镜

"风"滤镜 　　　　　　"浮雕效果"滤镜

"扩散"滤镜　　　　　　"拼贴"滤镜

"曝光过度"滤镜　　　　　"凸出"滤镜

"照亮边缘"滤镜

图 4-198

### 12. "其他"滤镜

"其他"滤镜不同于其他分类的滤镜。在此滤镜特效中，用户可以创建自己需要的特殊效果滤镜。"其他"滤镜组中各种滤镜效果如图 4-199 所示。

"高反差保留"滤镜　　　　"位移"滤镜

"自定"滤镜　　　　　　"最大值"滤镜

"最小值"滤镜

图 4-199

## 4.3.2　在 CorelDRAW 中应用滤镜

CorelDRAW 中的滤镜功能主要集中在位图菜单下，所以只能对位图应用滤镜效果。灵活地应用这些位图的滤镜，也可以为设计的作品增色。下面具体介绍各滤镜的使用方法。

### 1. 三维效果

选取导入的位图，如图 4-200 所示，选择"位图>三维效果"子菜单下的命令，如图 4-201 所示。应用不同的三维效果命令制作出的效果如图 4-202 所示。

艺术笔触"子菜单下的命令，如图 4-204 所示。应用
不同的艺术笔触命令制作出的效果如图 4-205 所示。

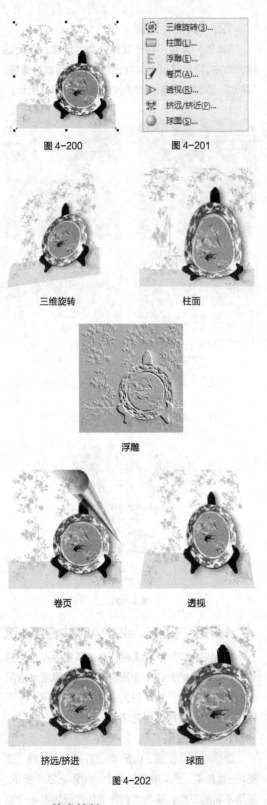

### 2. 艺术笔触

选取导入的位图，如图 4-203 所示，选择"位图>

点彩派

木版画

素描

水彩画

水印画

波纹纸画

图 4-205（续）

### 3. 模糊

选取导入的位图，如图 4-206 所示，选择"位图>模糊"子菜单下的命令，如图 4-207 所示。应用不同的模糊命令制作出的效果如图 4-208 所示。

图 4-206

图 4-207

定向平滑

高斯式模糊

锯齿状模糊

低通滤波器

动态模糊

放射式模糊

平滑

柔和

图 4-208

缩放

图 4-208（续）

### 4. 颜色转换

选取导入的位图，如图 4-209 所示，选择"位图>颜色转换"子菜单下的命令，如图 4-210 所示。应用不同的颜色转换命令制作出的效果如图 4-211 所示。

图 4-209

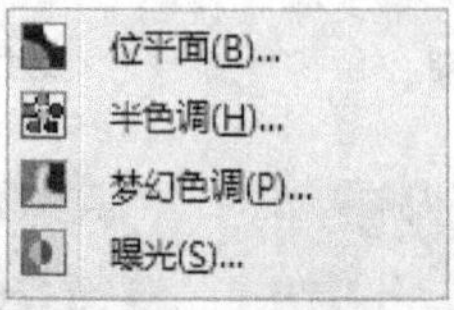

 位平面(B)...

 半色调(H)...

梦幻色调(P)...

曝光(S)...

图 4-210

位平面　　　　　　　半色调

梦幻色调　　　　　　曝光

图 4-211

### 5. 轮廓图

选取导入的位图，选择"位图>轮廓图"子菜单下的命令，如图 4-212 所示。应用不同的轮廓图命令制作出的效果如图 4-113 所示。

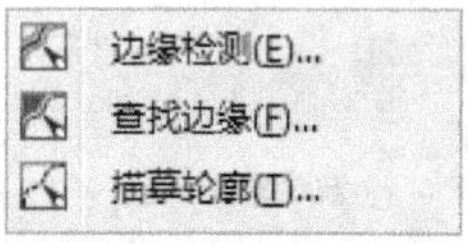

边缘检测(E)...

查找边缘(F)...

描草轮廓(T)...

边缘检测

图 4-212

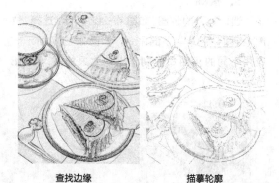

查找边缘　　　　　　描摹轮廓

图 4-213

### 6. 创造性

选取导入的位图，如图 4-214 所示，选择"位图>创造性"子菜单下的命令，如图 4-215 所示。应用不同的创造性命令制作出的效果如图 4-216 所示。

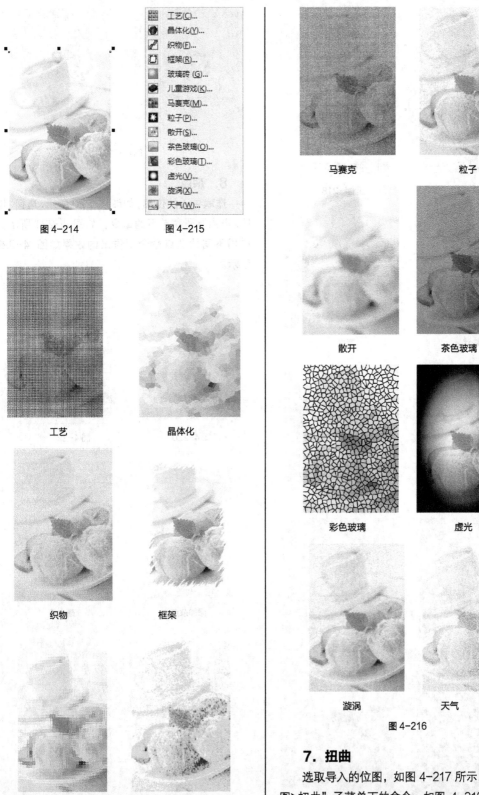

图 4-214　　　　　　图 4-215

工艺

晶体化

织物

框架

玻璃砖

儿童游戏

马赛克

粒子

散开

茶色玻璃

彩色玻璃

虚光

漩涡

天气

图 4-216

## 7. 扭曲

选取导入的位图，如图 4-217 所示，选择"位图>扭曲"子菜单下的命令，如图 4-218 所示。应用不同的扭曲命令制作出的效果如图 4-219 所示。

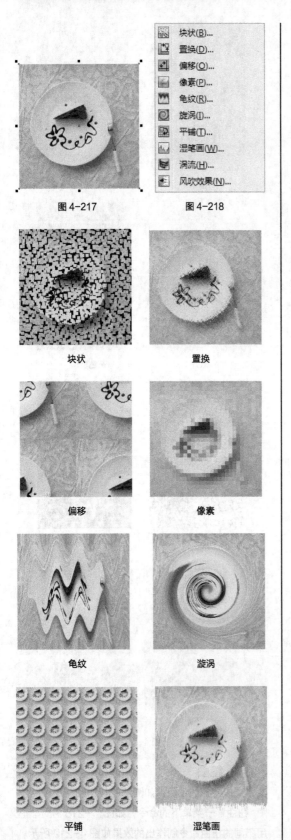

图 4-217　　　　图 4-218

块状　　　　置换

偏移　　　　像素

龟纹　　　　漩涡

平铺　　　　湿笔画

涡流

风吹效果

图 4-219

### 8. 杂点

选取导入的位图，如图 4-220 所示，选择"位图>杂点"子菜单下的命令，如图 4-221 所示。应用不同的杂点命令制作出的效果如图 4-222 所示。

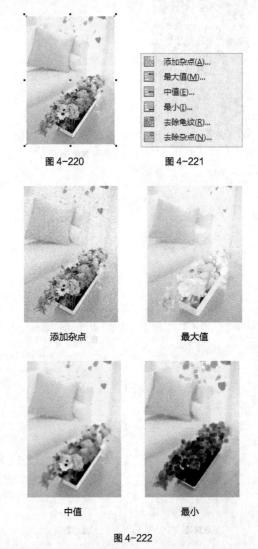

图 4-220　　　　图 4-221

添加杂点　　　　最大值

中值　　　　最小

图 4-222

去除龟纹

去除杂点

图 4-222（续）

### 9. 鲜明化

选取导入的位图，如图 4-223 所示，选择"位图>鲜明化"子菜单下的命令，如图 4-224 所示。应用不同鲜明化命令制作出的效果如图 4-225 所示。

图 4-223

| | |
|---|---|
| 适应非鲜明化(A)... | |
| 定向柔化(D)... | |
| 高通滤波器(H)... | |
| 鲜明化(S)... | |
| 非鲜明化遮罩(U)... | |

图 4-224

适应非鲜明化

定向柔化

高通滤镜器

鲜明化

非鲜明化遮罩

图 4-225

# 第 5 章
# 文字与图层的应用

本章主要介绍了文字的输入与编辑功能以及图层的应用技巧。读者通过对本章的学习，了解并掌握文字的输入、编辑及处理技巧以及图层的应用方法和技巧，为进一步编辑和处理图像打下坚实的基础。

【课堂学习目标】

- 创建文本
- 设置文本格式
- 制作文本效果
- 图层的应用

# 5.1 创建文本

创建文本是设计工作中最基本的工作，只有能够快速使用文本工具创建出适合创作需要的文本，才能使设计工作更加高效便捷。

## 5.1.1 在 Photoshop 中创建文本

在 Photoshop 中，选择"横排文字"工具 T 和"直排文字"工具 IT 可以在图像窗口中建立水平或垂直的点文本和段落文本。应用"横排文字蒙版"工具 和"直排文字蒙版"工具 可以在图像窗口中建立水平或垂直的点文本和段落文本选区。下面以"横排文字"工具为例，讲解创建点文字和段落文字的方法和技巧。

### 1. 建立点文字图层

将"横排文字"工具 T 移动到图像窗口中，鼠标光标变为 图标。在图像窗口中单击，此时出现一个文字的插入点，如图 5-1 所示。输入需要的文字，文字会显示在图像窗口中，效果如图 5-2 所示。在输入文字的同时，"图层"控制面板中将自动创建一个新的文字图层，如图 5-3 所示。

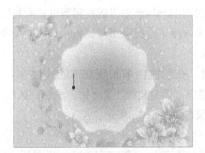

图 5-1

图 5-2

图 5-3

### 2. 建立段落文字图层

将"横排文字"工具 T 移动到图像窗口中，鼠标光标变为 图标。单击并按住鼠标左键，拖曳鼠标在图像窗口中拖曳出一个段落文本框，如图 5-4 所示。此时，插入点显示在文本框的左上角，输入文字。段落文本框具有自动换行的功能，如果输入的文字较多，当文字遇到文本框时，会自动换到下一行显示，如图 5-5 所示。如果输入的文字需要分出段落，可以按 Enter 键进行操作。还可以对文本框进行旋转、拉伸等操作。

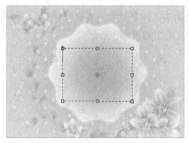

图 5-4

图 5-5

## 5.1.2 在 CorelDRAW 中创建文本

在 CorelDRAW 中只有文本工具可以创建文本，创建方法比较简单。

### 1. 输入美术字文本

选择"文本"工具 ，在绘图页面中单击鼠标左键，出现"I"形插入文本光标，这时属性栏显示为"文本"属性栏，在"文本"属性栏中，选择字体，设置字号和字符属性，如图 5-6 所示。设置好后，直接输入美术字文本，效果如图 5-7 所示。

图 5-6

艺术设计

图 5-7

### 2. 输入段落文本

选择"文本"工具 字，在绘图页面中按住鼠标左键不放，沿对角线拖曳鼠标，出现一个矩形的文本框，松开鼠标左键，文本框如图 5-8 所示。在"文本"属性栏中选择字体，设置字号和字符属性，如图 5-9 所示。设置好后，直接在虚线框中输入段落文本，效果如图 5-10 所示。

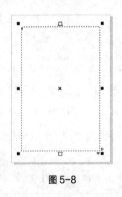

图 5-8

图 5-9

图 5-10

## 5.2 设置文本格式

在设计工作中仅仅输入文字是不够的，还要通过对文字的字体、大小、间距等文本格式的调整，设计制作出更加美观的文本格式。

### 5.2.1 在 Photoshop 中设置文本格式

在 Photoshop 中可以应用属性栏和控制面板对文字与段落进行编辑和调整。具体的操作方法如下。

#### 1. 在属性栏中改变文本的属性

选择"横排文字"工具 T，或按 T 键，其属性栏的状态如图 5-11 所示。

图 5-11

在文字工具属性栏中，"更改文本方向"按钮 用于选择文字输入的方向；宋体 选项用于设定文字的字体及属性；T 12点 选项用于设定字体的大小；锐利 选项用于消除文字的锯齿，包括无、锐利、犀利、浑厚和平滑 5 个选项；选项用于设定文字的段落格式，分别是左对齐、居中对齐和右对齐；按钮用于设置文字

的颜色；"创建文字变形"按钮 用于对文字进行变形操作；"切换字符和段落面板"按钮 用于隐藏或打开"段落"和"字符"控制面板；"取消所有当前编辑"按钮 用于取消对文字的操作；"提交所有当前编辑"按钮 用于确定对文字的操作。

#### 2. 字符控制面板

"字符"控制面板可以用来编辑点文本。下面具体介绍字符控制面板的内容。

选择"窗口>字符"命令，弹出"字符"控制面板，如图 5-12 所示。

图 5-12

"设置字体系列"选项 宋体 ：选中字符或文字图层，单击选项右侧的按钮 ，在弹出的下拉菜单中选择需要的字体。

"设置字体大小"选项 12点 ：选中字符或文字图层，在选项的数值框中输入数值，或单击选项右侧的按钮 ，在弹出的下拉菜单中选择需要的字体大小数值。

"垂直缩放"选项 100% ：选中字符或文字图层，在选项的数值框中输入数值，可以调整字符的长度。

"设置所选字符的比例间距"选项 0% ：选中字符或文字图层，在选项的数值框中选择百分比数值，可以对所选字符的比例间距进行细微调整。

"设置所选字符的字距调整"选项 0 ：选中需要调整字距的文字段落或文字图层，在选项的数值框中输入数值，或单击选项右侧的按钮 ，在弹出的下拉菜单中选择需要的字距数值，可以调整文本段落的字距。输入正值时，字距加大；输入负值时，字距缩小。

"设置基线偏移"选项 0点 ：选中字符，在选项的数值框中输入数值，可以调整字符上下移动。输入正值时，横排的字符上移，直排的字符右移；输入负值时，横排的字符下移，直排的字符左移。

"设定字符的形式"按钮 T T TT Tr T, T F：从左到右依次为"仿粗体"按钮 T、"仿斜体"按钮 T、"全部大写字母"按钮 TT、"小型大写字母"按钮 Tr、"上标"按钮 T、"下标"按钮 T、"下画线"按钮 T 和"删除线"按钮 F。

"语言设置"选项 美国英语 ：单击选项右侧的按钮 ，在弹出的下拉菜单中选择需要的语言字典。选择字典主要用于拼写检查和连字的设定。

"设置字体样式"选项 Regular ：选中字符或文字图层，单击选项右侧的按钮 ，在弹出的下拉菜单中选择需要的字型。

"设置行距"选项 (自动) ：选中需要调整行距的文字段落或文字图层，在选项的数值框中输入数值，或单击选项右侧的按钮 ，在弹出的下拉菜单中选择需要的行距数值，可以调整文本段落的行距。

"水平缩放"选项 100% ：选中字符或文字图层，在选项的数值框中输入数值，可以调整字符的宽度。

"设置两个字符间的字距微调"选项 0 ：使用文字工具在两个字符间单击，插入光标，在选项的数值框中输入数值，或单击选项右侧的按钮 ，在弹出的下拉菜单中选择需要的字距数值。输入正值时，字符的间距会加大；输入负值时，字符的间距会缩小。

"设置文本颜色"选项 颜色： ：选中字符或文字图层，在颜色框中单击，弹出"拾色器"对话框，在对话框中设定需要的颜色后，单击"确定"按钮，可以改变文字的颜色。

"设置消除锯齿的方法"选项 锐利 ：可以选择无、锐利、犀利、浑厚和平滑 5 种消除锯齿的方式。

### 3．段落控制面板

"段落"控制面板可以用来编辑文本段落。下面具体介绍段落控制面板的内容。

选择"窗口>段落"命令，弹出"段落"控制面板，如图 5-13 所示。

在控制面板中，选项用来调整文本段落中每行对齐的方式：左对齐文本、居中对齐文本和右对齐文本；选项用来调整段落的对齐方式：最后一行左对齐、最后一行居中对齐和最后一行右对齐；选项用来设置整个段落中的行两端对齐：全部对齐。

"左缩进"选项 ：在选项中输入数值可以设置段落左端的缩进量。

"右缩进"选项 ：在选项中输入数值可以设置段落右端的缩进量。

"首行缩进"选项 ■：在选项中输入数值可以设置段落第一行的左端缩进量。

"段前添加空格"选项 ■：在选项中输入数值可以设置当前段落与前一段落的距离。

"段后添加空格"选项 ■：在选项中输入数值可以设置当前段落与后一段落的距离。

"避头尾法则设置"和"间距组合设置"选项可以设置段落的样式；"连字"选项为连字符选框，用来确定文字是否与连字符连接。

此外，单击"段落"控制面板右上方的图标 ■，还可以弹出"段落"控制面板的下拉命令菜单，如图 5-14 所示。

图 5-13　　　　　　　图 5-14

"罗马式溢出标点"命令：为罗马悬挂标点。

"顶到顶行距"命令：用于设置段落行距为两行文字顶部之间的距离。

"底到底行距"命令：用于设置段落行距为两行文字底部之间的距离。

"对齐"命令：用于调整段落中文字的对齐。

"连字符连接"命令：用于设置连字符。

"Adobe 单行书写器"命令：为单行编辑器。

"Adobe 多行书写器"命令：为多行编辑器。

"复位段落"命令：用于恢复"段落"控制面板的默认值。

### 5.2.2　在 CorelDRAW 中设置文本格式

在 CorelDRAW 中也可以通过属性栏和格式化控制面板对文本进行更精细的编辑和调整。

**1．在属性栏中改变文本的属性**

选择"文本"工具 ■，属性栏如图 5-15 所示。

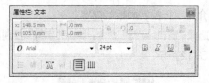

图 5-15

各选项的含义如下。

"字体列表"选项：单击 ■ Arial 右侧的三角按钮，可以选取需要的字体。

"字体大小列表"选项：单击 24pt 右侧的三角按钮，可以选取需要的字号。

■ ■ ■：设定字体为粗体、斜体或添加下画线。

"文本对齐"按钮 ■：在其下拉列表中选择文本的对齐方式。

"字符格式化"按钮 ■：打开"字符格式化"控制面板。

"编辑文本"按钮 ■：打开"编辑文本"对话框，上面的选项 ■ Arial 24pt ■ ■ ■ ■ ■ 可以设置文本的属性，中间的文本栏可以输入需要的文本。单击"选项"按钮，弹出快捷菜单，选择需要的命令来完成编辑文本的操作。单击下面的"导入"按钮，弹出"导入"对话框，可以将需要的文本导入"编辑文本"对话框的文本框中。单击"确定"按钮，完成文本内容的编辑。

■ ■：设置文本的排列方式为水平或垂直。

**2．"字符格式化"控制面板**

选择"文本>字符格式化"命令，或单击属性栏中的"字符格式化"按钮 ■，打开"字符格式化"控制面板，如图 5-16 所示，可以设置文字的字体、大小、字符效果、字符位移等属性。

图 5-16

**3．"段落格式化"控制面板**

输入段落文本，如图 5-17 所示。选择"文本>段落格式化"命令，弹出"段落格式化"控制面板，如图 5-18 所示。

图 5-17

图 5-18

在"间距"设置区的"字符"选项中可以设置字符的间距，将"字符"的间距设置为 120%，段落中字符间距的效果如图 5-19 所示。字符间距的设置范围是-100%～2000%。

图 5-19

在"间距"设置区的"单词"选项中可以设置字的间距，它可以控制单词和汉字之间的距离，可以输入数值来设置字间距，字间距的设置范围是

0%～2000%。

在"间距"设置区的"行距"选项中可以设置行的间距，它可以控制段落中行与行间的距离，将行的间距设置为 150%，段落中行间距的效果如图 5-20 所示。行间距的设置范围是 0%～2000%。

图 5-20

## 5.3　制作文本效果

在设计制作过程中，仅仅有字体、大小和间距的变化还是不能满足设计的需求，还要通过对文字进行变形、排列、分栏、绕图等操作，加大文字的宣传力度，达到美化版面、强化主体的效果。

### 5.3.1　在 Photoshop 中设置文本效果

在 Photoshop 中可以根据需要将输入完成的文字进行各种变形，也可以把文本沿着路径放置。具体的操作方法如下。

#### 1. 文字变形效果

选择"横排文字"工具 T，在属性栏中设置文字的属性，如图 5-21 所示，将"横排文字"工具 T，移动到图像窗口中，鼠标指针将变成 I 图标。在图像窗口中单击，此时出现一个文字的插入点，输入需要的文字，文字将显示在图像窗口中，图像效果和图层面板如图 5-22 所示。

图 5-21

单击属性栏中的"创建文字变形"按钮 T，弹出"变形文字"对话框，其中"样式"选项中有 15

种文字的变形效果，如图 5-23 所示。

文字的多种变形效果，如图 5-24 所示。

图 5-22

图 5-23

花冠        旗帜

波浪        鱼形

增加        鱼眼

膨胀        挤压

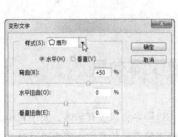

扇形        下弧

上弧        拱形

扭转

图 5-24

## 2. 沿路径排列文字

选择"椭圆"工具 ●，在图像中绘制圆形，如图 5-25 所示。选择"横排文字"工具 T，在文字工具属性栏中设置文字的属性，如图 5-26 所示。

凸起        贝壳

当鼠标光标停放在路径上时会变为 图标，如图 5-27 所示，单击路径会出现闪烁的光标，此处成 为输入文字的起始点，输入的文字会按照路径的形状进行排列，效果如图 5-28 所示。

图 5-26

图 5-25

图 5-27

图 5-28

文字输入完成后，在"路径"控制面板中会自动生成文字路径层，如图 5-29 所示。取消"视图>显示额外内容"命令的选中状态，可以隐藏文字路径，如图 5-30 所示。

图 5-29

图 5-30

**提 示**

"路径"控制面板中文字路径层与"图层"控制面板中相对的文字图层是相链接的，删除文字图层时，文字的路径层会自动被删除，删除其他工作路径不会对文字的排列有影响。如果要修改文字的排列形状，需要对文字路径进行修改。

## 5.3.2　在 CorelDRAW 中设置文本效果

在 CorelDRAW 中可以根据设计制作任务的要求，制作出首字下沉、路径文字、文本绕排、段落分栏等文本效果。下面将进行具体讲解。

### 1. 设置首字下沉

在绘图页面中打开一个段落文本，如图 5-31 所示。选择"文本>首字下沉"命令，弹出"首字下沉"对话框，如图 5-32 所示。

图 5-31

图 5-32

勾选"使用首字下沉"复选框，其他选项处于可编辑状态。在"下沉行数"选项的数值框中可以设置首字下沉量，"首字下沉后的空格"选项的数值框中可以设置距文本的距离，如图 5-33 所示，单击"确定"按钮，各段落首字下沉效果如图 5-34 所示。选择"首字下沉使用悬挂式缩进"复选框，单击"确定"按钮，悬挂式缩进效果如图 5-35 所示。

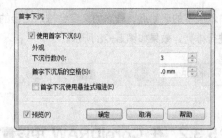

图 5-33

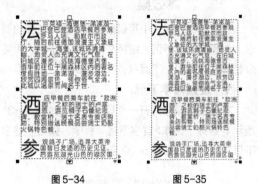

图 5-34　　　　　　图 5-35

### 2. 设置项目符号

在绘图页面中打开一个段落文本，效果如图 5-36 所示。选择"文本>项目符号"命令，弹出"项目符号"对话框，如图 5-37 所示。

图 5-36

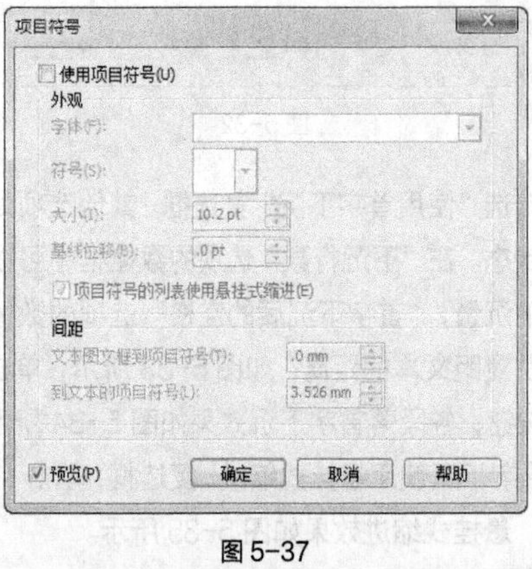

图 5-37

勾选"使用项目符号"复选框，其他选项处于可编辑状态。在"外观"设置区中可以设置字体的类型、选择符号、设置字体符号的大小和基线位移的距离。勾选"项目符号的列表使用悬挂式缩进"复选框，项目符号在段落中悬挂缩进。在"间距"设置区中可以调节缩进距离。

在对话框中的"符号"选项的下拉列表中选择需要的项目符号，其他选项的设置如图 5-38 所示，单击"确定"按钮，效果如图 5-39 所示。在段落文本中需要另起一段的位置插入光标，按 Enter 键，项目符号会自动添加在新段落的前面，效果如图 5-40 所示。

图 5-38

图 5-39 　　　　　　图 5-40

用鼠标光标将段落前面的项目符号选取，如图 5-41 所示。在对话框中的"符号"选项的下拉列表中选择需要的项目符号，如图 5-42 所示，设置好后，单击"确定"按钮，段落文本中选取的项目符号被更改，效果如图 5-43 所示。

图 5-41

图 5-42

图 5-43

单击属性栏中的"项目符号列表"按钮 ≡ 或按 Ctrl+M 组合键，也可以为文本添加项目符号。

### 3. 文本绕路径

选择"文本"工具 字，在绘图页面中输入美术字文本，使用"贝塞尔"工具 ，绘制一条曲线路径，选取美术字文本，效果如图 5-44 所示。

图 5-44

选"文本>使文本适合路径"命令，出现箭头图标，将箭头图标移动到曲线路径上，如图 5-45 所示，单击鼠标左键，文本自动绕路径排列，效果如图 5-46 所示。

图 5-45

图 5-46

选取绕路径排列的文本，属性栏如图 5-47 所示，在属性栏中可以设置文字方向、与路径的距离、水平偏移和镜像文本等，通过设置可以产生多种文本绕路径的效果。

图 5-47

选择"形状"工具 ，选取直线，如图 5-48 所示。选择"选择"工具 ，按 Delete 键，可以将曲线路径删除，效果如图 5-49 所示。

图 5-48

图 5-49

### 4. 对齐文本

选择"文本"工具 字，在绘图页面中输入段落文本，单击"文本"属性栏中的"文本对齐"按钮 ，弹出其下拉列表，共有6种对齐方式，如图5-50所示。

选择"文本>段落格式化"命令，弹出"段落格式化"控制面板，在"对齐"选项的下拉列表中可以选择文本的对齐方式，如图5-51所示。

图 5-50

图 5-51

无：是 CorelDRAW X5 默认的对齐方式。选择它将对文本不产生影响，文本可以自由地变换，但单纯的无对齐方式文本的边界会参差不齐。

左：段落文本会以文本框的左边界对齐。

居中：段落文本的每一行都会在文本框中居中。

右：段落文本会以文本框的右边界对齐。

全部调整：段落文本的每一行都会同时对齐文本框的左右两端。

强制调整：可以对段落文本的所有格式进行调整。

选取进行过移动调整的文本，如图5-52所示，选择"文本>对齐基准"命令，可以将文本重新对齐，效果如图5-53所示。

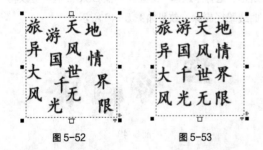

图 5-52　　　　　　　图 5-53

### 5. 内置文本

选择"文本"工具 字，在绘图页面中输入段落文本，选择"多边形"工具 ，绘制一个多边形，选取段落文本，如图5-54所示。用鼠标的右键拖曳文本到图形内，光标变为十字形的圆环，如图5-55

所示。松开鼠标右键，弹出快捷菜单，选择"内置文本"命令，如图5-56所示。

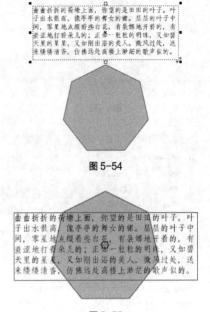

图 5-54

图 5-55

图 5-56

文本被置入到图形内，效果如图 5-57 所示。选择"文本>段落文本框>使文本适合框架"命令，文本和图形对象基本适配，效果如图5-58所示。

图 5-57

图 5-58

### 6．段落文字的连接

在文本框中经常出现文本被遮住而不能完全显示的问题，如图 5-59 所示。可以通过调整文本框的大小来使文本完全显示，还可以通过多个文本框的链接来使文本完全显示。

图 5-59

选择"文本"工具字，单击文本框下部的图标，鼠标光标变为形状，在绘图页面中按住鼠标左键不放，沿对角线拖曳鼠标，绘制一个新的文本框，如图 5-60 所示。松开鼠标左键，在新绘制的文本框中显示出被遮住的文字，效果如图 5-61 所示。

图 5-60

图 5-61

### 7．段落分栏

选择一个段落文本，如图 5-62 所示。选择"文本>栏"命令，弹出"栏设置"对话框，将"栏数"选项设置为 3，如图 5-63 所示，设置好后，单击"确定"按钮，段落文本被分为 3 栏，效果如图 5-64 所示。

图 5-62

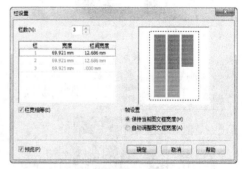

图 5-63

图 5-64

### 8．文本绕图

选择段落文本中的位图，如图 5-65 所示。在位图上单击鼠标右键，在弹出的快捷菜单中选择"段落文本换行"命令，如图 5-66 所示，文本绕图效果如图 5-67 所示。

曲曲折折的荷塘上面，弥望的是田田的叶子。叶子出水很高，像亭亭的舞女的裙。层层的叶子中间，零星地点缀着些白花，有袅娜地开着的，有羞涩地打着朵儿的；正如一粒粒的明珠，又如碧天里的星星，又如刚出浴的美人。微风过处，送来缕缕清香，仿佛远处高楼上渺茫的歌声似的。这时候叶子 便宛然有了一道凝碧的波痕。叶子底下是脉脉的 流水，遮住了，不能见一些颜色；而叶子却更见风致了。

图 5-65

曲曲折折的荷塘上面，弥望的是田田的叶子。叶子出水很高，像亭亭的舞女的裙。层层的叶子中间，零星地点缀着些白花，有袅娜地开着的，有羞涩地打着朵儿的；正如一粒粒的明珠，又如碧天里的星星，又如刚出浴的美 人。微风过处，送来缕缕清香，仿佛远处 便宛然有了一道凝碧的波痕。叶子底下是脉脉的 遮住了，叶子却更 了。

图 5-66

曲曲折折的荷塘上面，弥望的是田田的叶子。叶子出水很高，像亭亭的舞女的裙。层层的叶子中间，零星地点缀着些白花，有袅娜地开着的，有羞涩地打着朵儿的；正如一粒粒的明珠，又如碧天里的星星， 又如刚出浴的美人。微风过处，送来缕缕清香，仿佛远处高楼上渺茫的歌声似的。这时候叶子 与花也有一丝的颤动，像闪电一般，霎时传过荷塘的那边去了。叶子本是肩并肩密密地挨着，这便宛然有了一道凝碧的波痕。叶子底下是脉脉的流水，遮住了，不能见一些颜色；而叶子却更见风致了。

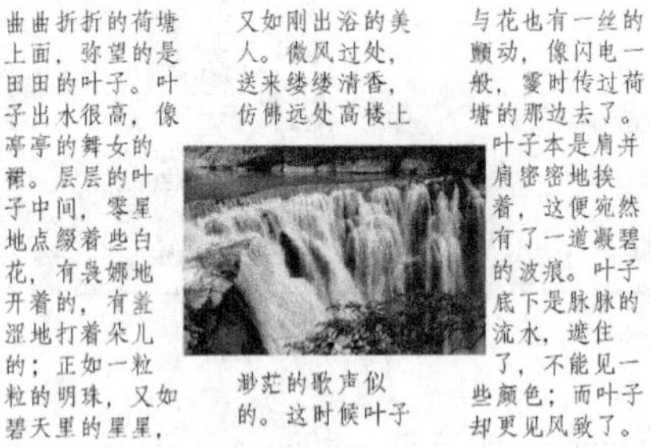

图 5-67

在属性栏中单击"文本换行"按钮 📄 ，在弹出的下拉菜单中可以设置换行样式，在"文本换行偏移"选项的数值框中可以设置偏移距离，如图 5-68 所示。

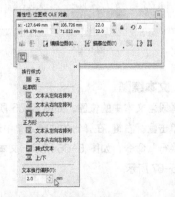

图 5-68

### 9. 使用字符

选择"文本"工具 字 ，在文本中需要的位置单击鼠标左键插入光标，如图 5-69 所示。选择"文本>插入符号字符"命令，或按 Ctrl+F11 组合键，弹出"插入字符"泊坞窗。在需要的字符上双击鼠标左键，或选取字符后单击"插入"按钮，如图 5-70 所示，字符插入到文本中，效果如图 5-71 所示。

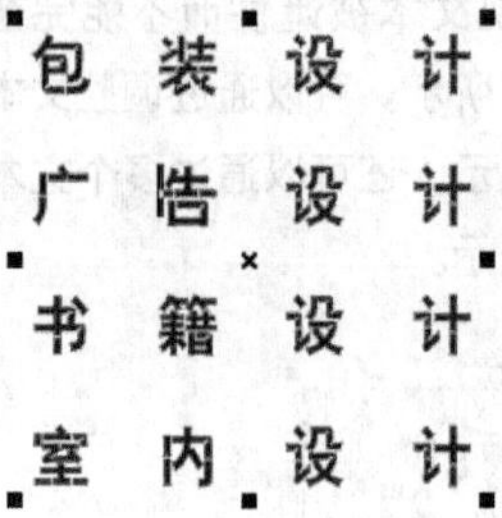

包 装 设 计
广 告 设 计
书 籍 设 计
室 内 设 计

图 5-69　　　　图 5-70

包 装 设 计
广%告 设 计
书 籍 设 计
室 内 设 计

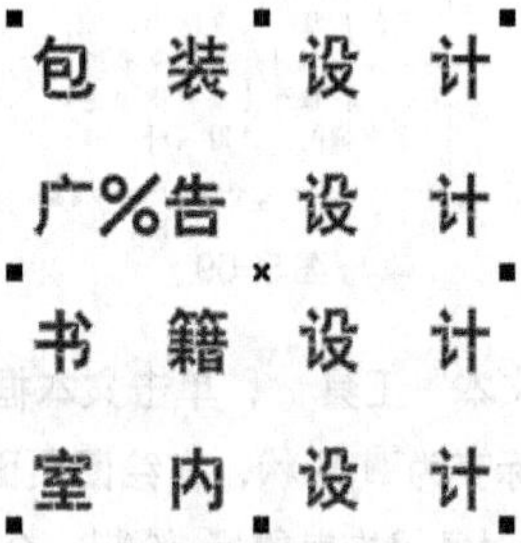

图 5-71

在"插入字符"泊坞窗中"字体"选项的下拉列表中，可以设置需要的字体格式。在"代码页"选项的下拉列表中可以设置不同国家的代码页。"键击"选项用于设置插入字符的快捷键，"字符大小"选项用于设置字符的宽度和高度。

### 10. 文字的创建

使用"文本"工具 字 输入两个具有创建文字所需偏旁的汉字，如图 5-72 所示。用"选择"工具 选取文字，效果如图 5-73 所示。按 Ctrl+Q 组合键，将文字转换为曲线，效果如图 5-74 所示。

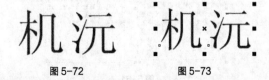

图 5-72　　　　图 5-73

图 5-74

再按 Ctrl+K 组合键，将转换为曲线的文字打散。选择"选择"工具 ▸ 选取所需偏旁，将其移动到创建文字的位置进行组合，效果如图 5-75 所示。

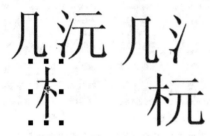

图 5-75

组合好新文字后，用"选择"工具 ▸ 选取新文字，效果如图 5-76 所示，再按 Ctrl+G 组合键，将新文字群组，如图 5-77 所示，新文字制作完成，效果如图 5-78 所示。

图 5-76　　　　图 5-77　　　　图 5-78

## 5.4 图层的应用

在平面设计中，特别是包含复杂图形的设计中，使用图层来管理和编辑对象可以使操作更加方便。下面具体介绍在 Photoshop 和 CorelDRAW 中使用图层面板处理和编辑图形图像的方法和技巧。

### 5.4.1 Photoshop 中图层的应用

图层的运用是 Photoshop 的核心技能，图层是 Photoshop 编辑和处理图像时的必备承载元素。通过对图层的堆叠、混合及图层样式的添加，可以使设计的作品更加绚丽多姿。

#### 1. 图层混合模式

在"图层"控制面板中，第一个选项 正常 用于设定图层的混合模式，它包含有 27 种模式，如图 5-79 所示。

打开一幅图像如图 5-80 所示，"图层"控制面板如图 5-81 所示。在对"人物"图层应用不同的图层模式后，图像效果如图 5-82 所示。

图 5-79　　　　　　图 5-80

图 5-81

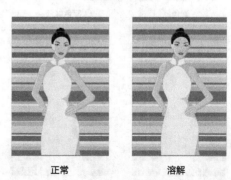

正常　　　　　　　　溶解

图 5-82

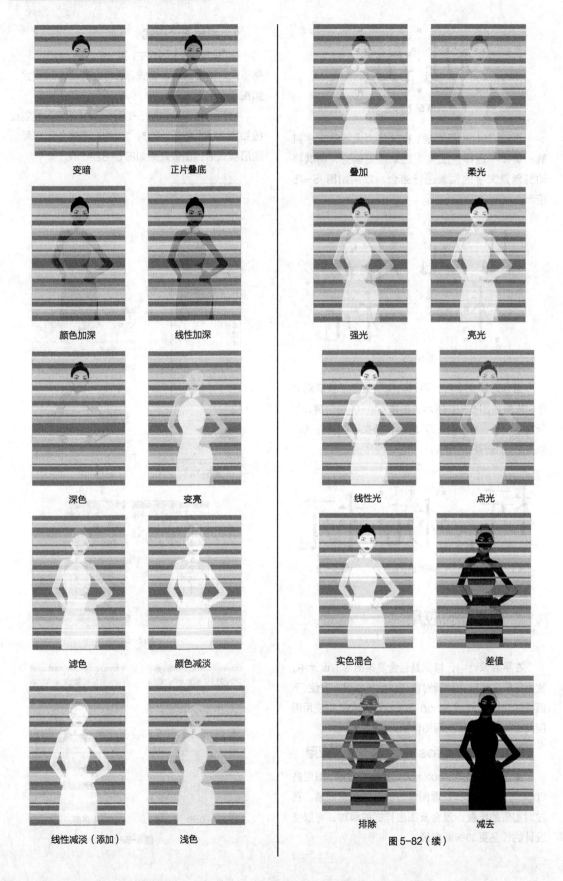

变暗　　　　　　　　　正片叠底　　　　　　　　　　叠加　　　　　　　　　　柔光

颜色加深　　　　　　　线性加深　　　　　　　　　　强光　　　　　　　　　　亮光

深色　　　　　　　　　变亮　　　　　　　　　　　　线性光　　　　　　　　　点光

滤色　　　　　　　　　颜色减淡　　　　　　　　　　实色混合　　　　　　　　差值

线性减淡（添加）　　　浅色　　　　　　　　　　　　排除　　　　　　　　　　减去

图 5-82（续）

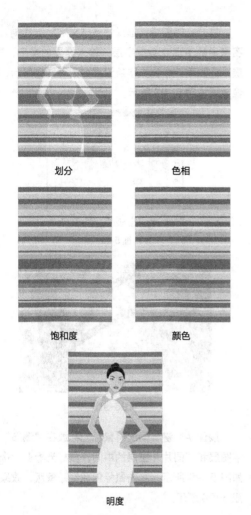

划分 色相

饱和度 颜色

明度

图 5-82（续）

## 2. 应用特殊效果

"添加图层样式"命令主要用于对当前图层进行特殊效果的处理。单击"图层"控制面板下方的"添加图层样式"按钮 <u>fx</u>，弹出图层特殊效果下拉菜单，如图 5-84 所示。

图 5-84

原图像如图 5-85 所示。使用不同的命令所产生的效果也不相同。"投影"命令用于使当前层产生阴影效果，如图 5-86 所示；"内阴影"命令用于在当前层内部产生阴影效果，如图 5-87 所示；"外发光"命令用于在图像的边缘外部产生一种辉光效果，如图 5-88 所示。

图 5-85 图 5-86

图 5-87 图 5-88

"内发光"命令用于在图像的边缘内部产生一种辉光效果，如图 5-89 所示；"斜面和浮雕"命令用于使当前层产生一种倾斜与浮雕的效果，如图 5-90 所示；"光泽"命令用于使当前层产生一种光泽的效果，如图 5-91 所示；"颜色叠加"命令用于使当前层产生一种颜色叠加效果，如图 5-92 所示。

图 5-83

图 5-89

图 5-90

图 5-91

图 5-92

"渐变叠加"命令用于使当前层产生一种渐变叠加效果，如图 5-93 所示；"图案叠加"命令用于在当前层基础上产生一个新的图案覆盖效果层，如图 5-94 所示；"描边"命令用于对当前层的图案描边，如图 5-95 所示。

图 5-93

图 5-94

图 5-95

### 3. 创建剪贴蒙版

图层剪贴蒙版，是将相邻的图层编辑成剪贴蒙版。最底下的图层是基层，基层图像的透明区域将遮住该区域的上方各层。

打开一幅图像，选择"横排文字"工具 T，在图像层的下面建立文字层并输入需要的文字，"图层"控制面板中的文字层设置如图 5-96 所示，图像效果如图 5-97 所示。

图 5-96

图 5-97

按住 Alt 键，同时将鼠标光标放在"瀑布"文字图层和"图片"图层的中间，鼠标光标变为 ⬒，如图 5-98 所示，单击鼠标创建剪贴蒙版，效果如图 5-99 所示。

图 5-98

图 5-99

### 4. 使用图层蒙版

图层蒙版是在实际工作中使用频率最高的工具之一，它可以用来隐藏、合成图像。打开一幅图像，如图 5-100 所示，"图层"控制面板如图 5-101 所示。

图 5-100　　　　　　图 5-101

单击"图层"控制面板下方的"添加图层蒙版"按钮 ，可以创建一个图层的蒙版，如图 5-102 所示。选择"画笔"工具 ，将前景色设为黑色，画笔工具属性栏如图 5-103 所示。在图层的蒙版中按所需的效果进行喷绘，星形的图像效果如图 5-104 所示。

图 5-102

图 5-103

图 5-104

图 5-106

在"图层"控制面板中图层的蒙版效果如图 5-105 所示。在"通道"控制面板中出现了图层的蒙版通道，如图 5-106 所示。双击"星形蒙版"通道，弹出"图层蒙版显示选项"对话框，如图 5-107 所示，可以对蒙版的颜色和不透明度进行设置。

图 5-107

在"图层"控制面板中图层图像与蒙版之间是关联图标 ，当图层图像与蒙版关联时，移动图像时蒙版会同步移动。单击关联图标 ，将不显示该图标，图层图像与蒙版可以分别进行操作。

选择"图层>图层蒙版>停用"命令，或在"图层"控制面板中，按住 Shift 键，单击图层蒙版，如图 5-108 所示，图层蒙版被停用，图像将全部显示，效果如图 5-109 所示。再次按住 Shift 键，单击图层蒙版，将恢复图层蒙版效果。

图 5-105

图 5-108

图 5-109

按住 Alt 键，同时单击图层蒙版，图层图像就会消失，而只显示图层蒙版，效果如图 5-110 和图 5-111 所示。再次按住 Alt 键，同时单击图层蒙版，将恢复图层图像效果。按住 Alt+Shift 组合键，单击图层蒙版，将同时显示图像和图层蒙版的内容。

图 5-110

图 5-111

选择"图层>图层蒙版>删除"命令，或在图层蒙版上单击鼠标右键，在弹出的快捷菜单中选择"删除图层蒙版"命令，都可以删除图层蒙版。

### 5．新建填充图层

当需要新建填充图层时，可以选择"图层>新

建填充图层"命令，或单击"图层"控制面板中的"创建新的填充和调整图层"按钮 ，填充图层有 3 种方式，如图 5-112 所示。选择其中的一种方式将弹出"新建图层"对话框，如图 5-113 所示，单击"确定"按钮。

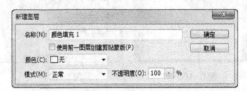

图 5-112

图 5-113

将根据选择的填充方式弹出不同的填充对话框，以"渐变填充"为例，如图 5-114 所示调整，单击"确定"按钮，"图层"控制面板和图像的效果如图 5-115 和图 5-116 所示。

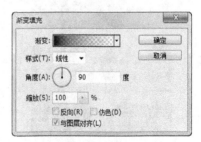

图 5-114

图 5-115

图 5-116

### 6. 新建调整图层

当需要对一个或多个图层进行色彩调整时，可以新建调整图层。选择"图层>新建调整图层"命令，或单击"图层"控制面板中的"创建新的填充和调整图层"按钮 ⊘，，弹出调整图层色彩的多种方式，如图 5-117 所示，选择其中的一种将弹出"新建图层"对话框，如图 5-118 所示。选择不同的色彩调整方式，将弹出不同的色彩调整对话框，以"色阶"为例，如图 5-119 所示调整，按 Enter 键确认操作，"图层"控制面板和图像的效果如图 5-120 所示。

图 5-117

图 5-118

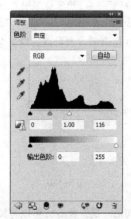

图 5-119

图 5-120

### 7. 样式控制面板

选择"窗口>样式"命令，弹出"样式"控制面板，如图 5-121 所示。在"图层"控制面板中选中要添加样式的图层，图像效果如图 5-122 所示。在"样式"控制面板中选择要添加的样式，如图 5-123 所示，添加样式后的效果如图 5-124 所示。

图 5-121

图 5-122

图 5-123

图 5-124

### 5.4.2 CorelDRAW 中图层的应用

在 CorelDRAW 中运用图层相对比较简单,主要是当对象存在着多种重叠关系时,用图层来管理和调整图形的前后关系。

**1. 图形对象的排序**

打开需要的图形对象,如图 5-125 所示。使用"选择"工具 选择要进行排序的图形对象,如图 5-126 所示。下面以黄色图书为例进行图形对象排序的讲解。

图 5-125

图 5-126

选择"排列>顺序"子菜单下的各个子命令,如图 5-127 示,可将选择的图形对象排序。

选择"到页面前面"命令,可以将黄色图书从当前位置移动到绘图页面中多个图形对象的最前面,效果如图 5-128 所示。按 Ctrl+Home 组合键也可以完成这个操作。

图 5-127

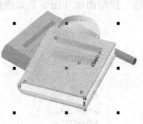

图 5-128

选择"到页面后面"命令,可以将黄色图书从当前位置移动到绘图页面中多个图形对象的最后面,如图 5-129 所示。按 Ctrl+End 组合键也可以完成这个操作。

图 5-129

选择"向前一层"命令,可以将黄色图书从当前位置向前移动一个图层,如图 5-130 所示。按 Ctrl+PageUp 组合键,也可以完成这个操作。

图 5-130

选择"向后一层"命令,可以将黄色图书从当前位置向后移动一个图层,如图 5-131 所示。按

Ctrl+PageDown 组合键，也可以完成这个操作。

图 5-131

选择"置于此对象前"命令，可以将选择的黄色图书放置到指定图形对象的前面。选择"置于此对象前"命令后，鼠标的光标变为黑色箭头，使用黑色箭头单击指定图形对象，如图 5-132 所示，黄色图书被放置到指定图形对象的前面，效果如图5-133 所示。

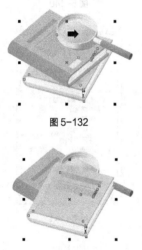

图 5-132

图 5-133

选择"置于此对象后"命令，可以将选择的黄色图书放置到指定图形对象的后面。选择"置于此对象后"命令后，鼠标的光标变为黑色箭头，使用黑色箭头单击指定的图形对象，如图 5-134 所示，黄色图书被放置到指定图形对象的后面，效果如图 5-135 所示。

图 5-134

图 5-135

### 2. 使用图层控制对象

在绘图页面中先后绘制几个不同的图形对象，如图 5-136 所示。选择"工具>对象管理器"命令，弹出"对象管理器"泊坞窗，如图 5-137 所示。在"对象管理器"泊坞窗中，可以看到在默认的状态下，新绘制的图形对象都出现在一个图层中，也就是"图层 1"中。在"图层 1"中包含了 5 个新绘制的图形对象，并详细列出了图形对象的状态和属性。在"主页面"中的绘图元素将会出现在绘图作品的所有页面中。

图 5-136

图 5-137

在"对象管理器"泊坞窗中，👁🖨✏■图标是管理图层的功能控制开关，单击图标就可以使用或禁用该功能。👁图标用于显示或隐藏图层，🖨图标用于打印或禁止打印图层内容，✏图标用于编辑或禁止编辑图层，■图标用于定义图层的标示色，双击图标可以设定新的标示色。

在"对象管理器"泊坞窗中，单击左下角的"新建图层"按钮![]，可以新建一个图层，如图 5-138 所示。用鼠标的右键单击要删除的图层，弹出快捷菜单，在其中选择"删除"命令，如图 5-139 所示，可以将图层和图层中的内容删除。选取要删除的图层，再单击右下角的"删除"按钮![]，也可以将图层和图层中的内容删除。

图 5-138

图 5-139

在"对象管理器"泊坞窗中，单击想要进入的图层就可以进入该图层。拖曳"图层 1"中的咖啡杯对象到"图层 2"上，如图 5-140 所示，松开鼠标左键，咖啡杯对象被移动到"图层 2"中，效果如图 5-141 所示。

图 5-140

图 5-141

**6** Chapter

# 第 6 章
# 检查和出样

　　本章主要介绍了平面设计的后期处理方法,其中包括印前检查、打印预览和小样等内容。通过本章的学习,读者可以快速掌握平面设计的后期处理技巧,确保打印完成的图像能够达到预期效果。

【课堂学习目标】

- 印前检查
- 打印预览
- 小样

# 6.1 印前检查

在 CorelDRAW 中，可以对设计制作好的名片进行印前的常规检查。

打开光盘中的"Ch02>效果>名片.cdr"文件，如图 6-1 所示。选择"文件>文档属性"命令，在弹出的对话框中可查看文件、文档、颜色、图形对象、文本统计、位图对象、样式、效果、填充和轮廓等多方面的信息，如图 6-2 所示。

图 6-1

图 6-2

在"文件"信息组中可查看文件的名称和位置、大小、创建和修改日期及属性等信息。

在"文档"信息组中可查看文件的页码、图层、页面大小、方向及分辨率等信息。

在"颜色"信息组中可查看文件的 RGB 预置文件、CMYK 预置文件、灰度预置文件、颜色模式和匹配类型等信息。

在"图形对象"信息组中可查看对象的数目、点数、曲线、矩形和椭圆等信息。

在"文本统计"信息组中可查看文档中的文本对象信息。

在"位图对象"信息组中可查看文档中导入位图的色彩模式和文件大小等信息。

在"样式"信息组中可查看文档中图形的样式等信息。

在"效果"信息组中可查看文档中图形的效果等信息。

在"填充"信息组中可查看未填充、均匀、对象和颜色模型等信息。

在"轮廓"信息组中可查看无轮廓、均匀、按图像大小缩放、对象和颜色模型等信息。

> **注 意**
>
> *如果在 CorelDRAW 中，已经将设计作品中的文字转成曲线，那么在"文本统计"信息组中，将显示"文档中无文本对象"。*

# 6.2 打印预览

选择"文件>打印预览"命令，单击"启用分色"按钮，窗口中可以观察到名片将来出胶片的效果，还有 4 个角上的裁切线、4 个边中间的套准线和测控条。单击"页面分色"按钮，可以切换显示各分色的胶片效果，如图 6-3 所示。

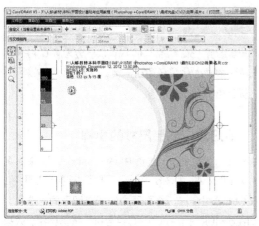

青色胶片

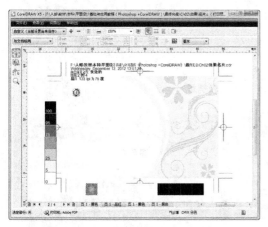

品红胶片

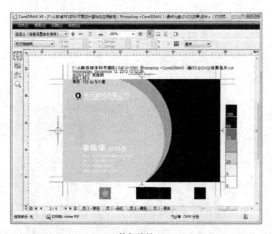

黄色胶片

黑体胶片

图 6-3

**提 示**

*最后完成的设计作品，都要送到专业的输出中心，在输出中心把作品输出成印刷用的胶片。一般我们使用 CMYK 四色模式制作的作品会出 4 张胶片，分别是青色、品红色、黄色、黑体四色胶片。*

# 6.3 小样

在 CorelDRAW 中，设计制作完成客户的任务后，可以给客户看设计完成稿的小样，下面讲解小样电子文件的导出方法。

### 6.3.1 带出血的小样

**STEP 1** 打开光盘中的 "Ch02>效果>名片.cdr" 文件，如图6-4所示。选择 "文件>导出" 命令，弹出 "导出" 对话框，将其命名为 "名片"，导出为JPG格式，如图6-5所示，单击 "导出" 按钮。弹出 "导出到JPEG" 对话框，选项的设置如图6-6所示，单击 "确定" 按钮，导出图形。

图 6-4

图 6-5

**STEP 2** 导出图形在桌面上的图标如图6-7所示。可以通过电子邮件把导出的JPG格式小样发给客户，客户可以在看图软件中打开观看，效果如图6-8所示。

图 6-6

图 6-7

图 6-8

**提示**

*一般给客户观看的作品小样都导出为JPG格式，JPG格式的图像压缩比例大，文件量小。有利于通过电子邮件发给客户。*

### 6.3.2　成品尺寸的小样

**STEP 1** 打开光盘中的"Ch02>效果>名片.cdr"文件，如图6-9所示。选择"选择"工具 ，按Ctrl+A组合键，将页面中的所有图形同时选取，如图6-10所示。按Ctrl+G组合键，将其群组，效果如图6-11所示。

图 6-9

图 6-10

图 6-11

**STEP 2** 双击"矩形"工具 □ ,自动绘制一个与页面大小相等的矩形,绘制的矩形大小就是名片成品尺寸的大小。按Shift+PageUp组合键,将其置在最上层,效果如图6-12所示。选择"选择"工具 ⬚ ,选取群组后的图形,如图6-13所示。

图 6-12

图 6-13

**STEP 3** 选择"效果>图框精确剪裁>放置在容器中"命令,鼠标的光标变为黑色箭头形状,在矩形框上单击,如图6-14所示。将名片置入到矩形中,效果如图6-15所示。在"CMYK调色板"中的"无填充"按钮⊠上单击鼠标右键,去掉矩形的轮廓线,效果如图6-16所示。成品尺寸的名片效果如图6-17所示。

图 6-14

图 6-15

图 6-16

图 6-17

**STEP 4** 选择"文件>导出"命令,弹出"导出"对话框,将其命名为"名片-成品尺寸",导出为JPG格式,如图6-18所示,单击"导出"按钮。弹出"导出到JPEG"对话框,选项的设置如图6-19所示,单击"确定"按钮,导出成品尺寸的名片图像。可以通过电子邮件把导出的JPG格式小样发给客户,客户可以在看图软件中打开观看,效果如图6-20所示。

图 6-18

图 6-19

图 6-20

# 平面设计基础与应用教程

（Photoshop CS5 + CorelDRAW X5）

## Part Two

下篇

应用篇

# 第 7 章
# 标志设计

标志，是一种传达事物特征的特定视觉符号，它代表着企业的形象和文化。企业的服务水平、管理机制及综合实力都可以通过标志来体现。在企业视觉战略推广中，标志起着举足轻重的作用。本章以天肇电子科技有限公司的标志设计为例，讲解标志的设计方法和制作技巧。

【课堂学习目标】

- 在 Photoshop 软件中制作标志图形的立体效果
- 在 CorelDRAW 软件中制作标志和标准字

# 7.1 天肇电子标志设计

## 7.1.1 案例分析

在 CorelDRAW 中，使用网格命令、绘图工具制作"天"字图形；使用形状工具添加并调整需要的节点；使用添加透视命令为天字图形添加透视效果，使用椭圆形工具、矩形工具和移除前面对象命令制作 e 图形；使用文本工具添加标志文字。在 Photoshop 中，使用魔棒工具选取需要的图形，使用添加图层样式为标志图形添加立体效果。

## 7.1.2 案例设计

本案例设计流程如图 7-1 所示。

制作标志图形　　　　添加企业名称　　　　最终效果

图 7-1

## 7.1.3 案例制作

### CorelDRAW 应用

#### 1. 制作标志中的"天"字

**STEP 1** 按Ctrl+N组合键，新建一个A4页面。选择"视图>设置>网格和标尺设置"命令，弹出"选项"对话框，单击"网格"选项，切换到相应的对话框，设置"每毫米的网格线数"选项的水平和垂直数值均为1，勾选"显示网格"复选框，如图7-2所示。单击"每毫米的网格线数"选项，在弹出的下拉列表中选择"毫米间距"命令，设置"毫米间距"选项的水平和垂直数值均为1，如图7-3所示，单击"确定"按钮，页面中显示出设置好的网格。

图 7-3

**STEP 2** 选择"矩形"工具 □ ，在网格上适当的位置分别绘制两个矩形，如图7-4所示。选择"矩形"工具 □ ，在适当的位置再绘制一个矩形，如图7-5所示。

图 7-2

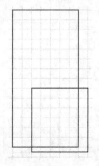

图 7-4

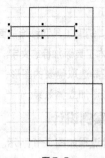

图 7-5

**STEP3** 保持图形的选取状态，在属性栏中设置该矩形上下左右4个角的"圆角半径"数值均为55，如图7-6所示，按Enter键，圆角矩形的效果如图7-7所示。按住Ctrl键，同时垂直向下拖曳图形到适当的位置上单击鼠标右键，复制一个图形，效果如图7-8所示。

图 7-6

**STEP4** 选择"选择"工具 ，用圈选的方法将图形同时选取，如图7-9所示。单击属性栏中的"移除前面对象"按钮 ，将图形剪切为一个图形，效果如图7-10所示。

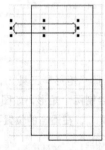

图 7-7

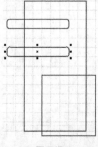

图 7-8

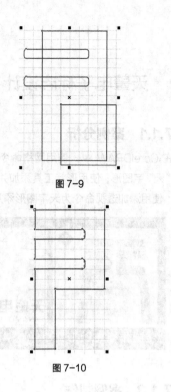

图 7-9

图 7-10

**STEP5** 选择"形状"工具 ，分别在图形上适当的位置双击鼠标左键，添加两个节点，如图7-11所示。选取需要的节点，如图7-12所示，按Delete键，将其删除，效果如图7-13所示。

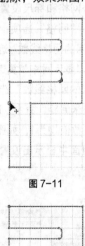

图 7-11

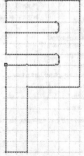

图 7-12

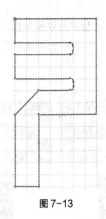

图 7-13

**STEP 6** 选取需要的节点，如图7-14所示，单击属性栏中的"转换为曲线"按钮 ，将直线转换为曲线，如图7-15所示。单击属性栏中的"平滑节点"按钮 使节点平滑，效果如图7-16所示。

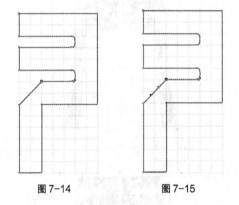

图 7-14          图 7-15

**STEP 7** 选取需要的节点，如图7-17所示，单击属性栏中"平滑节点"按钮 使节点平滑，效果如图7-18所示。再次添加并调整图形的节点，制作出的效果如图7-19所示。

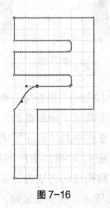

图 7-16

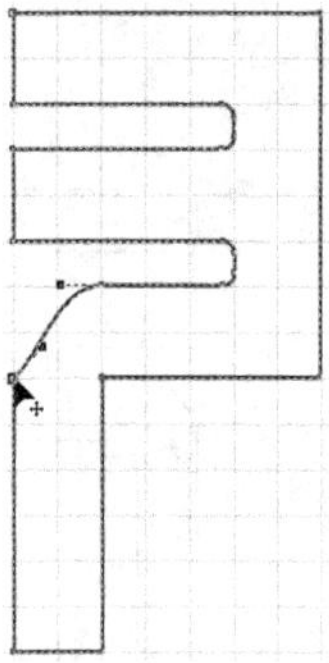

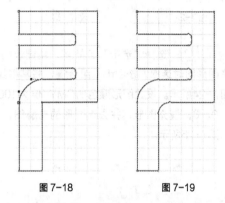

图 7-17

图 7-18          图 7-19

**STEP 8** 选择"形状"工具 ，用圈选的方法将图形底部的两个节点同时选取，如图7-20所示。按住Ctrl键，同时垂直向下拖曳节点到适当的位置，效果如图7-21所示。

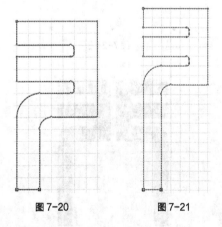

图 7-20          图 7-21

**STEP 9** 选择"选择"工具 ，保持图形的选取状态，在数字键盘上按+键，复制一个图形。单击属性栏中的"水平镜像"按钮 ，水平翻转复制的图形，效果如图7-22所示。按住Ctrl键，同时水平向右拖曳图形到适当的位置，效果如图7-23

所示。

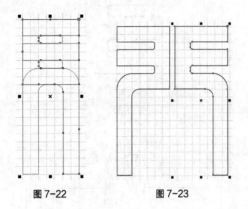

图 7-22　　　　　图 7-23

STEP 10 选择"选择"工具，用圈选的方法将图形同时选取，按Ctrl+G组合键，将其群组，如图7-24所示。设置图形颜色的CMYK值为100、50、0、0，填充图形，并去除图形的轮廓线，效果如图7-25所示。

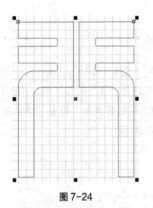

图 7-24

图 7-25

STEP 11 选择"效果>添加透视"命令，图形上出现控制线和控制点，如图7-26所示。按住Ctrl+Alt+Shift组合键，向内拖曳图形右上角的控制

点到适当位置，调整后的效果如图7-27所示。选择"选择"工具，保持图形的选取状态，如图7-28所示。

图 7-26

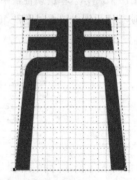

图 7-27

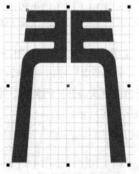

图 7-28

STEP 12 按Ctrl+U组合键，取消图形组合。选择"选择"工具，用圈选的方法将图形同时选取，单击属性栏中的"合并"按钮，将两个图形合并一个图形，效果如图7-29所示。选择"形状"工具，用圈选的方法将需要的节点同时选取，如图7-30所示，按Delete键，将其删除，效果如图7-31所示。

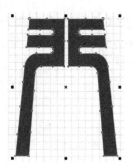

图 7-29

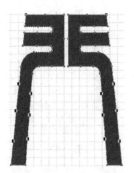

图 7-30

图 7-31

**STEP 13** 选择"形状"工具，用圈选的方法将图形底部的4个节点同时选取，如图7-32所示。按住Ctrl键，同时垂直向上拖曳节点到适当的位置，效果如图7-33所示。选择"选择"工具，按Esc键，取消选取状态，效果如图7-34所示。

图 7-32

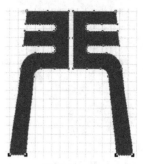

图 7-33

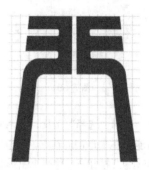

图 7-34

### 2. 制作标志中的 "e" 图形

**STEP 1** 选择"椭圆形"工具，按住Ctrl键，同时拖曳鼠标，在页面中绘制一个圆形，如图7-35所示。按住Shift键，同时向内拖曳圆形右上角的控制点到适当的位置，单击鼠标右键，图形的同心圆效果如图7-36所示。

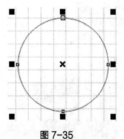

图 7-35

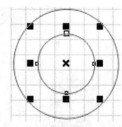

图 7-36

**STEP 2** 选择"选择"工具，用圈选的方法将两个圆形同时选取，单击属性栏中的"移除前面对象"按钮，将两个图形剪切为一个图形。设置图形颜色的CMYK值为0、50、100、0，填充图形，并去除图形的轮廓线，效果如图7-37所示。选择"矩形"工具，绘制一个矩形，如图7-38所示。

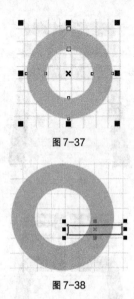

图7-37

图7-38

**STEP⤵3** 选择"选择"工具 ，用圈选的方法将矩形和修剪后的图形同时选取，单击属性栏中的"移除前面对象"按钮 ，将两个图形剪切为一个图形，效果如图7-39所示。选择"形状"工具 ，选取剪切图形上需要的节点，如图7-40所示，按住Ctrl键，同时水平向左拖曳节点到适当位置，效果如图7-41所示。

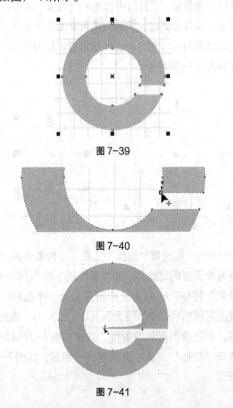

图7-39

图7-40

图7-41

**STEP⤵4** 选取需要的节点，如图7-42所示，拖曳该节点到适当的位置，如图7-43所示，松开鼠标，效果如图7-44所示。

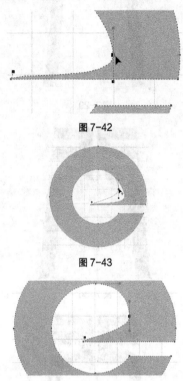

图7-42

图7-43

图7-44

**STEP⤵5** 选择"形状"工具 ，对两个节点分别进行调整，调整后的效果如图7-45所示。选择"选择"工具 ，在属性栏中的"旋转角度" 框中设置数值为25，按Enter键，效果如图7-46所示。

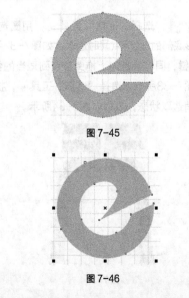

图7-45

图7-46

STEP 6 保持图形的选取状态。选择"形状"工具 ，选取需要的节点，如图7-47所示，拖曳到适当的位置，如图7-48所示，释放鼠标，效果如图7-49所示。

图 7-47

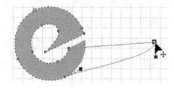

图 7-48

图 7-49

STEP 7 选取需要的节点，如图7-50所示，按Delete键，将其删除，效果如图7-51所示。

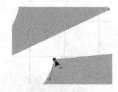

图 7-50

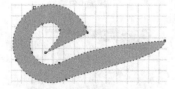

图 7-51

STEP 8 选取需要的节点，节点周围出现两条控制线，如图7-52所示。将鼠标光标放在上方需要调整的控制点上，如图7-53所示，拖曳控制点到适当的位置，如图7-54所示，释放鼠标，调整后的效果如图7-55所示。

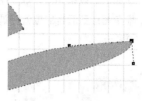

图 7-52

图 7-53

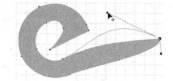

图 7-54

图 7-55

STEP 9 将鼠标光标放在下方需要调整的控制点上，如图7-56所示，拖曳控制点到适当的位置，如图7-57所示，释放鼠标，调整后的效果如图7-58所示。

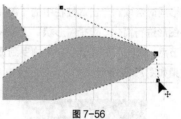

图 7-56

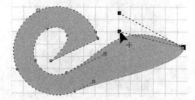

图 7-57

**STEP 10** 选择"形状"工具 ，再次对控制
点进行调整，调整后的效果如图7-59所示。选择"选
择"工具 ，拖曳图形到适当的位置并调整其大小，
效果如图7-60所示。

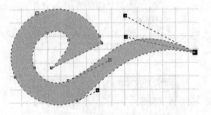

图 7-58

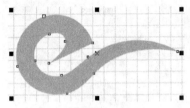

图 7-59

图 7-60

**STEP 11** 选择"选择"工具 ，用圈选的方
法将图形同时选取，单击属性栏中的"简化"按钮
，将图形进行简化。选择"形状"工具 ，选取
需要的节点，如图7-61所示，向下拖曳到适当的位
置，效果如图7-62所示。

图 7-61

图 7-62

**STEP 12** 选取需要的节点，如图7-63所示，
向下拖曳到适当位置，效果如图7-64所示。用相
同的方法对上方两个节点进行调整，调整后效果
如图7-65所示。选择"选择"工具 ，按Ctrl+A
组合键，全选图形。按Ctrl+G组合键，将其群组。
按Esc键，取消图形选取状态。选择"视图>网格"
命令，隐藏网格。"标志"制作完成，效果如图7-66
所示。

图 7-63

图 7-64

图 7-65

图7-66

**STEP13** 选择"文本"工具 T，在适当的位置输入所需要的文字，选择"选择"工具 ，在属性栏中选择合适的字体并设置文字大小，效果如图7-67所示。使用相同的方法再次输入需要的文字。选择"形状"工具 ，向右拖曳文字下方的 图标，调整文字的间距，效果如图7-68所示。

图7-67

图7-68

**STEP14** 选择"文件>导出"命令，弹出"导出"对话框，在"选项"组中勾选"透明背景"，将其命名为"标志导出图"，保存为"PSD"格式，其他选项为默认，单击"导出"按钮，弹出"转换为位图"对话框，单击"确定"按钮，导出为"PSD"格式。

### Photoshop 应用

### 3. 制作"天"字的立体效果

**STEP1** 打开Photoshop CS5 软件，按Ctrl+N组合键，新建一个文件：宽度为21cm，高度为21cm，分辨率为300像素/英寸，颜色模式为RGB，背景内容为白色，单击"确定"按钮。

**STEP2** 按Ctrl + O组合键，打开光盘中的

"Ch07>效果>天肇电子标志设计>标志导出图.psd"文件。选择"矩形选框"工具 ，在图像窗口中绘制一个矩形选区，如图7-69所示。选择"移动"工具 ，将选区中的图像拖曳到图像窗口中，效果如图7-70所示，在"图层"控制面板中生成新的图层并将其命名为"天"。

图7-69

图7-70

**STEP3** 选择"魔棒"工具 ，在属性栏中将"容差"选项设为32，在图像窗口的橘黄色图形上单击鼠标左键，图形周围生成选区，按Delete键，将选区中的图像删除。新建图层并将其命名为"e"。将前景色设为橘黄色（其R、G、B的值分别为243、151、0），按Alt+Delete组合键，用前景色填充选区。按Ctrl+D组合键，取消选区，图层面板中的效果如图7-71所示。

图7-71

**STEP4** 选中"天"图层。单击"图层"控制面板下方的"添加图层样式"按钮 ，在弹出的菜

单中选择"投影"命令，在弹出的对话框中进行设置，如图7-72所示；选择"内阴影"选项，切换到相应的对话框，将"内阴影"颜色设为蓝色（其R、G、B值分别为47、69、134），其他选项的设置如图7-73所示；选择"内发光"选项，切换到相应的对话框，将"内发光"颜色设为深蓝色（其R、G、B值分别为48、71、136），其他选项的设置如图7-74所示。

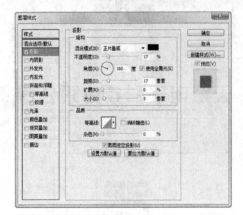

图 7-72

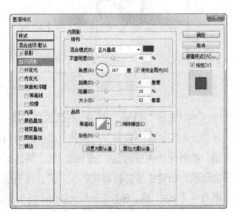

图 7-73

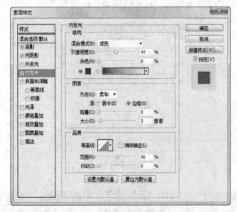

图 7-74

**STEP 5** 选择"斜面和浮雕"选项，切换到相应的对话框，选项的设置如图7-75所示；选择"光泽"选项，切换到相应的对话框，将"光泽"颜色设为淡蓝色（其R、G、B值分别为103、153、200），单击"等高线"选项右侧的按钮，在弹出的等高线面板中选择"环形"等高线，如图7-76所示，其他选项的设置如图7-77所示。

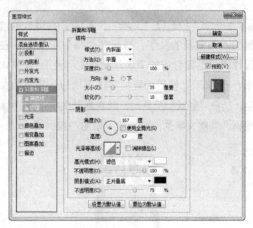

图 7-75

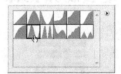

图 7-76

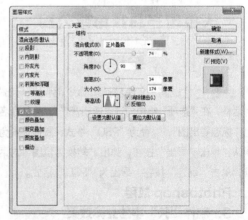

图 7-77

**STEP 6** 选择"颜色叠加"选项，切换到相应的对话框，将叠加颜色设为淡蓝色（其R、G、B值分别为168、207、232），其他选项的设置如图7-78所示，单击"确定"按钮，效果如图7-79所示。

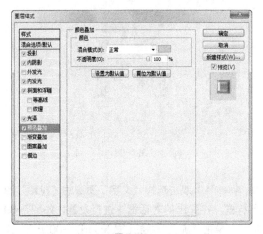

图 7-78

图 7-79

### 4．制作"e"图形和标准字的立体效果

STEP 1 选中"e"图层，单击"图层"控制面板下方的"添加图层样式"按钮 *fx.*，在弹出的菜单中选择"投影"命令，在弹出的对话框中进行设置，如图7-80所示。选择"斜面和浮雕"选项，切换到相应的对话框，选项的设置如图7-81所示。

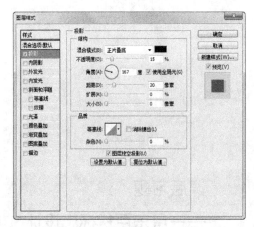

图 7-80

STEP 2 选择"光泽"选项，切换到相应的对话框，将"光泽"颜色设为黄色（其R、G、B值分别为232、227、67），单击"等高线"选项右侧的按钮▾，在弹出的等高线面板中选择"环形"等高线，如图7-82所示，其他选项的设置如图7-83所示，单击"确定"按钮，效果如图7-84所示。

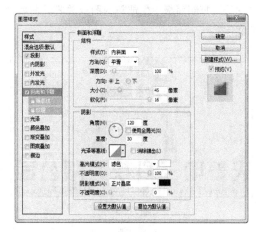

图 7-81

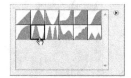

图 7-82

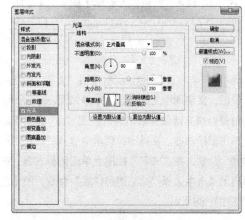

图 7-83

图 7-84

STEP▶**3** 选择"矩形选框"工具，在打开
的图像窗口中绘制一个矩形选区，如图7-85所
示。选择"移动"工具，拖曳选区中的文字到
图像窗口中的适当位置，效果如图7-86所示，在
"图层"控制面板中生成新的图层并将其命名为
"文字"。

图 7-85

图 7-86

STEP▶**4** 按住Ctrl键，同时单击"文字"图层的
缩览图，文字周围生成选区，效果如图7-87所示。
用前景色填充选区并取消选区。在"e"文字图层
上单击鼠标右键，在弹出的菜单中选择"拷贝图层
样式"命令，在"文字"图层上单击鼠标右键，在
弹出的菜单中选择"贴粘图层样式"命令，图像效
果如图7-88所示。

图 7-87

图 7-88

STEP▶**5** 双击选择"文字"图层的"投影"图
层样式，在弹出的对话框中进行设置，如图7-89
所示，单击"确定"按钮，效果如图7-90所示。天
肇电子标志设计制作完成。

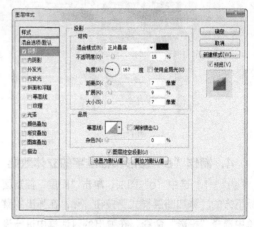

图 7-89

图 7-90

## 7.2 课后习题
——晨东百货标志设计

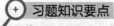

**习题知识要点**

在 CorelDRAW 中，使用形状工具对椭圆图形

进行编辑制作花瓣，使用手绘工具、轮廓笔工具和椭圆工具制作花蕊，使用连续复制命令和填充图形工具制作标志图形，使用文本工具添加标准字体，使用形状工具对文字进行编辑。在 Photoshop 中，使用图层样式命令制作标志的立体效果，晨东百货标志设计效果如图 7-91 所示。

图 7-91

### 效果所在位置

光盘/Ch07/效果/晨东百货标志设计/晨东百货标志.tif。

8

# 第 8 章
# 卡片设计

卡片，是人们增进交流的一种载体，交换卡片是传递信息、交流情感的一种方式。卡片的种类繁多，有邀请卡、祝福卡、生日卡、圣诞卡、新年贺卡等。本章以新年生肖贺卡为例，讲解贺卡正面和背面的设计方法和制作技巧。

【课堂学习目标】

- 在 Photoshop 软件中制作贺卡正面和背面底图
- 在 CorelDRAW 软件中制作祝福语和装饰图形

# 8.1 新年生肖贺卡正面设计

## 8.1.1 案例分析

在 Photoshop 中，使用矩形工具和动作面板制作背景发光效果；使用色彩平衡命令调整图片的颜色；使用图层样式命令为图片添加投影效果；使用多边形套索工具和羽化选区命令制作火焰效果；使用画笔工具制作装饰图形。在 CorelDRAW 中，使用形状工具对输入的祝福语进行编辑；使用自定形状工具、椭圆形工具、扭曲工具和移除前面对象命令制作祝福语效果；使用扭曲工具制作装饰图形；使用透明度工具制作半透明圆形。

## 8.1.2 案例设计

本案例设计流程如图 8-1 所示。

制作背景效果　　　　制作文字效果　　　　最终效果

制作装饰图形

图 8-1

## 8.1.3 案例制作

**Photoshop 应用**

**1. 绘制贺卡正面背景效果**

**STEP 1** 按 Ctrl + N 组合键，新建一个文件：宽度为20cm，高度为12cm，分辨率为300像素/英寸，颜色模式为RGB，背景内容为白色。

**STEP 2** 选择"渐变"工具，单击属性栏中的"点按可编辑渐变"按钮，弹出"渐变编辑器"对话框，将渐变色设为从红色（其R、G、B的值分别为254、22、15）到暗红色（其R、G、B的值分别为147、12、3），如图8-2所示，单击"确定"按钮。按住Shift键，同时在选区中从上向下拖曳渐变色，效果如图8-3所示。

图 8-3

**STEP 3** 新建图层并将其命名为"形状"。将前景色设为红色（其R、G、B的值分别为255、28、10）。选择"矩形"工具，单击属性栏中的"路径"按钮，绘制一个矩形路径，如图8-4所示。按Ctrl+T组合键，路径周围出现控制手柄，按住Ctrl+Shift+Alt组合键，同时拖曳左侧上方的控制手柄到适当的位置，按Enter键，使路径透视变形，效果如图8-5所示。按Ctrl+Enter组合键，将路径转换为选区，按Alt+Delete组合键，用前景色填充选区，如图8-6所示。按Ctrl+D组合键，取消选区。

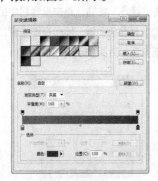

图 8-2

图 8-4

图 8-5

图 8-6

**STEP 4** 选择"移动"工具 ，将形状图形拖曳到图像窗口中适当的位置，如图8-7所示。选择"窗口>动作"命令，弹出"动作"面板，删除面板中所有的动作。单击"创建新动作"按钮 ，弹出"新建动作"对话框，设置如图8-8所示，单击"记录"按钮，开始记录新动作。

图 8-7

图 8-8

**STEP 5** 将"形状"图层拖曳到"图层"控制面板下方的"创建新图层"按钮 上进行复制，生成新的图层"形状副本"。按Ctrl+T组合键，图形周围出现控制手柄，将旋转中心拖曳到适当的位置，如图8-9所示。拖曳鼠标将复制的图形旋转到需要的角度，按Enter键确认操作，效果如图8-10所示。

图 8-9

图 8-10

**STEP 6** 在"动作"面板中单击"停止播放/记录"按钮 ，面板如图8-11所示。连续单击"播放选定动作"按钮 ，图像窗口中的效果如图8-12所示。

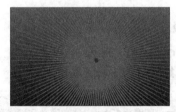

图 8-11

图 8-12

**STEP 7** 在"图层"控制面板中，按住Shift键，同时将"形状"图层及其所有的副本图层同时选取，按Ctrl+G组合键，将其编组并命名为"线条"。单击面板下方的"添加图层蒙版"按钮 ，为"线条"图层组添加蒙版，如图8-13所示。选择"渐变"工具 ，单击属性栏中的"点按可编辑渐变"按钮 ，弹出"渐变编辑器"对话框，将渐变色设为从黑色到白色，单击"确定"按钮。单击属性栏中的"径向渐变"按钮 ，按住Shift键，同时在图像窗口中从中心向外拖曳渐变色，效果如图8-14所示。

图 8-13

图 8-14

### 2. 添加并编辑图片

**STEP 1** 按 Ctrl + O 组合键, 打开光盘中的 "Ch08>素材>新年生肖贺卡正面设计>01" 文件, 选择 "移动" 工具 ⊹, 将鲜花图形拖曳到图像窗口中适当的位置, 如图8-15所示。在 "图层" 控制面板中生成新的图层并将其命名为 "鲜花"。按住Ctrl键, 同时单击 "鲜花" 图层的图层缩览图, 在图像窗口中生成选区。

图 8-15

**STEP 2** 单击 "图层" 控制面板下方的 "创建新的填充或调整图层" 按钮 ◑, 在弹出的菜单中选择 "色彩平衡" 命令, "图层" 控制面板中生成 "色彩平衡1" 图层, 如图8-16所示。同时弹出 "色彩平衡" 面板, 选项的设置如图8-17所示, 按Enter键, 图像窗口中的效果如图8-18所示。

图 8-16

**STEP 3** 按 Ctrl + O 组合键, 打开光盘中的 "Ch08>素材>新年生肖贺卡正面设计>02" 文件, 选择 "移动" 工具 ⊹, 将火炮图形拖曳到图像窗口中适当的位置, 如图8-19所示。在 "图层" 控制面板中生成新的图层并将其命名为 "火炮"。

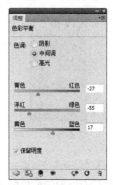

图 8-17

图 8-18

图 8-19

**STEP 4** 单击 "图层" 控制面板下方的 "添加图层样式" 按钮 fx, 在弹出的菜单中选择 "投影" 命令, 在弹出的对话框中进行设置, 如图8-20所示, 单击 "确定" 按钮, 效果如图8-21所示。

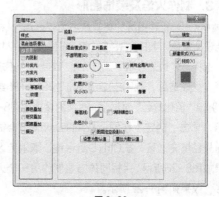

图 8-20

图 8-21

STEP 5 选择"移动"工具 ，按住Alt键，同时向右拖曳火炮图形到图像窗口的适当位置，效果如图8-22所示。按Ctrl+T组合键，图像周围出现控制手柄，拖曳鼠标调整其大小，按Enter键，效果如图8-23所示。

图 8-22

图 8-23

### 3. 制作火焰及装饰图形

STEP 1 新建图层并将其命名为"火焰"。将前景色设为黄色（其R、G、B的值分别为252、212、0）。选择"多边形套索"工具 ，绘制一个不规则图形，生成选区，如图8-24所示。按Shift+F6组合键，弹出"羽化选区"对话框，选项的设置如图8-25所示，单击"确定"按钮。按Alt+Delete组合键，用前景色填充选区，按Ctrl+D组合键，取消选区，效果如图8-26所示。用相同的方法制作另一个火焰图形，效果如图8-27所示。

图 8-24

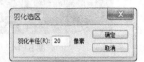

图 8-25

图 8-26

图 8-27

STEP 2 在"图层"控制面板中，将"火焰"和"火焰2"图层拖曳到"火炮"图层的下方，选择"移动"工具 ，在图像窗口中分别调整火焰图形的位置，效果如图8-28所示。

图 8-28

STEP 3 新建图层并将其命名为"画笔"。选择"画笔"工具 ，单击属性栏中的"切换画笔面板"按钮 ，弹出"画笔"面板，选择"画笔笔尖形状"选项，弹出相应的面板，选项的设置如图8-29所示。选择"形状动态"选项，弹出相应的面板，选项的设置如图8-30所示。选择"散布"选项，弹出相应的面板，选项的设置如图8-31所示，在图像窗口中拖曳鼠标，效果如图8-32所示。

STEP 4 选择"画笔笔尖形状"选项，弹出相应的面板，选项的设置如图8-33所示，在图像窗口中拖曳鼠标绘制图形，效果如图8-34所示。

图 8-29

图 8-30

图 8-31

图 8-32

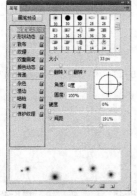

图 8-33

图 8-34

STEP 5 选择"画笔"工具，在属性栏中单击"画笔"选项右侧的按钮，弹出画笔选择面板，选择需要的画笔形状，如图8-35所示，调整画笔主直径的大小，在图像窗口中绘制图形，效果如图8-36所示。

图 8-35

图 8-36

STEP 6 贺卡正面底图制作完成。按Ctrl+Shift+E组合键，合并可见图层。按Ctrl+S组合键，弹出"存储为"对话框，将其命名为"贺卡正面底图"，保存为TIFF格式。单击"保存"按钮，弹出"TIFF选项"对话框，单击"确定"按钮，将图像保存。

### CorelDRAW 应用

### 4．添加并编辑祝福性文字

STEP 1 打开CorelDRAW X5软件，按Ctrl+N组合键，新建一个页面。在属性栏的"页面度量"选项中分别设置宽度为200mm，高度为120mm，按Enter键，页面显示如图8-37所示。按Ctrl+I组合

键，弹出"导入"对话框，打开光盘中的"Ch08>
效果>新年生肖贺卡正面设计>贺卡正面底图"文
件，单击"导入"按钮，在页面中单击导入图片，
按P键，图片居中对齐，效果如图8-38所示。

图 8-37

图 8-38

**STEP 2** 选择"文本"工具 ，分别输入需要的
文字。选择"选择"工具 ，分别在属性栏中选择合
适的字体并设置文字大小，效果如图8-39所示。

图 8-39

**STEP 3** 选择"选择"工具 ，选取"新"字，
按Ctrl+Q组合键，将文字转换为曲线，效果如图8-40
所示。选择"形状"工具 ，用圈选的方法选取需
要的节点，如图8-41所示，按Delete键，将选取的
节点删除，效果如图8-42所示。用相同的方法将
"春"字转曲，选取不需要的节点并将其删除，效
果如图8-43所示。

图 8-40                 图 8-41

图 8-42                图 8-43

**STEP 4** 选择"基本形状"工具 ，在属性栏
中单击"完美图形"按钮 ，并在弹出的下拉列表
中选择需要的图标，如图8-44所示。在适当的位置
绘制出需要的图形，填充为黑色并去除图形的轮廓
线，如图8-45所示。

图 8-44

图 8-45

**STEP 5** 选择"椭圆形"工具 ，按住Ctrl键，
同时绘制一个圆形，如图8-46所示。选择"多边形"
工具 ，在圆形内部绘制一个五边形，如图8-47所
示。选择"形状"工具 ，选取需要的节点，如图
8-48所示，双击删除节点，效果如图8-49所示。

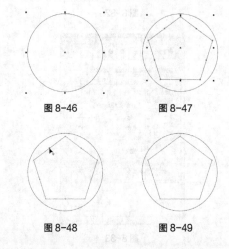

图 8-46                图 8-47

图 8-48                图 8-49

STEP 6 选择"扭曲"工具，在属性栏中单击"推拉变形"按钮，其他选项的设置如图8-50所示，按Enter键，效果如图8-51所示。

图 8-50          图 8-51

STEP 7 选择"选择"工具，用圈选的方法将圆形和花形同时选取，单击属性栏中的"移除前面对象"按钮，将两个图形剪切为一个图形，填充图形为黑色，并去除图形的轮廓线，效果如图8-52所示。选择"星形"工具，绘制一个星形，填充为黑色并去除星形的轮廓线，效果如图8-53所示。

图 8-52          图 8-53

STEP 8 选择"扭曲"工具，在属性栏中单击"推拉变形"按钮，其他选项的设置如图8-54所示，按Enter键，效果如图8-55所示。

图 8-54          图 8-55

STEP 9 选择"选择"工具，用圈选的方法将需要的图形同时选取，按Ctrl+G组合键，将其编组，如图8-56所示。拖曳到"春"字的下方，效果如图8-57所示。将文字和图形同时选取，按Ctrl+G组合键，将其编组，如图8-58所示，并拖曳到页面中适当的位置，效果如图8-59所示。

图 8-56          图 8-57

图 8-58

图 8-59

STEP 10 按F12功能键，弹出"轮廓笔"对话框，在"颜色"选项中选择轮廓线颜色为白色，其他选项的设置如图8-60所示，单击"确定"按钮，效果如图8-61所示。

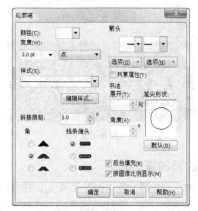

图 8-60

图 8-61

STEP 11 选择"轮廓图"工具，在属性栏中单击"外部轮廓"按钮，将"填充色"设为黄色，其他选项的设置如图8-62所示，按Enter键，效果如图8-63所示。

图 8-62

图 8-63

**STEP** 12 选择"阴影"工具 ，在图形上由上至下拖曳光标，为图形添加阴影效果，并在属性栏中进行设置，如图8-64所示，按Enter键，效果如图8-65所示。

图 8-64

图 8-65

### 5. 添加装饰图形

**STEP** 1 选择"椭圆形"工具 ，按住Ctrl键，绘制一个圆形，在"CMYK调色板"中的"黄"色块上单击，填充圆形，并去除圆形的轮廓线，效果如图8-66所示。选择"扭曲"工具 ，在属性栏中单击"扭曲变形"按钮 ，在圆形的右下角拖曳光标逆时针旋转，如图8-67所示，松开鼠标，效果如图8-68所示。

图 8-66

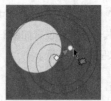 

图 8-67　　　　　　图 8-68

**STEP** 2 选择"选择"工具 ，选取需要的图形，按数字键盘上的+键，复制图形，将其拖曳到适当的位置并调整其大小和角度，效果如图8-69所示。用相同的方法制作出多个图形，效果如图8-70所示。

图 8-69

图 8-70

**STEP** 3 选择"选择"工具 ，将需要的图形同时选中，按Ctrl+G组合键，将其编组，如图8-71所示。选择"阴影"工具 ，在图形上由上至下拖曳光标，为图形添加阴影效果，并在属性栏中进行设置，如图8-72所示，按Enter键，效果如图8-73所示。

图 8-71

图 8-72

图 8-73

**STEP 4** 双击"矩形"工具 ▫，绘制一个与页面大小相同的矩形，按Shift+PageUp组合键，将其置于顶层，如图8-74所示。选择"选择"工具 ▫，选取群组图形。选择"效果>图框精确剪裁>放置在容器中"命令，鼠标光标变为黑色箭头形状，在矩形上单击，如图8-75所示，将图形置入到矩形中，效果如图8-76所示。

图 8-74

图 8-75

图 8-76

**STEP 5** 选择"椭圆形"工具 ▫，按住Ctrl键，绘制一个圆形，单击"CMYK调色板"中的"黄"色块，填充圆形，并去除圆形的轮廓线，效果如图8-77所示。选择"透明度"工具 ▫，在属性栏中进行设置，如图8-78所示，按Enter键，效果如图8-79所示。

图 8-77

图 8-78

图 8-79

**STEP 6** 用相同的方法制作出多个半透明的黄色圆形，效果如图8-80所示。选择"选择"工具 ▫，将黄色半透明圆形同时选中，按Ctrl+G组合键，将其编组，连续按Ctrl+PageDown组合键，将其置于文字图形的下方。按Esc键，取消选取状态，新年生肖贺卡正面效果制作完成，如图8-81所示。

图 8-80

图 8-81

**STEP 7** 按Ctrl+S组合键，弹出"保存图形"对话框，将制作好的图像命名为"新年生肖贺卡正面"，保存为CDR格式，单击"保存"按钮，将图像保存。

## 8.2 新年生肖贺卡背面设计

### 8.2.1 案例分析

在 Photoshop 中，使用椭圆选区工具和羽化选区命令制作背景模糊效果；使用定义图案命令和图案填充命令制作背景图案；使用自定形状工具、羽化选区命令和描边命令制作装饰图形；使用图层样式命令为图片添加渐变颜色。在 CorelDRAW 中，使用文本工具添加祝福语；使用封套工具对祝福性文字进行扭曲变形；使用调和工具制作两个正方形的调和效果。

## 8.2.2 案例设计

本案例设计流程如图 8-82 所示。

制作背景效果　　制作文字效果　　最终效果

制作装饰图形

图 8-82

### 8.2.3 案例制作

**Photoshop 应用**

**1. 绘制贺卡背面模糊效果**

**STEP 1** 按Ctrl＋N组合键，新建一个文件：宽为20cm，高为12cm，分辨率为300像素/英寸，颜色模式为RGB，背景内容为白色。

**STEP 2** 选择"渐变"工具 ，单击属性栏中的"点按可编辑渐变"按钮 ，弹出"渐变编辑器"对话框，将渐变色设为从暗红色（其R、G、B的值分别为145、12、2）到红色（其R、G、B的值分别为255、22、15），如图8-83所示，单击"确定"按钮。按住Shift键的同时，在"背景"图层上从上至下拖曳渐变色，效果如图8-84所示。

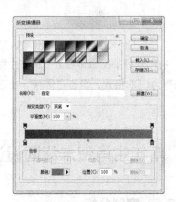

图 8-83

图 8-84

**STEP 3** 新建图层并将其命名为"橙色圆"。将前景色设为橙黄色（其R、G、B的值分别为255、139、0）。选择"椭圆选框"工具 ，绘制一个椭圆选区，如图8-85所示。按Shift＋F6组合键，弹出"羽化选区"对话框，选项的设置如图8-86所示，单击"确定"按钮。按Alt＋Delete组合键，用前景色填充选区，按Ctrl＋D组合键，取消选区，效果如图8-87所示。

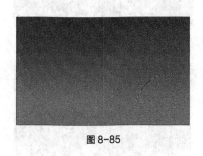

图 8-85

图 8-86

图 8-87

**STEP 4** 在"图层"控制面板中，将"橙色圆"图层的"不透明度"选项设为60%，如图8-88所示，效果如图8-89所示。

图 8-88

图 8-89

## 2. 定义图案制作背景效果

STEP 1 新建图层并命名为"图层1"，按住Alt键，同时单击"图层1"前面的眼睛图标 👁 ，隐藏其他图层。将前景色设为黄色（其R、G、B的值分别为255、255、0）。选择"椭圆选框"工具 ◯ ，按住Shift键，同时绘制一个圆形选区，按Alt+Delete组合键，用前景色填充选区，按Ctrl+D组合键，取消选区，效果如图8-90所示。

图 8-90

STEP 2 选择"矩形选框"工具 □ ，在图像窗口中绘制一个矩形选区，如图8-91所示。选择"编辑>定义图案"命令，弹出如图8-92所示的对话框，单击"确定"按钮，定义图案。在"图层"控制面板中，按住Alt键，同时单击"图层1"前面的眼睛图标 👁 ，显示所有图层，并删除"图层1"。

图 8-91

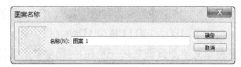

图 8-92

STEP 3 单击"图层"控制面板下方的"创建新的填充或调整图层"按钮 ◑ ，在弹出的菜单中选择"图案"命令，"图层"控制面板中生成"图案填充1"图层，同时弹出"图案填充"对话框，选项的设置如图8-93所示，单击"确定"按钮，图像窗口中的效果如图8-94所示。

图 8-93

图 8-94

STEP 4 在"图层"控制面板上方，将"图案填充1"图层的"不透明度"选项设为30%，如图8-95所示，图像效果如图8-96所示。

图 8-95

图 8-96

STEP 5 将前景色设为灰色（其R、G、B的值分别为160、160、160），按Alt+Delete组合键，用前景色填充"图案填充1"图层的"图层蒙版缩览图"，图像效果如图8-97所示。

图 8-97

STEP 6 选择"画笔"工具 ✐，在属性栏中单击"画笔"选项右侧的按钮·，弹出画笔选择面板，选择需要的画笔形状，如图8-98所示。将"不透明度"选项设为48%，并在图像窗口中的4个角上拖曳光标，绘制出的效果如图8-99所示。

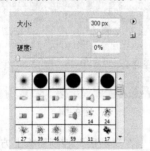

图 8-98

图 8-99

### 3．添加并编辑图片

STEP 1 按 Ctrl + O 组合键，打开光盘中的"Ch08>素材>新年生肖贺卡背面设计>01"文件，选择"移动"工具 ⊕，将花朵图形拖曳到图像窗口中适当的位置，如图8-100所示，在"图层"控制面板中生成新的图层，将其命名为"花朵"。

图 8-100

STEP 2 在"图层"控制面板上方，将"花朵"图层的"不透明度"选项设为15%，如图8-101所示，图像效果如图8-102所示。

图 8-101

图 8-102

### 4．制作装饰图形

STEP 1 选择"自定形状"工具 ✐，选择属性栏中的"形状"选项，弹出"形状"面板，单击面板右上方的按钮 ⊙，在弹出的菜单中选择"装饰"命令，弹出提示对话框，单击"确定"按钮，并在"形状"面板中选中图形"装饰8"，如图8-103所示。在属性栏中单击"路径"按钮 ▨，绘制需要的路径。选择"移动"工具 ⊕，拖曳图形到适当的位置，效果如图8-104所示。

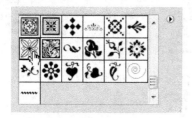

图 8-103

图 8-104

STEP 2 新建图层生成"图层1"。按Ctrl+Enter组合键，将路径转化为选区。选择"矩形选框"工具，在选区内单击鼠标右键，在弹出的菜单中选择"描边"命令，弹出对话框，选项的设置如图8-105所示，单击"确定"按钮，效果如图8-106所示。

图 8-105

图 8-106

STEP 3 按Shift+F6组合键，弹出"羽化选区"对话框，设置如图8-107所示，单击"确定"按钮。

在选区内单击鼠标右键，并在弹出的菜单中选择"描边"命令，弹出对话框，设置如图8-108所示，单击"确定"按钮。按Ctrl+D组合键，取消选区，效果如图8-109所示。

图 8-107

图 8-108

图 8-109

STEP 4 按Ctrl+Alt+T组合键，在图形周围出现控制手柄，将其拖曳到适当的位置，按Enter键确认操作，效果如图8-110所示。连续按Ctrl+Alt+Shift+T组合键，复制出多个图形，效果如图8-111所示。在"图层"控制面板中，按住Ctrl键，同时选中"图层1"及其所有的副本图层，按Ctrl+E组合键，合并图层并将其命名为"花边"，如图11-112所示。

图 8-110

图 8-111

图 8-112

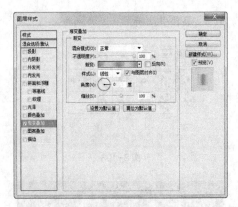

图 8-114

图 8-115

STEP 5 单击"图层"控制面板下方的"添加图层样式"按钮 fx.，在弹出的菜单中选择"渐变叠加"命令，弹出对话框，单击"点按可编辑渐变"按钮，弹出"渐变编辑器"对话框。在"位置"选项中分别输入0、26、50、75、100几个位置点，分别设置0、50和100几个位置点颜色的RGB值为255、255、0，设置26和75位置点颜色的RGB值为255、110、2，如图8-113所示，单击"确定"按钮。回到"渐变叠加"对话框，其他选项的设置如图8-114所示，单击"确定"按钮，效果如图8-115所示。

STEP 6 按 Ctrl + O 组合键，打开光盘中的"Ch08>素材>新年生肖贺卡背面设计>02"文件，选择"移动"工具，将祥云图形拖曳到图像窗口中适当的位置，如图8-116所示，在"图层"控制面板中生成新的图层并将其命名为"祥云"。

图 8-116

STEP 7 单击"图层"控制面板下方的"添加图层样式"按钮 fx.，在弹出的菜单中选择"渐变叠加"命令，弹出对话框，单击"点按可编辑渐变"按钮，弹出"渐变编辑器"对话框。在"位置"选项中分别输入0、26、50、75、100几个位置点，分别设置0、50和100几个位置点颜色的RGB值为255、255、0，设置26和75位置点颜色的

图 8-113

RGB值为255、110、2,如图8-117所示,单击"确定"按钮。回到"渐变叠加"对话框,其他选项的设置如图8-118所示,单击"确定"按钮,效果如图8-119所示。

图 8-117

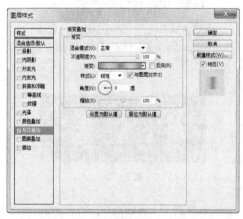

图 8-118

图 8-119

STEP 8 贺卡背面底图制作完成。按Ctrl+Shift+E组合键,合并可见图层。按Ctrl+S组合键,弹出"存储为"对话框,将其命名为"贺卡背面底图",保存为

TIFF格式,单击"保存"按钮,弹出"TIFF选项"对话框,单击"确定"按钮,将图像保存。

**CorelDRAW 应用**
**5. 添加并编辑祝福性文字**

STEP 1 打开CorelDRAW X5软件,按Ctrl+N组合键,新建一个页面。在属性栏中的"页面度量"选项中分别设置宽度为200mm,高度为120mm,按Enter键,页面显示如图8-120所示。按Ctrl+I组合键,弹出"导入"对话框,打开光盘中的"Ch08>效果>新年生肖贺卡背面设计>贺卡背面底图"文件,单击"导入"按钮,在页面中单击导入图片。按P键,使图片居中对齐,效果如图8-121所示。

图 8-120

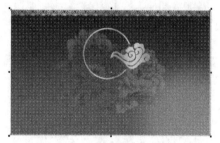

图 8-121

STEP 2 选择"文本"工具,分别输入需要的文字,选择"选择"工具,在属性栏中分别选择合适的字体并设置文字大小,效果如图8-122所示。

图 8-122

**STEP 3** 选择"选择"工具 ，选取文字"喜迎新春"，如图8-123所示。选择"渐变填充"工具 ，弹出"渐变填充"对话框，选择"自定义"单选项，在"位置"选项中分别输入0、23、48、74、100几个位置点，单击右下角的"其它"按钮，分别设置这几个位置点颜色的CMYK值为0（ 0、0、100、0）、23（ 0、60、100、0）、48（ 0、0、100、0）、74（ 0、49、100、0）、100（ 0、0、100、0），其他选项的设置如图8-124所示，单击"确定"按钮，填充文字，效果如图8-125所示。用相同的渐变色填充其他文字，效果如图8-126所示。

图 8-123

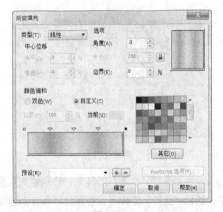

图 8-124

图 8-125

图 8-126

**STEP 4** 选择"选择"工具 ，选取文字"恭贺新春"。选择"封套"工具 ，文字的编辑状态如图8-127所示，在属性栏中单击"非强制模式"按钮 ，按住鼠标左键，分别拖曳控制点和控制线的节点到适当的位置，封套效果如图8-128所示。

图 8-127

图 8-128

**STEP 5** 打开光盘中的"Ch08>效果>贺卡正面设计"文件，选取需要的文字，如图8-129所示，按Ctrl+C组合键，复制文字。回到页面中，按Ctrl+V组合键，粘贴复制的文字，效果如图8-130所示。

图 8-129

图 8-130

STEP 6 选择"选择"工具 ，选取复制的文字，单击属性栏中的"取消群组"按钮 ，取消文字的群组。选取"迎"字，如图8-131所示。选择"渐变填充"工具 ，弹出"渐变填充"对话框，选择"自定义"选项，在"位置"选项中分别设置0、20、49、78、99、100几个位置点，单击右下角的"其他"按钮，分别设置这几个位置点颜色的CMYK值为0（0、60、100、0）、20（0、0、85、0）、49（0、0、0、0）、78（0、0、93、0）、99（0、60、100、0）、100（0、0、0、0），其他选项的设置如图8-132所示，单击"确定"按钮，填充文字。设置轮廓线颜色的CMYK值为0、100、100、0，填充文字轮廓，并在属性栏中的"轮廓宽度" 细线 框中设置数值为3pt，效果如图8-133所示。

图 8-131

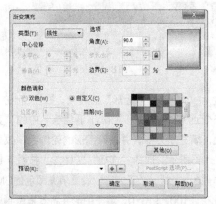

图 8-132

图 8-133

STEP 7 选择"属性滴管"工具 ，在"迎"字上单击，吸取"迎"字的属性，如图8-134所示。当光标变为油漆桶图标 时，在"喜"字上单击，如图8-135所示，复制属性，"喜"字的效果如图8-136所示。用相同的方法在其他两个文字上单击，填充相同的属性，效果如图8-137所示。

图 8-134

图 8-135

图 8-136

图 8-137

STEP 8 选择"选择"工具 ，将文字同时选取，按Ctrl+G组合键，将其群组。选择"轮廓图"工具 ，在属性栏中单击"轮廓色"按钮 ，在下拉列表中单击"其他"按钮，在弹出的对话框中设置填充颜色的CMYK值为50、90、100、0，其他选项的设置如图8-138所示，按Enter键，效果如图8-139所示。

图 8-138

图 8-139

**STEP 9** 选择"选择"工具 ，选取群组的文字。选择"阴影"工具 ，在文字上由上至下拖曳光标，并在属性栏中进行设置，如图8-140所示，按Enter键，效果如图8-141所示。

图 8-140

图 8-141

**6. 制作装饰线条和图形**

**STEP 1** 选择"手绘"工具 ，按住Ctrl键，在页面中适当的位置绘制一条直线，如图8-142所示。设置直线颜色的CMYK值为0、0、49、0，填充直线，并在属性栏中的"轮廓宽度"框中设置数值为2pt，按Enter键，效果如图8-143所示。

图 8-142

图 8-143

**STEP 2** 选择"选择"工具 ，选取直线，按数字键盘上的+键，复制直线并将其拖曳至适当的位置，效果如图8-144所示。

**STEP 3** 选择"文本"工具 ，分别输入需要的文字，选择"选择"工具 ，在属性栏中选择合适的字体并设置适当的文字大小，设置文字颜色的CMYK值为0、0、52、0，填充文字，效果如图8-145所示。

图 8-144

图 8-145

**STEP 4** 选择"矩形"工具 ，按住Ctrl键，绘制一个正方形，单击"CMYK调色板"中的"黄"色块，填充正方形，并去除图形的轮廓线，效果如图8-146所示。选择"选择"工具 ，按数字键盘上的+键，复制一个正方形，设置填充颜色的CMYK值为22、100、98、0，填充图形并将其拖曳到适当的位置，效果如图8-147所示。

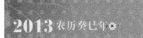

图 8-146

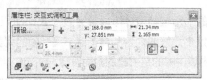

图 8-147

**STEP↘5** 选择"调和"工具 ，将光标在两个正方形之间拖曳，在属性栏中进行设置，如图8-148所示，按Enter键，效果如图8-149所示。新年生肖贺卡背面效果制作完成，如图8-150所示。

图 8-148

图 8-149

图 8-150

**STEP↘6** 按Ctrl+S组合键，弹出"保存图形"对话框，将制作好的图像命名为"新年生肖贺卡背面"，保存为CDR格式，单击"保存"按钮，将图像保存。

# 8.3 课后习题
## ——新年贺卡设计

### 习题知识要点

在 Photoshop 中，使用外发光命令制作图像和矩形的外发光效果；使用定义图案命令和图案填充命令制作装饰图形。在 CorelDRAW 中，使用矩形工具和旋转工具制作文字底图；使用阴影工具为底图添加阴影。新年贺卡效果如图 8-151 所示。

图 8-151

### 效果所在位置

光盘/Ch08/效果/新年贺卡设计/新年贺卡.cdr。

**9** Chapter

# 第 9 章
# 书籍装帧设计

　　精美的书籍装帧设计可以带给读者更多的阅读乐趣。一本好书是好的内容和精美的书籍装帧的完美结合。本章主要讲解的是书籍的封面设计。封面设计包括书名、色彩、装饰元素，以及作者和出版社名称等内容。本章以古都北京书籍封面为例，讲解封面的设计方法和制作技巧。

【 课堂学习目标 】

- 在 Photoshop 软件中制作古都北京书籍封面的底图
- 在 CorelDRAW 软件中添加相关内容和出版信息

# 9.1 古都北京书籍封面设计

## 9.1.1　案例分析

在 Photoshop 中，使用新建参考线命令分割页面；使用图层的混合模式和不透明度选项制作背景装饰字；使用蒙版和画笔工具擦除图片中不需要的图片区域；使用喷色描边滤镜命令和套索工具制作古门环效果；使用加深工具、减淡工具、渐变工具和高斯模糊滤镜命令制作门上的装饰按钮。在 CorelDRAW 中，使用文本工具和段落格式化命令来编辑文本；使用导入命令和水平镜像按钮来编辑装饰图形；使用移除前面对象命令来制作文字镂空效果。

## 9.1.2　案例设计

本案例设计流程如图 9-1 所示。

制作封面效果　　制作封底效果　制作书脊效果　　最终效果

图 9-1

## 9.1.3　案例制作

### Photoshop 应用

#### 1. 制作背景文字效果

STEP 1 按Ctrl+N组合键，新建一个文件：宽度为36.1cm，高度为25.6cm，分辨率为300像素/英寸，颜色模式为RGB，背景内容为白色。选择"视图>新建参考线"命令，弹出"新建参考线"对话框，设置如图9-2所示，单击"确定"按钮，效果如图9-3所示。用相同的方法，在25.3cm处新建一条水平参考线，效果如图9-4所示。

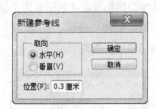

图 9-2

STEP 2 选择"视图>新建参考线"命令，弹出"新建参考线"对话框，设置如图9-5所示，单击"确定"按钮，效果如图9-6所示。用相同的方法，在17.3cm、18.8cm和35.8cm处新建垂直参考线，效果如图9-7所示。

图 9-3

图 9-4

图 9-5

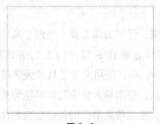

图9-6

图9-7

**STEP 3** 选择"渐变"工具 ，单击属性栏中的"点按可编辑渐变"按钮 ，弹出"渐变编辑器"对话框，将渐变色设为从淡黄色（其R、G、B的值分别为251、255、233）到浅粉色（其R、G、B的值分别为254、228、199），如图9-8所示，单击"确定"按钮。单击属性栏中的"径向渐变"按钮 ，按住Shift键的同时，在"背景"图层上从中心向外拖曳渐变色，效果如图9-9所示。

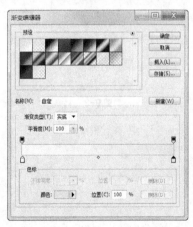

图9-8

图9-9

**STEP 4** 按 Ctrl+O 组合键，打开光盘中的"Ch09>素材>古都北京书籍封面设计>01"文件，选择"移动"工具 ，将文字图片拖曳到图像窗口中适当的位置，如图9-10所示，在"图层"控制面板中生成新的图层"图层1"。按住Alt键的同时，在图像窗口中分别拖曳鼠标到适当的位置，复制5个图片，效果如图9-11所示，在"图层"控制面板中生成5个副本图层。

图9-10

图9-11

**STEP 5** 在"图层"控制面板中，按住Ctrl键，同时选中"图层1"及其所有副本图层，按Ctrl+E组合键，合并图层并将其命名为"背景文字"，如图9-12所示。选择"移动"工具 ，按住Alt键，同时在图像窗口中拖曳图片到适当的位置，复制一个图形，效果如图9-13所示。在"图层"控制面板中生成新的图层"背景文字 副本"。

图9-12

图 9-13

**STEP 6** 在"图层"控制面板上方,将"背景文字 副本"图层的混合模式选项设为"划分","不透明度"选项设为40%,如图9-14所示,图像窗口中的效果如图9-15所示。

图 9-14

图 9-15

**STEP 7** 单击"图层"控制面板下方的"添加图层蒙版"按钮 ,为"背景文字 副本"图层添加蒙版,如图9-16所示。将前景色设为黑色。选择"画笔"工具 ,在属性栏中单击"画笔"选项右侧的按钮 ,弹出画笔选择面板,选择需要的画笔形状,如图9-17所示。在图像窗口中拖曳鼠标擦除不需要的图像,效果如图9-18所示。用相同的方法制作"背景文字"图层的效果,如图9-19所示。

图 9-16

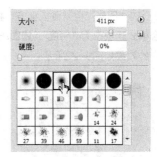

图 9-17

图 9-18

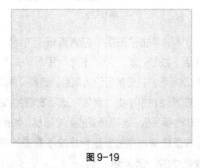

图 9-19

### 2. 置入并编辑封面图片

**STEP 1** 按 Ctrl+O 组合键,打开光盘中的"Ch09>素材>古都北京书籍封面设计>02"文件,选择"移动"工具 ,将图片拖曳到图像窗口中适当的位置,如图9-20所示。在"图层"控制面板中创建新的图层并将其命名为"图片"。

图 9-20

**STEP 2** 在"图层"控制面板上方，将"图片"图层的混合模式选项设为"明度"，如图9-21所示，图像窗口中的效果如图9-22所示。

图 9-21

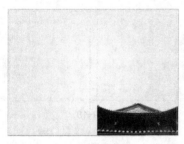

图 9-22

**STEP 3** 单击"图层"控制面板下方的"添加图层蒙版"按钮 □，为"图片"图层添加蒙版，如图9-23所示。将前景色设为黑色。选择"画笔"工具 ✔，在属性栏中单击"画笔"选项右侧的按钮 ▾，弹出画笔选择面板，选择需要的画笔形状，如图9-24所示。在图像窗口中拖曳鼠标擦除不需要的图像部分，效果如图9-25所示。

图 9-23

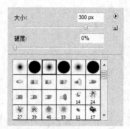

图 9-24

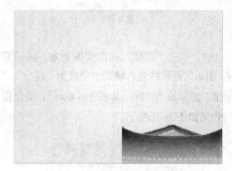

图 9-25

**STEP 4** 按 Ctrl+O 组合键，打开光盘中的"Ch09>素材>古都北京书籍封面设计>03"文件，选择"移动"工具 ▸⊕，将铜环图形拖曳到图像窗口中适当的位置，如图9-26所示。在"图层"控制面板中创建新的图层并将其命名为"铜环"。

图 9-26

**STEP 5** 按住Ctrl键，同时在"图层"控制面板中单击"铜环"图层的图层缩览图，载入选区，如图9-27所示。单击"图层"控制面板下方的"创建新的填充或调整图层"按钮 ◐，在弹出的菜单中选择"色相/饱和度"命令，"图层"控制面板中创建"色相/饱和度1"图层，同时弹出"色相/饱和度"面板，选项的设置如图9-28所示，按Enter键，图像效果如图9-29所示。

图 9-27           图 9-28

图 9-29

### 3. 置入并编辑封底图片

**STEP1** 按 Ctrl+O 组合键，打开光盘中的 "Ch04>素材>古都北京书籍封面设计>04" 文件，选择"移动"工具 🖑，将图片拖曳到图像窗口中适当的位置，如图9-30所示。在"图层"控制面板中创建新的图层并将其命名为"山"。

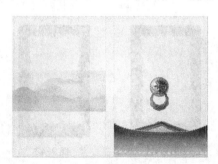

图 9-30

**STEP2** 在"图层"控制面板上方，将"山"图层的混合模式设为"明度"，"不透明度"选项设为80%，如图9-31所示，图像窗口中的效果如图9-32所示。

图 9-31

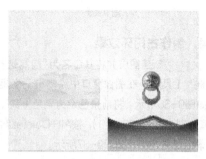

图 9-32

**STEP3** 单击"图层"控制面板下方的"添加图层蒙版"按钮 ▣，为"山"图层添加蒙版，如图9-33所示。将前景色设为黑色。选择"画笔"工具 ✐，在属性栏中单击"画笔"选项右侧的按钮 ▾，弹出画笔选择面板，选择需要的画笔形状，如图9-34所示。在图像窗口中拖曳鼠标擦除不需要的图像部分，效果如图9-35所示。

图 9-33

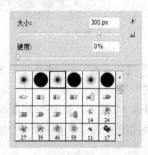

图 9-34

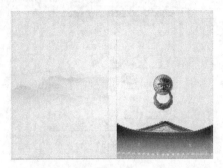

图 9-35

### 4．制作古门环效果

**STEP 1** 新建图层并将其命名为"门"。选择"矩形选框"工具 ▣，在图像窗口中绘制出一个矩形选区，如图9-36所示。将前景色设为粟色（其R、G、B的值分别为128、76、49），按Alt+Delete组合键，用前景色填充选区，如图9-37所示。

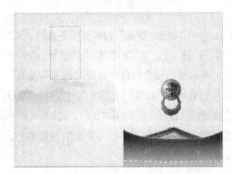

图 9-36

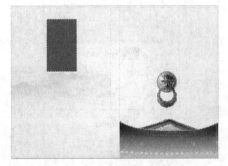

图 9-37

**STEP 2** 在"通道"控制面板中单击"将选区存储为通道"按钮 ◙ ，生成"Alpha 1"通道。选中"Alpha 1"通道，如图9-38所示，图像窗口中的效果如图9-39所示。按Ctrl+D组合键，取消选区。

图 9-38　　　　　　　图 9-39

**STEP 3** 选择"滤镜>画笔描边>喷色描边"命令，在弹出的对话框中进行设置，如图9-40所示，单击"确定"按钮，效果如图9-41所示。

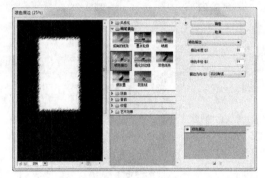

图 9-40

**STEP 4** 按住Ctrl键，同时在"通道"控制面板中单击"Alpha 1"通道的通道缩览图，载入选区，如图9-42所示，将"Alpha 1"通道删除。在"图层"控制面板中选中"门"图层，如图9-43所示。按Ctrl+Shift+I组合键，将选区反选。按Delete键，将选区中的图像删除。按Ctrl+D组合键，取消选区，效果如图9-44所示。

图 9-41　　　　　　图 9-42

**STEP 5** 选择"套索"工具 ◉，在图形上绘制一个选区，如图9-45所示，按Delete键，将选区中的图像区域删除，如图9-46所示。按Ctrl+D组合键，取消选区。用相同的方法制作其他划痕效果，如图9-47所示。

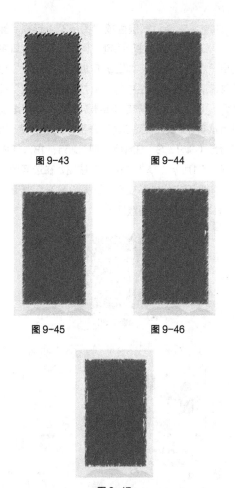

图 9-43　　　　图 9-44

图 9-45　　　　图 9-46

图 9-47

STEP⏎6 单击"图层"控制面板下方的"添加图层样式"按钮 fx., 在弹出的菜单中选择"外发光"命令，弹出对话框，将发光颜色设为橘黄色（其 R、G、B 的值分别为 255、196、125），其他选项的设置如图 9-48 所示，单击"确定"按钮，效果如图 9-49 所示。

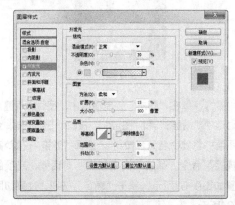

图 9-48

图 9-49

### 5. 制作门上的按钮

STEP⏎1 新建图层生成"图层 1"。选择"椭圆选框"工具 ○，按住 Shift 键，同时在图像窗口中绘制出一个圆形选区，如图 9-50 所示。将前景色设为橙黄色（其 R、G、B 的值分别为 223、163、26），按 Alt+Delete 组合键，用前景色填充选区，效果如图 9-51 所示。

STEP⏎2 选择"加深"工具 ○，在属性栏中单击"画笔"选项右侧的按钮 ·，弹出画笔选择面板，选择需要的画笔形状，如图 9-52 所示。将"曝光度"选项设为 50%，在图像窗口中单击并按住鼠标左键拖曳，在选区周围进行加深操作，效果如图 9-53 所示。

图 9-50 　　　　图 9-51

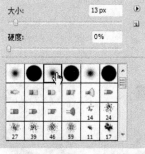

图 9-52 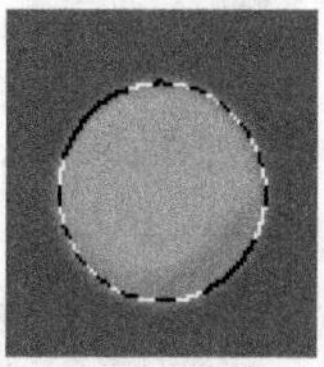　　　　图 9-53

**STEP 3** 选择"减淡"工具，在属性栏中单击"画笔"选项右侧的按钮，弹出画笔选择面板，选择需要的画笔形状，如图9-54所示。将"曝光度"选项设为50%，在图像窗口中单击并按住鼠标左键拖曳，在选区内进行减淡操作，效果如图9-55所示。按Ctrl+D组合键，取消选区。

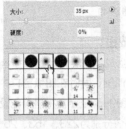 

图 9-54　　　　图 9-55

**STEP 4** 新建图层生成"图层2"。选择"椭圆选框"工具，按住Shift键，同时在图像窗口中绘制出一个圆形选区，如图9-56所示。将前景色设为棕色（其R、G、B的值分别为222、124、23），按Alt+Delete组合键，用前景色填充选区，效果如图9-57所示。

图 9-56　　　　图 9-57

**STEP 5** 选择"减淡"工具，在属性栏中单击"画笔"选项右侧的按钮，弹出画笔选择面板，选择需要的画笔形状，如图9-58所示。将"曝光度"选项设为50%，在图像窗口中单击并按住鼠标左键拖曳，并在选区内进行减淡操作，效果如图9-59所示。按Ctrl+D组合键，取消选区。

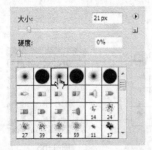 

图 9-58　　　　图 9-59

**STEP 6** 新建图层生成"图层3"。选择"椭圆选框"工具，按住Shift键，同时在图像窗口中绘制出一个圆形选区，如图9-60所示。选择"渐变"工具，单击属性栏中的"点按可编辑渐变"按钮，弹出"渐变编辑器"对话框，将渐变色设为从黄色（其R、G、B的值分别为254、247、158）到橙色（其R、G、B的值分别为255、187、80），如图9-61所示，单击"确定"按钮，在选区中从左上方向右下方拖曳渐变色，效果如图9-62所示。按Ctrl+D组合键，取消选区。

图 9-60

图 9-61

图 9-62

**STEP 7** 在"图层"控制面板中，按住Shift键，同时选中"图层3"和"图层1"，按Ctrl+E组合键，合并图层并将其命名为"按钮"。选择"滤镜>模糊>高斯模糊"命令，弹出"高斯模糊"对话框，选项的设置如图9-63所示，单击"确定"按钮，效果如图9-64所示。

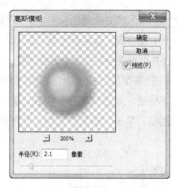

图 9-63

图 9-64

STEP 09 选择"移动"工具，按住Alt键，同时按住鼠标左键拖曳图形到适当的位置，复制一个按钮图形，效果如图9-67所示。用相同的方法复制多个图形，效果如图9-68所示，在"图层"控制面板中创建多个副本图层。按住Shift键，同时选中"按钮"图层及其所有的副本图层，按Ctrl+G组合键，将其编组并命名为"古门"。

图 9-67　　　　图 9-68

STEP 08 单击"图层"控制面板下方的"添加图层样式"按钮 fx，在弹出的菜单中选择"投影"命令，弹出对话框，选项的设置如图9-65所示，单击"确定"按钮，效果如图9-66所示。

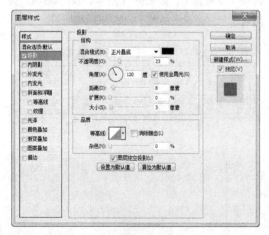

图 9-65

图 9-66

### 6．添加并编辑图片

STEP 01 按 Ctrl+O 组合键，打开光盘中的"Ch09>素材>古都北京书籍封面设计>05"文件，选择"移动"工具，将图片拖曳到图像窗口中适当的位置，如图9-69所示。在"图层"控制面板中创建新的图层并将其命名为"石狮子"。

图 9-69

STEP 02 单击"图层"控制面板下方的"添加图层样式"按钮 fx，在弹出的菜单中选择"外发光"命令，弹出对话框，将发光颜色设为浅黄色（其R、G、B的值分别为255、252、165），其他选项的设置如图9-70所示，单击"确定"按钮，效果如图9-71所示。

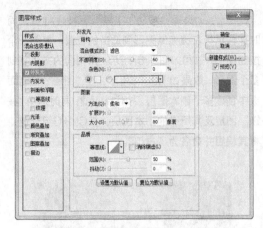

图 9-70

图 9-71

**STEP 3** 按住Ctrl键，同时在"图层"控制面板中单击"石狮子"图层的图层缩览图，载入选区。单击"图层"控制面板下方的"创建新的填充或调整图层"按钮 ，在弹出的菜单中选择"色彩平衡"命令，在"图层"控制面板中生成"色彩平衡1"图层，同时弹出"色彩平衡"面板，选项的设置如图9-72所示，按Enter键，图像效果如图9-73所示。

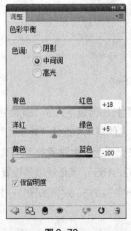

图 9-72

图 9-73

**STEP 4** 封面底图效果制作完成，如图9-74所示。按Ctrl+；组合键，隐藏参考线。按Ctrl+Shift+E组合键，合并可见图层。按Ctrl+S组合键，弹出"存储为"对话框，将制作好的图像命名为"封面底图"，保存为TIFF格式，单击"保存"按钮，弹出"TIFF选项"对话框，单击"确定"按钮，将图像保存。

图 9-74

## CorelDRAW 应用
### 7. 导入并编辑图片和书法文字

**STEP 1** 打开CorelDRAW X5软件，按Ctrl+N组合键，新建一个页面。在属性栏的"页面度量"选项中设置数值，如图9-75所示，按Enter键，页面显示尺寸为设置的大小，如图9-76所示。

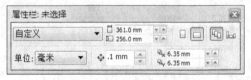

图 9-75

图 9-76

**STEP 2** 按Ctrl+J组合键，弹出"选项"对话框，选择"辅助线/水平"选项，在文字框中设置数值为3，如图9-77所示，单击"添加"按钮，在页面中添加一条水平辅助线。再添加253mm的水平辅助线，单击"确定"按钮，效果如图9-78所示。

**STEP 3** 按Ctrl+J组合键，弹出"选项"对话框，选择"辅助线/垂直"选项，在文字框中设置数值为3，如图9-79所示，单击"添加"按钮，在页面中添加一条垂直辅助线。再添加173mm、188mm、358mm的垂直辅助线，单击"确定"按钮，效果如图9-80所示。

图 9-77

图 9-78

图 9-79

图 9-80

**STEP 4** 选择"文件>导入"命令，弹出"导入"对话框。选择光盘中的"Ch09>效果>古都北京书籍封面设计>封面底图"文件，单击"导入"按钮，在页面中单击导入图片，如图9-81所示。按P键，图片在页面中居中对齐，效果如图9-82所示。

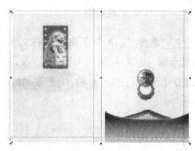

图 9-81

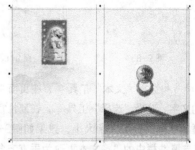

图 9-82

**STEP 5** 选择"文件>导入"命令，弹出"导入"对话框。选择光盘中的"Ch09>素材>古都北京书籍封面设计>06、07"文件，单击"导入"按钮，在页面中分别单击导入图片，如图9-83所示。选择"选择"工具 ，将两个文字同时选取，选择"排列>对齐和分布>垂直居中对齐"命令，将两个文字垂直居中对齐，效果如图9-84所示。按Ctrl+G组合键，将其群组。

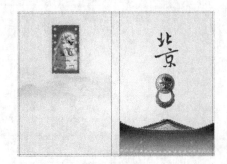

图9-83

图9-84

**STEP 6** 选择"阴影"工具 ，在文字上由上至下拖曳光标，为文字添加阴影效果，其他选项的设置如图9-85所示，按Enter键，阴影效果如图9-86所示。

图9-85　　　　　　图9-86

**STEP 7** 选择"文本"工具 ，在页面中输入需要的文字。选择"选择"工具 ，在属性栏中选择合适的字体并设置文字大小，效果如图9-87所示。单击属性栏中的"将文本更改为垂直方向"按钮 ，将文字竖排并拖曳到适当的位置，效果如图9-88所示。

图9-87　　　　　　图9-88

### 8. 添加装饰纹理和文字

**STEP 1** 选择"文件>导入"命令，弹出"导入"对话框。选择光盘中的"Ch09>素材>古都北京书籍封面设计>08"文件，单击"导入"按钮，在页面中单击导入图片，如图9-89所示。设置图形颜色的CMYK值为0、20、40、60，填充图形，效果如图9-90所示。

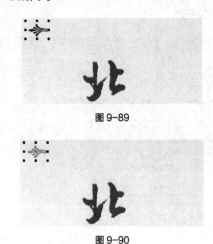

图9-89

图9-90

**STEP 2** 选择"椭圆形"工具 ，按住Ctrl键，在页面中绘制一个圆形，设置图形颜色的CMYK值为0、20、40、60，填充图形，并去除图形的轮廓线，效果如图9-91所示。选择"选择"工具 ，按住Ctrl键的同时，按住鼠标左键水平向右拖曳圆形，并在适当的位置上单击鼠标右键，复制一个新的圆形，效果如图9-92所示。按住Ctrl键，再连续按D键，复制出多个圆形，效果如图9-93所示。用圈选的方法选取圆形和再制后的圆形，按Ctrl+G组合键，将其群组，如图9-94所示。

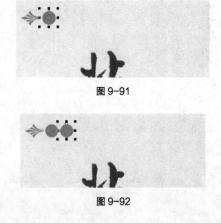

图9-91

图9-92

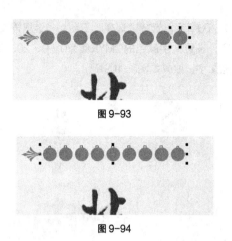

图 9-93

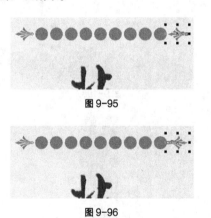

图 9-94

**STEP 3** 选择"选择"工具 ，选取需要的图形，按数字键盘上的+键，复制图形，并将其拖曳到适当的位置，效果如图9-95所示。单击属性栏中的"水平镜像"按钮 ，水平翻转复制的图形，效果如图9-96所示。

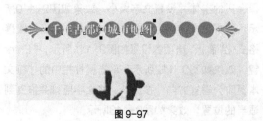

图 9-95

图 9-96

**STEP 4** 选择"文本"工具 ，在页面中输入需要的文字。选择"选择"工具 ，在属性栏中选择合适的字体并设置文字大小，设置文字颜色的CMYK值为0、13、21、0，填充文字，效果如图9-97所示。选择"形状"工具 ，向右拖曳文字下方的 图标，调整文字的间距，如图9-98所示，释放鼠标，文字效果如图9-99所示。

图 9-97

图 9-98

图 9-99

**STEP 5** 选择"选择"工具 ，将图形、圆形和文字同时选取，如图9-100所示。选择"排列>对齐和分布>水平居中对齐"命令，将图形、圆形和文字水平居中对齐，效果如图9-101所示。将圆形和文字同时选取，如图9-102所示，单击属性栏中的"移除前面对象"按钮，效果如图9-103所示。

图 9-100

图 9-101

图 9-102

图 9-103

**STEP 6** 选择"文本"工具 ，在页面中输入需要的文字。选择"选择"工具 ，在属性栏中选择合适的字体并设置文字大小，效果如图9-104所示。

图 9-104

### 9. 制作书脊

**STEP 1** 选择"矩形"工具 字，在页面中绘制一个矩形，设置矩形颜色的CMYK值为0、20、40、60，填充图形，并去除图形的轮廓线，效果如图9-105所示。选择"选择"工具 ，选取需要的文字，按数字键盘上的+键，复制文字，调整大小并将其拖曳到适当的位置，效果如图9-106所示。

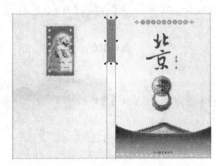

图 9-105

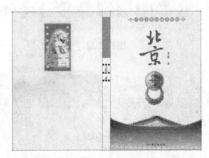

图 9-106

**STEP 2** 选择"文本"工具 字，分别在页面中输入需要的文字。选择"选择"工具 ，在属性栏中选择合适的字体并设置文字大小，效果如图9-107所示。单击属性栏中的"将文本更改为垂直方向"按钮 ，将文字竖排并拖曳到适当的位置，效果如

图9-108所示。选择"选择"工具 ，选取需要的文字，设置文字颜色的CMYK值为0、0、20、0，填充文字，效果如图9-109所示。

图 9-107

图 9-108

图 9-109

### 10. 添加并编辑内容文字

**STEP 1** 选择"文本"工具 字，在页面中输入需要的文字。选择"选择"工具 ，在属性栏中选择合适的字体并设置文字大小，效果如图9-110所示。选择"文字>段落格式化"命令，弹出"段落格式化"面板，选项的设置如图9-111所示，按Enter键，效果如图9-112所示。单击属性栏中的"将文本更改为垂直方向"按钮 ，将文字竖排并拖曳到适当的位置，效果如图9-113所示。

图 9-110

图 9-111

图 9-112

图 9-113

STEP 2 选择"椭圆形"工具 ○，按住Ctrl键，在页面中绘制一个圆形，设置图形颜色的CMYK值为0、60、60、70，填充图形，并去除图形的轮廓线，如图9-114所示。选择"选择"工具 ▷，按数字键盘上的+键，复制一个图形，并将其拖曳到适当的位置，如图9-115所示。选择"文本"工具 字，在页面中输入需要的文字。选择"选择"工具 ▷，在属性栏中选择合适的字体并设置文字大小，填充文字为白色，如图9-116所示。

图 9-114

图 9-115

图 9-116

STEP 3 选择"选择"工具 ▷，选取需要的文字，单击属性栏中的"将文本更改为垂直方向"按钮 ⫿⫿，将文字竖排并拖曳到适当的位置，效果如图9-117所示。选择"形状"工具 ◁，按住Ctrl键，同时选中"迹"字的节点并拖曳到适当的位置，如图9-118所示，松开鼠标，文字效果如图9-119所示。用相同的方法制作其他文字和图形，效果如图9-120所示。

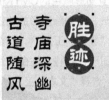

图 9-117 　　　　图 9-118

图 9-119

图 9-120

### 11. 添加出版信息

STEP 1 选择"矩形"工具 □，在页面中绘制一个矩形，填充矩形为白色并去除矩形的轮廓线，效果如图9-121所示。

图 9-121

STEP 2 选择"文本"工具 字，在页面中输入需要的文字。选择"选择"工具 ▷，在属性栏中选择合适的字体并设置文字大小，效果如图9-122所示。选择"形状"工具 ⬚，向左拖曳文字下方的 ‖▷ 图标，调整文字的间距，如图9-123所示。选择"手绘"工具 ⬚，按住Ctrl键，绘制一条直线，在属性栏中"轮廓宽度" 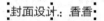 框中设置数值为0.5pt，按Enter键，效果如图9-124所示。

封面设计：香香

图 9-122

封面设计：香香

图 9-123

封面设计：香香

图 9-124

STEP**3** 选择"矩形"工具 ⬜，在页面中绘制一个矩形，填充矩形为黑色并去除矩形的轮廓线，效果如图9-125所示。选择"选择"工具 ▸，选取需要的文字和图形，按Ctrl+G组合键，将其群组，效果如图9-126所示。

图 9-125

图 9-126

STEP**4** 选择"编辑>插入条码"命令，弹出"条码向导"对话框，在各选项中按要求进行设置，如图9-127所示。设置好后，单击"下一步"按钮，在设置区内按要求进行设置，如图9-128所示。设置好后，单击"下一步"按钮，在设置区内按要求进行各项设置，如图9-129所示。设置好后，单击"完成"按钮，效果如图9-130所示。

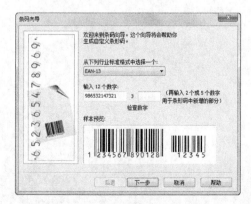

图 9-127

STEP**5** 选择"贝塞尔"工具 ✎，在白色矩形中绘制一个图形，在属性栏中的"轮廓宽度" ▭ 细线 ▭ 框中设置数值为1.5pt，按<Enter>键，效果如图9-131所示。

图 9-128

图 9-129

图 9-130

图 9-131

STEP 6 选择"文本"工具，分别在页面中输入需要的文字。选择"选择"工具，在属性栏中选择合适的字体并设置文字大小，效果如图9-132所示。按Esc键，取消选取状态，古都北京封面制作完成，效果如图9-133所示。

图9-132

STEP 7 按Ctrl+S组合键，弹出"保存图形"对话框，将制作好的图像命名为"古都北京书籍封面"，保存为CDR格式，单击"保存"按钮，将图像保存。

图9-133

# 9.2 课后习题
## ——脸谱书籍封面设计

### 习题知识要点

在 Photoshop 中，使用图层混合模式和不透明度命令编辑云图片；使用矩形工具和外发光命令制作主体矩形；使用套索工具和喷溅命令制作印章。在 CorelDRAW 中，使用矩形工具制作装饰框；使用透明度工具为文字图片添加透明效果；使用阴影工具为书名添加阴影效果。脸谱书籍封面效果如图 9-134 所示。

图 9-134

### 效果所在位置

光盘/Ch04/效果/脸谱书籍封面设计/脸谱书籍封面.cdr。

10 Chapter

# 第 10 章
# 唱片封面设计

唱片封面设计是应用设计的一个重要门类。唱片封面是音乐的外貌，不仅要体现出唱片的内容和性质，还要表现出美感。本章以音乐 CD 封面为例，讲解唱片封面的设计方法和制作技巧。

【课堂学习目标】

- 在 Photoshop 软件中制作音乐 CD 封面底图
- 在 CorelDRAW 软件中添加文字及出版信息

# 10.1 音乐 CD 封面设计

## 10.1.1 案例分析

在 Photoshop 中，使用高斯模糊命令制作人物图片的模糊效果；使用图层蒙版和画笔工具擦除人物图片中不需要的图像；使用描边命令添加图片边框；使用剪贴蒙版制作图片的嵌入效果。在 CorelDRAW 中，使用阴影工具为乐器图片添加阴影效果；使用直线工具和属性栏添加虚线；使用文本工具添加 CD 封面信息。

## 10.1.2 案例设计

本案例设计流程如图 10-1 所示。

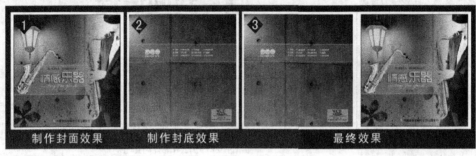

图 10-1

## 10.1.3 案例制作

### Photoshop 应用

### 1. 置入并编辑图片

STEP 1 按Ctrl+N组合键，新建一个文件：宽度为24cm，高度为12cm，分辨率为300像素/英寸，颜色模式为CMYK，背景内容为白色。按Ctrl+R组合键，图像窗口中出现标尺。选择"移动"工具，从图像窗口的水平标尺和垂直标尺中拖曳出需要的参考线，效果如图10-2所示。单击"图层"控制面板下方的"创建新图层"按钮，生成新的图层并将其命名为"黄色矩形"。将前景色设为黄色（其R、G、B的值分别为255、212、101）。选择"矩形选框"工具，在图像窗口中的右半部分绘制出一个矩形选区，按Alt+Delete组合键，用前景色填充选区，如图10-3所示。按Ctrl+D组合键，取消选区。

STEP 2 按 Ctrl+O 组合键，打开光盘中的"Ch10>素材>音乐CD封面设计>01"文件,选择"移动"工具，将图片拖曳到图像窗口中适当的位置，如图10-4所示。在"图层"控制面板中生成新的图层并将其命名为"底图"。在控制面板上方，将"底图"图层的混合模式选项设为"线性加深"，图像窗口中的效果如图10-5所示。

图 10-3

图 10-2

图 10-4

图 10-5

**STEP 3** 单击"图层"控制面板下方的"添加图层蒙版"按钮 ◙，为"底图"图层添加蒙版，如图10-6所示。将前景色设为黑色。选择"画笔"工具 ✎，在属性栏中单击"画笔"选项右侧的按钮 ，弹出画笔选择面板，选择需要的画笔形状，如图10-7所示，在图片上拖曳鼠标擦除不需要的图像，效果如图10-8所示。

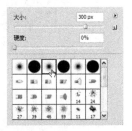

图 10-6　　　　　　图 10-7

图 10-8

**STEP 4** 按住Alt键，同时在"图层"控制面板中将鼠标放在"底图"和"黄色矩形"图层的中间，鼠标光标变为图标 ，如图10-9所示，单击鼠标左键，创建剪贴蒙版，图像窗口中的效果如图10-10所示。

图 10-9　　　　　　图 10-10

**STEP 5** 按 Ctrl+O 组合键，打开光盘中的"Ch010>素材>音乐CD封面设计>02"文件，选择"移动"工具 ，将图片拖曳到图像窗口中适当的位置，如图10-11所示。在"图层"控制面板中生成新的图层并将其命名为"人物"。

图 10-11

**STEP 6** 单击"图层"控制面板下方的"添加图层蒙版"按钮 ◙，为"人物"图层添加蒙版，如图10-12所示。选择"画笔"工具 ✎，擦除图片中不需要的图像，效果如图10-13所示。

图 10-12　　　　　　图 10-13

**STEP 7** 选择"滤镜>模糊>高斯模糊"命令，在弹出的对话框中进行设置，如图10-14所示，单击"确定"按钮，效果如图10-15所示。

图 10-14

图 10-15

**STEP 8** 按住Alt键，同时在"图层"控制面板中将鼠标放在"人物"和"底图"图层的中间，鼠标光标变为图标，如图10-16所示，单击鼠标，创建剪贴蒙版，图像窗口中的效果如图10-17所示。

图 10-16        图 10-17

**STEP 9** 按Ctrl+O组合键，打开光盘中的"Ch010>素材>音乐CD封面设计>03"文件，选择"移动"工具，将图片拖曳到图像窗口中适当的位置，如图10-18所示。在"图层"控制面板中生成新的图层并将其命名为"花纹"。

图 10-18

**STEP 10** 用相同的方法在"图层"控制面板中为"花纹"图层添加蒙版。选择"画笔"工具，擦除图片中不需要的图像，效果如图10-19所示。

**STEP 11** 按住Alt键，同时在"图层"控制面板中将鼠标放在"花纹"和"人物"图层的中间，

鼠标光标变为图标，如图10-20所示，单击鼠标，创建剪贴蒙版，图像窗口中的效果如图10-21所示。

图 10-19

图 10-20

图 10-21

## 2. 添加边框及底色

**STEP 1** 新建图层并将其命名为"描边"。将前景色设为深棕色（其R、G、B的值分别为51、16、0）。按住Ctrl键，同时单击"黄色矩形"图层的图层缩览图，载入选区，如图10-22所示。选择"编辑>描边"命令，弹出"描边"对话框，选项的设置如图10-23所示，单击"确定"按钮，效果如图10-24所示。

图 10-22        图 10-23

图 10-24

**STEP 2** 新建图层并将其命名为"色块"。将前景色设为黄色（其R、G、B的值分别为255、212、101）。选择"矩形选框"工具，在图像窗口中的左半部分绘制出一个矩形选区，如图10-25所示。按Alt+Delete组合键，用前景色填充选区，如图10-26所示。按Ctrl+D组合键，取消选区。

图 10-25

图 10-26

**STEP 3** 按Ctrl+O组合键，打开光盘中的"Ch10>素材>音乐CD封面设计>01"文件。选择"移动"工具，将图片拖曳到图像窗口中适当的位置，如图10-27所示。在"图层"控制面板中生成新的图层并将其命名为"底图2"。在图层控制面板上方，将"底图2"图层的混合模式选项设为"线性加深"，图像窗口中的效果如图10-28所示。

**STEP 4** 按住Alt键，同时在"图层"控制面板中将鼠标放在"底图2"和"色块"图层的中间，鼠标光标变为图标，如图10-29所示，单击鼠

标，创建剪贴蒙版，图像窗口中的效果如图10-30所示。

图 10-27

图 10-28

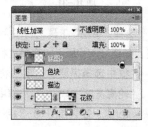

图 10-29

图 10-30

**STEP 5** 按Ctrl+R组合键，隐藏标尺；按Ctrl+;组合键，隐藏参考线。按Shift+Ctrl+E组合键，合并可见图层。音乐CD封面底图制作完成。按Ctrl+S组合键，弹出"存储为"对话框，将其命名为"音乐CD封面底图"，保存图像为TIFF格式，单击"保存"按钮，弹出"TIFF选项"对话框，单击"确定"按

钮，将图像保存。

### CorelDRAW 应用

### 3. 绘制装饰图形并编辑素材图片

**STEP 1** 打开CorelDRAW X5软件，按Ctrl+N键，新建一个页面。在属性栏中的"页面度量"选项中分别设置宽度为240mm，高度为120mm，按Enter键，页面显示尺寸为设置的大小。按Ctrl+I组合键，弹出"导入"对话框，选择光盘中的"Ch10>效果>音乐CD封面设计>音乐CD封面底图"文件，单击"导入"按钮，在页面中单击导入图片。按P键，图片在页面中居中对齐，效果如图10-31所示。

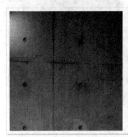

图 10-31

**STEP 2** 选择"手绘"工具 ，按住Ctrl键，绘制一条直线，如图10-32所示。在属性栏中的"线条样式" 框中选择需要的轮廓线样式，如图10-33所示，"轮廓宽度" 细线 框中设置数值为0.5pt，按Enter键，效果如图10-34所示。

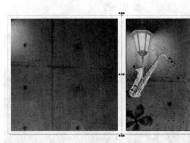

图 10-32

图 10-33

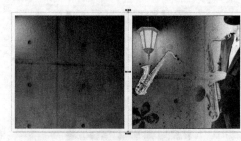

图 10-34

**STEP 3** 选择"矩形"工具 ，绘制一个矩形，如图10-35所示。设置图形颜色的CMYK值为0、80、100、0，填充图形，并去除图形的轮廓线，效果如图10-36所示。

图 10-35          图 10-36

**STEP 4** 选择"透明度"工具 ，在属性栏中进行设置，如图10-37所示。按Enter键，效果如图10-38所示。

图 10-37

图 10-38

**STEP 5** 选择"手绘"工具 ，按住Ctrl键，绘制一条直线，如图10-39所示。在属性栏中的"线条样式" 框中选择需要的轮廓线样式，如图10-40所示，"轮廓宽度" 细线 框中设置数值为0.5pt，按Enter键。在"CMYK调色板"中的"白"

色块上单击鼠标右键，填充直线，效果如图10-41所示。

设置如图10-44所示，按Enter键，效果如图10-45所示。

图 10-39　　　　　　图 10-40

图 10-41

**STEP 6** 选择"选择"工具，按数字键盘上的+键，复制直线，垂直向下拖曳到适当的位置，效果如图10-42所示。

图 10-42

**STEP 7** 选择"文件>导入"命令，弹出"导入"对话框。选择光盘中的"Ch10>素材>音乐CD封面设计>04"文件，单击"导入"按钮，在页面中单击导入图片，并拖曳图片到适当的位置，如图10-43所示。

图 10-43

**STEP 8** 选择"阴影"工具，在图片上由上至下拖曳光标，为图片添加阴影效果。其他选项的

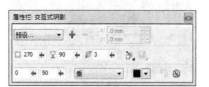

图 10-44

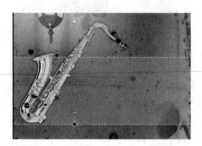

图 10-45

### 4．添加文字效果

**STEP 1** 选择"文本"工具，在页面中分别输入需要的文字。选择"选择"工具，在属性栏中选择合适的字体并设置文字大小，按Esc键，取消选取状态，文字的效果如图10-46所示。选择"选择"工具，选取需要的文字，如图10-47所示。选择"形状"工具，向左拖曳文字下方的图标，调整文字的字距，效果如图10-48所示。用相同的方法调整其他文字的字距，效果如图10-49所示。

图 10-46

图 10-47

图 10-48

图 10-49

**STEP 2** 选择"选择"工具 ▷ ，选择文字"情感"。选择"渐变填充"工具 ▰ ，弹出"渐变填充"对话框，选择"自定义"选项，在"位置"选项中分别输入0、30、73、100几个位置点，单击右下角的"其它"按钮，分别设置这几个位置点颜色的CMYK值为：0（0、20、100、0）、30（0、60、100、0）、73（0、20、100、0）、100（0、60、100、0），如图10-50所示。单击"确定"按钮，填充文字，效果如图10-51所示。

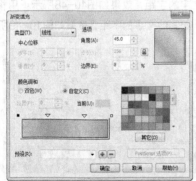

图 10-50

图 10-51

**STEP 3** 选择"阴影"工具 ▫ ，在文字上从上向下拖曳光标，为文字添加阴影效果。在属性栏中进行设置，如图10-52所示，按Enter键，效果如图10-53所示。用上述方法制作其他文字效果，如图10-54所示。

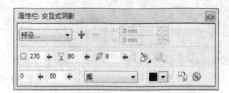

图 10-52

图 10-53

图 10-54

**STEP 4** 选择"文本"工具 字 ，输入需要的文字。选择"选择"工具 ▷ ，在属性栏中选择合适的字体并设置文字大小。选择"渐变填充"工具 ▰ ，弹出"渐变填充"对话框，选择"自定义"单选项，在"位置"选项中分别输入0、30、73、100几个位置点，单击右下角的"其它"按钮，分别设置几个位置点颜色的CMYK值为0（0、20、100、0）、30（0、60、100、0）、73（0、20、100、0）、100（0、60、100、0），如图10-55所示。单击"确定"按钮，填充文字，效果如图10-56所示。

**STEP 5** 选择"手绘"工具 ▰ ，按住Ctrl键，绘制一条直线，如图10-57所示。在"CMYK调色板"中的"黄"色块上单击鼠标右键，填充直线，效果如

图10-58所示。按数字键盘上的+键，复制一条直线，水平拖曳直线到适当的位置，如图10-59所示。

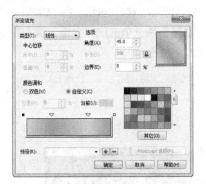

图 10-55

图 10-56

图 10-57

图 10-58

图 10-59

**STEP 6** 选择"文本"工具 字，分别输入需要的文字。选择"选择"工具 ，分别在属性栏中选择合适的字体并设置文字大小，效果如图10-60所示。

**STEP 7** 选择"选择"工具 ，选取需要的文字。选择"形状"工具 ，向左拖曳文字下方的 图标，调整文字的字距，效果如图10-61所示。用相同的方法调整其他文字的字距，效果如图10-62所示。

图 10-60

图 10-61

图 10-62

**STEP 8** 选择"文件>导入"命令，弹出"导入"对话框。选择光盘中的"Ch10>素材>音乐CD封面设计>05"文件，单击"导入"按钮，在页面中单击导入图形，拖曳图形到适当的位置并调整其大小，如图10-63所示。

图 10-63

**STEP 9** 选择"文本"工具 字，在页面中输入需要的文字。选择"选择"工具 ，在属性栏中选择合适的字体并设置文字大小，效果如图10-64所示。选择"形状"工具 ，向左拖曳文字下方的 图标，调整文字的字距，效果如图10-65所示。

图 10-64

图 10-65

### 5．制作封底效果

STEP 1 选择"矩形"工具 ，绘制一个矩形。设置图形颜色的CMYK值为0、80、100、0，填充图形，并去除图形的轮廓线，效果如图10-66所示。

图 10-66

STEP 2 选择"透明度"工具 ，在属性栏中进行设置，如图10-67所示。按Enter键，效果如图10-68所示。

图 10-67

图 10-68

STEP 3 选择"手绘"工具 ，按住Ctrl键，

绘制一条直线，如图10-69所示。在属性栏中的"线条样式" 框中选择需要的轮廓线样式，如图10-70所示，按Enter键。在"CMYK调色板"中的"白"色块上单击鼠标右键，填充直线，效果如图10-71所示。

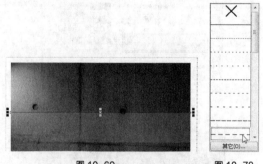

图 10-69　　　　　　　图 10-70

图 10-71

STEP 4 选择"选择"工具 ，按数字键盘上的+键，复制直线，垂直向下拖曳到适当的位置，效果如图10-72所示。

图 10-72

STEP 5 选择"椭圆形"工具 ，按住Ctrl键，绘制一个圆形，设置图形颜色的CMYK值为0、60、100、0，填充图形，效果如图10-73所示。按F12功能键，弹出"轮廓笔"对话框，在"颜色"选项中设置轮廓线颜色的CMYK值为0、0、20、0，其他选项的设置如图10-74所示。单击"确定"按钮，效果如图10-75所示。

图 10-73

图 10-76

图 10-74

图 10-77

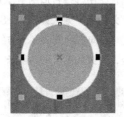

图 10-75

图 10-78

**STEP 6** 按数字键盘上的+键，复制两个圆形，按住Shift键，同时分别向右拖曳复制的图形到适当的位置，效果如图10-76所示。

**STEP 7** 选择"文本"工具 字，分别输入需要的文字。选择"选择"工具 ，分别在属性栏中选择合适的字体并设置文字大小，填充为白色，效果如图10-77所示。选取文字"萨克斯"，选择"形状"工具 ，向右拖曳文字下方的 图标，调整文字的字距，效果如图10-78所示。用相同的方法调整其他文字的字距，效果如图10-79所示。

图 10-79

**STEP 8** 选择"文本"工具 字，输入需要的文字。选择"选择"工具 ，在属性栏中选择合适的字体并设置文字大小，填充文字为白色，效果如图10-80所示。选择"形状"工具 ，向右拖曳文字下方的 图标，调整文字的字距，再向下拖曳文字

下方的 ≑ 图标，调整文字的行距，文字效果如图
10-81所示。用相同的方法制作其他文字效果，如
图10-82所示。

图 10-80

图 10-81

图 10-82

### 6. 添加出版信息

**STEP 1** 选择"矩形"工具 □，在页面中绘制
一个矩形，在属性栏中设置"圆角半径"选项的数
值均为0.5mm，如图10-83所示，按Enter键，效果
如图10-84所示。

图 10-83

图 10-84

**STEP 2** 设置图形颜色的CMYK值为0、80、100、

0，填充图形，并去除图形的轮廓线，效果如图10-85
所示。选择"文本"工具 字，在圆角矩形中输入需要
的文字。选择"选择"工具 ▷，在属性栏中选择合适
的字体并设置文字大小，效果如图10-86所示。

图 10-85

图 10-86

**STEP 3** 选择"椭圆形"工具 ○，绘制一个椭
圆形，填充为黑色，如图10-87所示。选择"文本"
工具 字，在椭圆形上输入需要的文字。选择"选择"
工具 ▷，在属性栏中选择合适的字体并设置文字大
小，填充文字为白色，效果如图10-88所示。选择
"形状"工具 ◁，向右拖曳文字下方的 ◁‖▷ 图标，调
整文字的字距，效果如图10-89所示。

图 10-87

图 10-88

图 10-89

**STEP 4** 选择"文本"工具 字 ，在矩形中适当的位置上输入需要的文字。选择"选择"工具 ，在属性栏中选择合适的字体并设置文字大小，如图10-90所示。用相同的方法在矩形中适当的位置上输入需要的文字，如图10-91所示。按Esc键，取消选取状态。音乐CD封面制作完成，效果如图10-92所示。

图 10-90

图 10-91

图 10-92

**STEP 5** 按Ctrl+S组合键，弹出"保存图形"对话框，将制作好的图像命名为"音乐CD封面"，保存为CDR格式，单击"保存"按钮，将图像保存。

# 10.2 课后习题
## ——新春序曲唱片封面设计

### 习题知识要点

在 Photoshop 中，使用新建参考线命令添加参考线；使用添加图层蒙版命令制作图片的渐隐效果。在 CorelDRAW 中，使用矩形工具、手绘工具和透明度工具制作装饰图形；使用图框精确剪裁命令将装饰图形置入到页面中；使用星形工具和渐变工具制作文字下方的装饰图形；使用置入命令和形状工具编辑花图形；使用文字工具添加唱片的相关信息。新春序曲唱片封面效果如图 10-93 所示。

图 10-93

### 效果所在位置

光盘/Ch10/效果/新春序曲唱片封面设计/新春序曲唱片封面.cdr。

# 11 Chapter

## 第 11 章
## 宣传单设计

宣传单是直销广告的一种，对宣传活动和促销商品有着重要的作用。宣传单通过派送、邮递等形式，可以有效地将信息传达给目标受众。众多的企业和商家都希望通过宣传单来宣传自己的产品，传播自己的文化。本章以液晶电视宣传单为例，讲解宣传单的设计方法和制作技巧。

【课堂学习目标】

- 在 Photoshop 软件中制作液晶电视宣传单的底图
- 在 CorelDRAW 软件中添加产品及相关信息

# 11.1 液晶电视宣传单设计

## 11.1.1 案例分析

在 Photoshop 中，使用添加图层蒙版命令和画笔工具擦除不需要的图像，使用钢笔工具、羽化命令和曲线命令制作背景效果。在 CorelDRAW 中，使用文本工具、贝塞尔工具、渐变填充工具、图框精确剪裁命令和阴影工具制作宣传文字。使用椭圆形工具和调和工具制作标志效果，使用表格工具添加说明表格，使用图框精确剪裁命令将图片置入圆角矩形中，使用透明度工具为图片制作倒影效果，使用插入字符命令插入需要的字符图形，使用封套工具制作文字的变形效果。

## 11.1.2 案例设计

本案例设计流程如图 11-1 所示。

图 11-1

## 11.1.3 案例制作

### Photoshop 应用

#### 1. 制作背景效果

**STEP 1** 按Ctrl+N组合键，新建一个文件：宽度为29.7cm，高度为21cm，分辨率为300像素/英寸，颜色模式为RGB，背景内容为白色。按Ctrl+O组合键，打开光盘中的"Ch11>素材>液晶电视宣传单设计>01"文件，选择"移动"工具 ，将背景图片拖曳到图像窗口中适当的位置，如图11-2所示。在"图层"控制面板中生成新的图层并将其命名为"蓝天白云"，如图11-3所示。

图 11-2

**STEP 2** 单击"图层"控制面板下方的"添加图层蒙版"按钮 ，为"蓝天白云"图层添加蒙版，如图11-4所示。选择"画笔"工具 ，在属性栏中单击"画笔"右侧的按钮 ，弹出画笔选择面板，选择需要的画笔形状，如图11-5所示，在图像窗口中拖曳鼠标擦除不需要的图像，效果如图11-6所示。

图 11-3　　　　　　　　　图 11-4

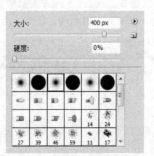

图 11-5

图 11-6

STEP 3 选择"钢笔"工具 ，单击属性栏中的"路径"按钮 ，在图像窗口中绘制一个封闭的路径，如图11-7所示。按Ctrl+Enter组合键，将路径转换为选取，如图11-8所示。选择"选择>修改>羽化"命令，弹出"羽化选区"对话框，选项的设置如图11-9所示，单击"确定"按钮，效果如图11-10所示。

图 11-7

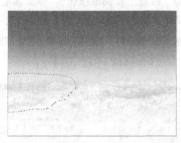

图 11-8

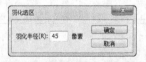

图 11-9

图 11-10

STEP 4 单击"图层"控制面板下方的"创建新的填充或调整图层"按钮 ，在弹出的菜单中选择"曲线"命令，在"图层"控制面板中生成"曲线1"图层，如图11-11所示。同时弹出"曲线"面板，在曲线上单击添加控制点，将"输入"选项设为169，"输出"选项设为101，如图11-12所示，按Enter键，图像窗口中的效果如图11-13所示。

图 11-11

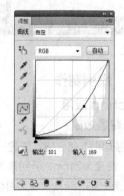

图 11-12

图 11-13

STEP 5 宣传单底图制作完成。按Ctrl+Shift+E组合键，合并可见图层。按Ctrl+Shift+S组合键，弹出"存储为"对话框，将其命名为"宣传单底图"，保存图像为TIFF格式，单击"保存"按钮，弹出"TIFF选项"对话框，单击"确定"按钮，将图像保存。

### CorelDRAW 应用

#### 2. 添加图片和文字

**STEP 1** 打开CorelDRAW X5软件，按Ctrl+N组合键，新建一个A4页面。单击属性栏中的"横向"按钮 □，页面显示为横向页面。

**STEP 2** 选择"文件>导入"命令，弹出"导入"对话框。选择光盘中的"Ch11>效果>液晶电视宣传单设计>宣传单底图"文件，单击"导入"按钮，在页面中单击导入图片，按P键，图片在页面中居中对齐，效果如图11-14所示。

图 11-14

**STEP 3** 选择"文件>导入"命令，弹出"导入"对话框。选择光盘中的"Ch11>素材>液晶电视宣传单设计>02"文件，单击"导入"按钮，在页面中单击导入图片，调整图片的大小和位置，效果如图11-15所示。

图 11-15

**STEP 4** 选择"文本"工具 ⧘，分别输入需要的文字。选择"选择"工具 ⧎，在属性栏中分别选择合适的字体并设置文字大小，效果如图11-16所示。选择文字"HD-880i"，单击属性栏中的"加粗"按钮 ⬛，设置文字颜色的CMYK值为100、20、0、0，填充文字，效果如图11-17所示。再次单击文字，使其处于旋转状态，向右拖曳文字上方中间的控制手柄到适当的位置，使文字倾斜，效果如图11-18所示。

用相同的方法制作其他文字，效果如图11-19所示。

图 11-16 　　　　　　　图 11-17

超薄液晶
*HD-880i*　　　　　超薄液晶
*HD-880i*

图 11-18 　　　　　　　图 11-19

#### 3. 制作宣传文字

**STEP 1** 选择"文本"工具 ⧘，输入需要的文字。选择"选择"工具 ⧎，在属性栏中选择合适的字体并设置文字大小，效果如图11-20所示。按F11键，弹出"渐变填充"对话框，点选"双色"单选框，将"从"选项颜色的CMYK值设为0、0、100、0，"到"选项颜色的CMYK值设为0、0、0、0，其他选项的设置如图11-21所示，单击"确定"按钮，填充文字，效果如图11-22所示。

图 11-20

图 11-21

图 11-22

STEP 2 选择"贝塞尔"工具，绘制一个图形，如图11-23所示。按F11键，弹出"渐变填充"对话框，点选"双色"单选框，将"从"选项颜色的CMYK值设为0、0、100、0，"到"选项颜色的CMYK值设为40、0、100、0，其他选项的设置如图11-24所示，单击"确定"按钮，填充图形，并去除图形的轮廓线，效果如图11-25所示。

图 11-23

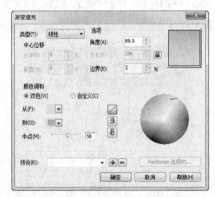

图 11-24

图 11-25

STEP 3 选择"效果>图框精确剪裁>放置在容器中"命令，鼠标光标变为黑色箭头，在文字上单击，如图11-26所示，将图形置入矩形框中，如图11-27所示。

图 11-26

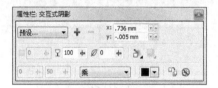

图 11-27

STEP 4 选择"阴影"工具，在文字上从中心向右拖曳光标，为文字添加阴影效果。在属性栏中进行设置，如图11-28所示，按Enter键，效果如图11-29所示。

图 11-28

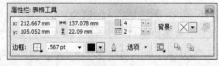

图 11-29

STEP 5 选择"文本"工具，输入需要的文字。选择"选择"工具，在属性栏中选择合适的字体并设置文字大小，效果如图11-30所示。

图 11-30

### 4．添加说明表格

STEP 1 选择"表格"工具，在属性栏中进行设置，如图11-31所示，在页面中拖曳光标绘制表格，设置填充色的CMYK值为40、0、0、0，填充表格，效果如图11-32所示。

图 11-31

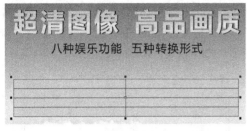

图 11-32

STEP **2** 选择"文本"工具 字 ，在属性栏中选择合适的字体和文字大小。选择"文本>段落格式化"命令，弹出"段落格式化"面板，设置如图11-33所示。将文字工具置于表格第一行第一列，出现蓝色线时，如图11-34所示，单击插入光标，如图11-35所示，输入需要的文字，效果如图11-36所示。用相同的方法输入其他文字，效果如图11-37所示。

图 11-33

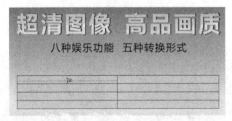

图 11-34

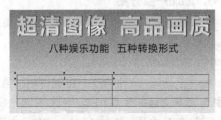

图 11-35

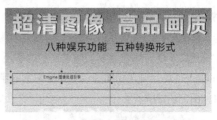

图 11-36

图 11-37

### 5. 制作标志图形和文字

STEP **1** 选择"文本"工具 字 ，在页面中输入需要的文字。选择"选择"工具 ，在属性栏中选择合适的字体并设置文字大小，设置文字颜色的CMYK值为0、0、20、0，填充文字，效果如图11-38所示。选择"椭圆形"工具 ，在按住Ctrl键的同时，绘制一个圆形，设置图形颜色的CMYK值为0、0、20、0，填充图形，并去除图形的轮廓线，效果如图11-39所示。

图 11-38

引领·新世纪

图 11-39

STEP **2** 选择"文本"工具 字 ，分别输入需要的文字。选择"选择"工具 ，在属性栏中分别选择合适的字体并设置文字大小，设置文字颜色的

CMYK值为0、0、20、0，填充文字，效果如图11-40所示。选择文字"Thinking"，选择"形状"工具 ，向左拖曳文字下方的 图标，调整文字的字距，效果如图11-41所示。用相同的调整其他文字的字距，效果如图11-42所示。

图 11-40

图 11-41

图 11-42

**STEP 3** 选择"贝塞尔"工具 ，在文字的左侧绘制一条不规则的曲线，如图11-43所示。选择"椭圆形"工具 ，按住Ctrl键的同时，在页面中绘制一个圆形，单击"CMYK调色板"中的"红"色块，填充图形，并去除图形的轮廓线，效果如图11-44所示。再绘制一个圆形，单击"CMYK调色板"中的"黄"色块，填充图形，并去除图形的轮廓线，效果如图11-45所示。

图 11-43

图 11-44

图 11-45

**STEP 4** 选择"调和"工具 ，将光标在两个圆形之间拖曳，在属性栏中进行设置，如图11-46所示，按Enter键，效果如图11-47所示。

图 11-46

图 11-47

**STEP 5** 选择"选择"工具 ，选取调和图形，单击属性栏中的"路径属性"按钮 ，并在下拉菜单中选择"新路径"命令，如图11-48所示。鼠标的光标变为黑色的弯曲箭头，用弯曲箭头在路径上单击，如图11-49所示，调和图形沿路径进行调和，效果如图11-50所示。在"CMYK调色板"中的"无填充"按钮 上单击鼠标右键，取消路径的填充。

图 11-48

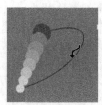 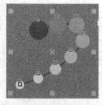

图 11-49　　　　图 11-50

### 6. 添加产品介绍

**STEP 1** 选择"矩形"工具 ，绘制一个矩形，在属性栏中将"圆角半径"选项均设为2mm，按Enter键，效果如图11-51所示。

**STEP 2** 选择"文件>导入"命令，弹出"导入"对话框。选择光盘中的"Ch11> 素材>液晶电视宣传单设计>03"文件，单击"导入"按钮，在页面中单击导入图片，如图11-52所示。

图 11-51

图 11-52

STEP 3 选择"选择"工具 ，选取导入的图片，按Ctrl+PageDown组合键，将其置后一位，效果如图11-53所示。选择"效果>图框精确剪裁>放置在容器中"命令，鼠标的光标变为黑色箭头形状，在圆角矩形上单击，如图11-54所示，将其置入圆角矩形中，并去除圆角矩形的轮廓线，效果如图11-55所示。用相同的方法制作其他图片，效果如图11-56所示。

图 11-53

图 11-54

图 11-55

图 11-56

STEP 4 选择"矩形"工具 ，绘制一个矩形，如图11-57所示。选择"渐变填充"工具 ，弹出"渐变填充"对话框，选择"双色"选项，将"从"选项颜色的CMYK值设置为100、20、0、0，"到"选项颜色的CMYK值设置为40、0、100、0，其他选项的设置如图11-58所示，单击"确定"按钮，填充图形，并去除图形的轮廓线，效果如图11-59所示。

图 11-57

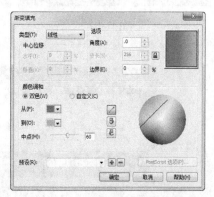

图 11-58

图 11-59

STEP**5** 选择"透明度"工具 ，在图形上从左向右拖曳鼠标，为图形添加透明度效果。在属性栏中进行设置，如图11-60所示，按Enter键，效果如图11-61所示。选择"文本"工具 字，输入需要的文字。选择"选择"工具 ，在属性栏中选择合适的字体并设置文字大小，填充文字为白色，效果如图11-62所示。

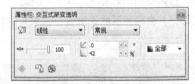

图 11-60

图 11-61

图 11-62

STEP**6** 选择"文本"工具 字，在适当的位置插入光标，如图11-63所示。选择"文本>插入符号字符"命令，在弹出的对话框中进行设置，如图11-64所示，单击"插入"按钮，在光标处插入字符，如图11-65所示。选取插入的字符，在属性栏中设置适当的大小，效果如图11-66所示。

图 11-63      图 11-64

图 11-65

图 11-66

STEP**7** 使用相同的方法添加需要的字符，效果如图11-67所示。选择"选择"工具 ，按住Shift键的同时，单击渐变条和文字，将其同时选取，按E键，进行水平居中对齐，效果如图11-68所示。

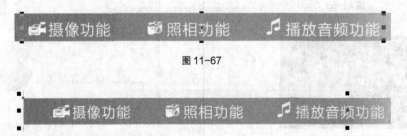

图 11-67

图 11-68

### 7. 制作图片的倒影效果

**STEP 1** 选择"2点线"工具 ，按住Shift键的同时，绘制一条直线，如图11-69所示。在属性栏中将"轮廓宽度" 选项设为1.5pt。在"CMYK调色板"中的"40%黑"色块上单击鼠标右键，填充直线，效果如图11-70所示。

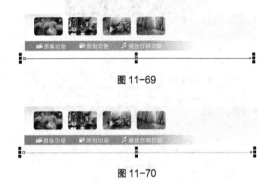

图 11-69

图 11-70

**STEP 2** 选择"文件>导入"命令，弹出"导入"对话框。选择光盘中的"Ch11>素材>摄像产品宣传单设计>07"文件，单击"导入"按钮，在页面中单击导入图片，并拖曳到适当的位置，如图11-71所示。选择"选择"工具 ，选取图片，单击数字键盘上的+键，复制图片。按住Ctrl键的同时，向下拖曳图片上方中间的控制手柄到适当的位置，效果如图11-72所示。

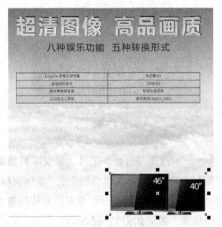

图 11-71

**STEP 2** 选择"透明度"工具 ，在图片上从上至下拖曳光标，在属性栏中进行设置，如图11-73所示，按Enter键，效果如图11-74所示。

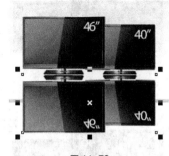

图 11-72

图 11-73

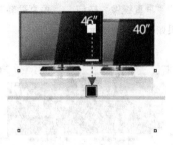

图 11-74

**STEP 3** 选择"贝塞尔"工具 ，在页面中绘制一条折线，在属性栏中的"轮廓宽度"框中设置数值为1.4pt，按Enter键，如图11-75所示。选择"选择"工具 ，按数字键盘上的+键，复制一条折线，并将其拖曳到适当的位置，如图11-76所示。单击属性栏中的"水平镜像"按钮 ，水平翻转复制的图形，效果如图11-77所示。

图 11-75

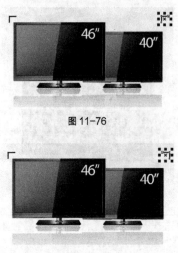

图 11-76

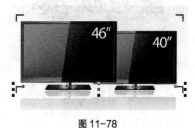

图 11-77

**STEP 4**选择"选择"工具 ，选取上方的两条折线，按数字键盘上的+键，复制图形，并将其拖曳到适当的位置，效果如图11-78所示。单击属性栏中的"垂直镜像"按钮 ，垂直翻转复制的图形，效果如图11-79所示。

图 11-78

图 11-79

**STEP 5**选择"文本"工具 ，分别在页面中输入需要的文字。选择"选择"工具 ，在属性栏中分别选择合适的字体并设置文字大小，效果如图11-80所示。选择文本"新品上市"。选择"轮廓图"工具 ，在属性栏中将"填充色"的CMYK值设置为0、100、100、0，其他选项的设置如图11-81所示，按Enter键，效果如图11-82所示。在"CMYK

调色板"中的"白"色块上单击鼠标左键，填充文字，效果如图11-83所示。

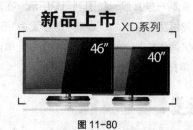

图 11-80

图 11-81

图 11-82

图 11-83

**STEP 6**选择"封套"工具 ，文字的编辑状态如图11-84所示，单击属性栏中的"非强制模式"按钮 ，按住鼠标左键，分别拖曳控制线的节点到适当的位置，效果如图11-85所示。

图 11-84

图 11-85

## 8. 绘制记忆卡及其他信息

**STEP 1** 选择"矩形"工具 □，绘制一个矩形，在属性栏中进行设置，如图11-86所示，按Enter键，效果如图11-87所示。设置图形颜色的CMYK值为100、50、0、0，填充图形，并去除图形的轮廓线，如图11-88所示。

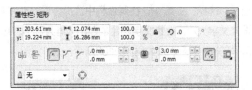

图 11-86

图 11-87

图 11-88

**STEP 2** 选择"矩形"工具 □，绘制一个矩形，填充图形为黑色，在属性栏中进行设置，如图11-89所示，按Enter键，效果如图11-90所示。

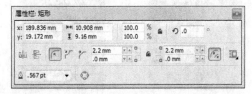

图 11-89

图 11-90

**STEP 3** 选择"透明度"工具 □，在图形上从上向下拖曳光标，为图形添加透明度效果。在属性栏中的设置如图11-91所示，按Enter键，效果如图11-92所示。

图 11-91

图 11-92

**STEP 4** 选择"手绘"工具 □，按住Ctrl键，绘制一条直线，填充为白色，效果如图11-93所示。选择"选择"工具 □，按住Ctrl键的同时，按住鼠标左键垂直向下拖曳直线，在适当的位置上单击鼠标右键，复制一条直线，效果如图11-94所示。按住Ctrl键，再连续按D键，复制出多条直线，效果如图11-95所示。

图 11-93

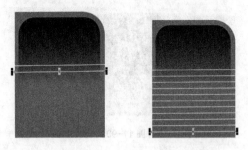

图 11-94　　　　　　图 11-95

**STEP 5** 选择"选择"工具，用圈选的方法选取原图形和再制后的图形，按Ctrl+G组合键，将其群组，效果如图11-96所示。选择"透明度"工具，在属性栏中的设置如图11-97所示，按Enter键，效果如图11-98所示。

图 11-96

图 11-97

图 11-98

**STEP 6** 选择"文本"工具，输入需要的文字。选择"选择"工具，在属性栏中选择合适的字体并设置文字大小，填充为白色，效果如图11-99所示。再次单击文字，使其处于旋转状态，水平向右拖曳文字上方中间的控制手柄，使文字倾斜，效果如图11-100所示。选择"形状"工具，向左拖曳文字下方的图

标，调整文字的字距，效果如图11-101所示。

图 11-99　　　　　　图 11-100

**STEP 7** 选择"文本"工具，输入需要的文字。选择"选择"工具，在属性栏中选择合适的字体并设置文字大小。设置文字颜色的CMYK值为7、0、93、0，填充文字，效果如图11-102所示。

图 11-101　　　　　　图 11-102

**STEP 8** 选择"文本"工具，输入需要的文字。选择"选择"工具，在属性栏中选择合适的字体并设置文字大小，设置文字颜色的CMYK值为0、0、100、0，填充文字。在"CMYK调色板"中的"黑"色块上单击鼠标右键，填充文字的轮廓线，效果如图11-103所示。选取文字，单击属性栏中的"粗体"按钮，将文字加粗，效果如图11-104所示。再次单击文字，使其处于旋转状态，并向右拖曳文字上边中间的控制手柄到适当的位置，松开鼠标，将文字倾斜，效果如图11-105所示。

图 11-103　　　　　　图 11-104

图 11-105

**STEP 9** 选择"文本"工具 字，输入需要的文字。选择"选择"工具，在属性栏中选择合适的字体并设置文字大小，效果如图11-106所示。液晶电视宣传单制作完成，效果如图11-107所示。

图 11-106

图 11-107

**STEP 10** 按Ctrl+S组合键，弹出"保存图形"对话框，将制作好的图像命名为"液晶电视宣传单"，保存为CDR格式，单击"保存"按钮，将图像保存。

## 11.2 课后习题
——家居宣传单设计

### ⊕ 习题知识要点

　　在 Photoshop 中，使用椭圆选框工具和填充工具制作背景图，使用矩形选框工具和描边命令制作描边效果。在 CorelDRAW 中，使用文本工具、轮廓笔命令和阴影工具制作标题文字。使用艺术笔工具添加标题装饰图形。使用椭圆形工具和图框精确剪裁命令制作宣传图片。使用立体化工具制作标志图形。家居宣传单效果如图 11-108 所示。

图 11-108

### ⊕ 效果所在位置

　　光盘/Ch11/效果/家居宣传单设计/家居宣传单.cdr。

**12** Chapter

# 第 12 章
# 广告设计

　　广告以多样的形式出现在城市中，是城市商业发展的写照，广告通过电视、报纸和霓虹灯等媒介来发布。好的广告要强化视觉冲击力，抓住观众的视线。广告是重要的宣传媒介之一，具有实效性强、受众广泛、宣传力度大的特点。本章以房地产广告为例，讲解广告的设计方法和制作技巧。

【课堂学习目标】

- 在 Photoshop 软件中制作房地产广告的背景图和处理素材图片
- 在 CorelDRAW 软件中添加相关信息

# 12.1 房地产广告设计

## 12.1.1 案例分析

在 Photoshop 中，使用径向模糊滤镜命令、图层蒙版命令和渐变工具制作背景发光效果，使用渐变工具、图层蒙版命令和画笔工具制作背景图片，使用色相/饱和度命令和亮度/对比度命令制作云图片。在 CorelDRAW 中，使用文本工具添加广告语和内容文字，使用贝塞尔工具和调和工具制作印章图形，使用插入字符命令插入需要的字符图形。

## 12.1.2 案例设计

本案例设计流程如图 12-1 所示。

制作背景效果　　　添加内容文字和图形　　　最终效果

图 12-1

## 12.1.3 案例制作

### Photoshop 应用

### 1. 制作背景发光效果

**STEP ▲ 1** 按Ctrl+N组合键，新建一个文件：宽度为19.8cm，高度为24cm，分辨率为300像素/英寸，颜色模式为RGB，背景内容为白色。选择"渐变"工具■，单击属性栏中的"点按可编辑渐变"按钮■，弹出"渐变编辑器"对话框，在"预设"选项组中选择"橙、黄、橙渐变"选项，如图12-2所示，单击"确定"按钮。按住Shift键的同时，在"背景"图层中从上向下拖曳渐变色，效果如图12-3所示。

图 12-3

**STEP ▲ 2** 按 Ctrl+O 组合键，打开光盘中的"Ch12>素材>房地产广告设计>01"文件。选择"移动"工具■，将天空图形拖曳到图像窗口中适当的位置，如图12-4所示。在"图层"控制面板中生成新的图层并将其命名为"天空"。

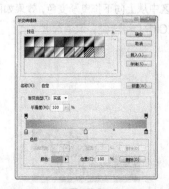

图 12-2

图 12-4

STEP 3 选择"滤镜>模糊>径向模糊"命令，在弹出的对话框中进行设置，如图12-5所示，单击"确定"按钮，图像效果如图12-6所示。

图 12-5          图 12-6

STEP 4 单击"图层"控制面板下方的"添加图层蒙版"按钮，为"天空"图层添加蒙版，如图12-7所示。选择"渐变"工具，单击属性栏中的"点按可编辑渐变"按钮，弹出"渐变编辑器"对话框，并将渐变色设为黑色到白色，单击"确定"按钮，在图像窗口中从上到中间拖曳渐变色，效果如图12-8所示。

图 12-7          图 12-8

STEP 5 在"图层"控制面板上方，将"天空"图层的混合模式设为"颜色减淡"，如图12-9所示，图像窗口中的效果如图12-10所示。

图 12-9          图 12-10

### 2. 置入图片并制作图片效果

STEP 1 按 Ctrl+O 组合键，打开光盘中的

"Ch12>素材>房地产广告设计>02"文件,选择"移动"工具，将房子图形拖曳到图像窗口中适当的位置，如图12-11所示。在"图层"控制面板中生成新的图层并将其命名为"房子"。

图 12-11

STEP 2 在"图层"控制面板上方，将"房子"图层的混合模式设为"正片叠底"，如图12-12所示，图像窗口中的效果如图12-13所示。

图 12-12          图 12-13

STEP 3 新建图层并将其命名为"房子2"。按住Ctrl键的同时，单击"房子"图层的图层缩览图，载入选区，如图12-14所示。选择"渐变"工具，单击属性栏中的"点按可编辑渐变"按钮，弹出"渐变编辑器"对话框，将渐变色设为从黑色到红色（其R、G、B的值分别为216、0、24），如图12-15所示，单击"确定"按钮。按住Shift键的同时，在选区中从上向下拖曳渐变色，效果如图12-16所示。按Ctrl+D组合键，取消选区。

图 12-14

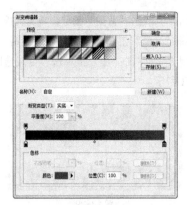

图 12-15

**STEP 4** 单击"图层"控制面板下方的"添加图层蒙版"按钮 ▣ ，为"房子2"图层添加蒙版，如图12-17所示。选择"画笔"工具 ✐ ，在属性栏中单击"画笔"选项右侧的按钮 ▾，弹出画笔选择面板，选择需要的画笔形状，如图12-18所示。在图像窗口中拖曳鼠标擦除不需要的图像，效果如图12-19所示。

图 12-16          图 12-17

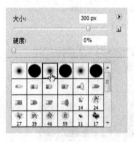

图 12-18          图 12-19

**STEP 5** 房地产广告背景制作完成。按Ctrl+Shift+E组合键，合并可见图层。按Ctrl+S组合键，弹出"存储为"对话框，将制作好的图像命名为"广告背景图"，保存为TIFF格式，单击"保存"按钮，弹出"TIFF选项"对话框，单击"确定"按钮，将图像保存。

### 3. 编辑云图片

**STEP 1** 按 Ctrl+O 组 合 键，打开光盘中的"Ch12>素材>房地产广告设计>05"文件，如图12-20所示。双击"背景"图层，将其转换为普通层。选择"魔棒"工具 ✐ ，在属性栏中将"容差"选项设为35，在图片上单击生成选区，如图12-21所示。

图 12-20

图 12-21

**STEP 2** 按Ctrl+Shift+I组合键，将选区反选。选择"选择>修改>羽化"命令，在弹出的对话框中进行设置，如图12-22所示，单击"确定"按钮，效果如图12-23所示。按Ctrl+Shift+I组合键，再将选区反选。按Delete键，将选区中的图像删除。按Ctrl+D组合键，取消选区，效果如图12-24所示。

图 12-22

图 12-23

图 12-24

STEP 3 选择"图像>调整>色相/饱和度"命令，弹出"色相/饱和度"对话框，选项的设置如图12-25所示，单击"确定"按钮，效果如图12-26所示。

图 12-25

图 12-26

STEP 4 选择"图像>调整>亮度/对比度"命令，弹出"亮度/对比度"对话框，选项的设置如图12-27所示，单击"确定"按钮，效果如图12-28所示。云1图片制作完成。按Shift+Ctrl+S组合键，弹出"存储为"对话框，将制作好的图像命名为"05"，保存为PSD格式，单击"确定"按钮，将图像保存。

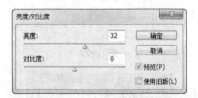

图 12-27

图 12-28

STEP 5 按 Ctrl+O 组合键，打开光盘中的"Ch12>素材>房地产广告设计>06"文件，如图

12-29所示。双击"背景"图层，将其转换为普通层。选择"魔棒"工具，在属性栏中将"容差"选项设为60，并在06图片上单击，生成选区，如图12-30所示。

图 12-29

图 12-30

STEP 6 按Ctrl+Shift+I组合键，将选区反选。选择"选择>修改>羽化"命令，弹出"羽化选区"对话框，选项的设置如图12-31所示，单击"确定"按钮，效果如图12-32所示。按Ctrl+Shift+I组合键，再将选区反选。按Delete键，将选区中图像删除。按Ctrl+D组合键，取消选区，效果如图12-33所示。

图 12-31

图 12-32

图 12-33

STEP 7 选择"图像>调整 >色相/饱和度"命令，弹出"色相/饱和度"对话框，选项的设置如图12-34所示，单击"确定"按钮，图像效果如图12-35所示。

图 12-34

图 12-35

STEP 8 选择"图像>调整>亮度/对比度"命令，弹出"亮度/对比度"对话框，选项的设置如图12-36所示，单击"确定"按钮，效果如图12-37所示。云2图片制作完成。按Shift+Ctrl+S组合键，弹出"存储为"对话框，将制作好的图像命名为"06"，保存为PSD格式，单击"确定"按钮，将图像保存。

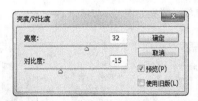

图 12-36

图 12-37

## CorelDRAW 应用
### 4.处理背景并添加文字

STEP 1 打开CorelDRAW X5软件，按Ctrl+N组合键，新建一个A4页面。双击"矩形"工具 ，绘制一个与页面大小相等的矩形，设置文字颜色的CMYK值为0、0、20、0，填充图形，并去除图形的轮廓线，效果如图12-38所示。

图 12-38

STEP 2 选择"文件>导入"命令，弹出"导入"对话框。选择光盘中的"Ch12>效果>房地产广告设计>广告背景图"文件，单击"导入"按钮，在页面中单击导入图片，如图12-39所示。

图 12-39

STEP 3 选择"排列>对齐和分布>对齐与分布"命令，弹出"对齐与分布"对话框，选项的设置如图12-40所示，单击"应用"按钮，效果如图12-41所示。

图 12-40

图 12-41

STEP 4 按住Ctrl键的同时，将置入的图片垂直向下拖曳到适当的位置，效果如图12-42所示。选择"文本"工具 字，在页面中输入需要的文字。选择"选择"工具 ，在属性栏中选择合适的字体并设置文字大小，效果如图12-43所示。

图 12-42          图 12-43

### 5. 制作印章

STEP 1 选择"贝塞尔"工具 ，绘制一个印章的轮廓线，如图12-44所示。选择"选择"

工具 ，按数字键盘上的+键，复制一个轮廓线，并拖曳复制的轮廓线到适当的位置，如图12-45所示。

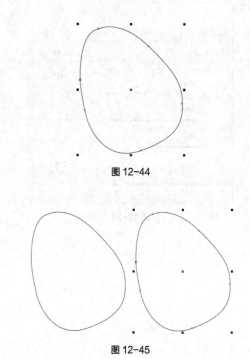

图 12-44

图 12-45

STEP 2 选择"选择"工具 ，选取原轮廓线。选择"渐变填充"工具 ，弹出"渐变填充"对话框，选择"双色"选项，将"从"选项颜色的CMYK值设置为0、0、0、100，"到"选项颜色CMYK值设置为0、0、0、0，其他选项的设置如图12-46所示，单击"确定"按钮，图形被填充，并去除图形的轮廓线，效果如图12-47所示。

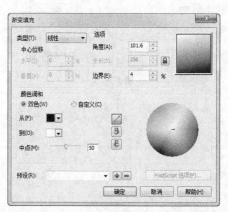

图 12-46

图 12-47

**STEP 3** 按数字键盘上的+键，复制一个图形，拖曳图形到适当的位置，如图12-48所示。选择"渐变填充"工具 ，弹出"渐变填充"对话框，选择"双色"选项，将"从"选项颜色的CMYK值设置为0、100、100、0，"到"选项颜色的CMYK值设置为0、60、100、0，其他选项的设置如图12-49所示，单击"确定"按钮，填充图形，效果如图12-50所示。

图 12-48

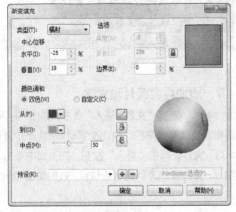

图 12-49

**STEP 4** 选择"调和"工具 ，在两个图形之间拖曳光标，如图12-51所示，在属性栏中进行设置，如图12-52所示，按Enter键，效果如图12-53所示。选择"选择"工具 ，选取复制的轮廓线，拖曳到适当的位置，并调整其大小，效果如图12-54所示。

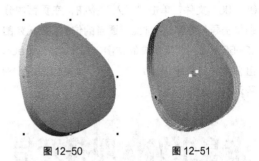

图 12-50　　　　　　　图 12-51

图 12-52

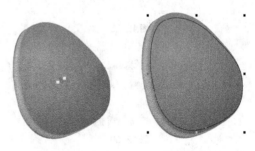

图 12-53　　　　　　　图 12-54

**STEP 5** 选择"文本"工具 ，在印章中适当的位置分别输入文字"别、墅"。选择"选择"工具 ，在属性栏中选择合适的字体并设置文字大小，旋转到适当的角度，效果如图12-55所示。选择"选择"工具 ，用圈选的方法将绘制的图形和文字同时选取，按Ctrl+G组合键，将其群组，效果如图12-56所示。

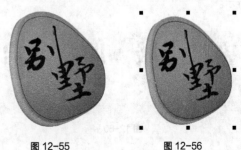

图 12-55　　　　　　　图 12-56

STEP▙6 选择"选择"工具▙，拖曳印章到适当的位置，并旋转到适当的角度，如图12-57所示。按Ctrl+I组合键，弹出"导入"对话框，同时选择光盘中的"Ch12>效果>房地产广告设计>05、06"文件，单击"导入"按钮，在页面中分别单击导入图片，并拖曳到适当的位置，效果如图12-58所示。选取需要的文字，按Shift+PageUp组合键，将文字调整到最上层，效果如图12-59所示。

图 12-57

图 12-58

图 12-59

### 6. 添加广告语

STEP▙1 选择"文本"工具，分别输入需要的文字。选择"选择"工具▙，在属性栏中分别选择合适的字体并设置文字大小，填充适当的颜色，效果如图12-60所示。选择文字"皇城的体验……"。选择"形状"工具▙，向左拖曳文字下方的‖图标，调整文字的字距，效果如图12-61所示。

图 12-60

图 12-61

STEP▙2 选择"选择"工具▙，选择文字"在帝皇上城……"。选择"形状"工具▙，向下拖曳文字下方的◲图标，调整文字的行距，效果如图12-62所示。

图 12-62

STEP▙3 选择"文本"工具，分别输入需要的文字。选择"选择"工具▙，在属性栏中分别选择合适的字体并设置文字大小，填充为白色，效果如图12-63所示。

图 12-63

### 7. 添加内容图片和文字

STEP▙1 选择"文件>导入"命令，弹出"导入"对话框。选择光盘中的"Ch12>素材>房地产广告设计>03"文件，单击"导入"按钮，在页面中单击导入图片，并拖曳图片到适当的位置，效果如图12-64所示。

STEP▙2 选择"椭圆形"工具，按住Ctrl键，绘制一个圆形，设置圆形颜色的CMYK值为0、20、100、0，填充圆形，并去除圆形的轮廓线，效果如图12-65所示。

图 12-64

图 12-68

图 12-65

图 12-69

**STEP 3** 选择"选择"工具 ，按住Ctrl键的同时，水平向右拖曳圆形，并在适当的位置上单击鼠标右键，复制一个新的圆形，效果如图12-66所示。按住Ctrl键，再连续按D键，复制出多个图形，效果如图12-67所示。

图 12-66

图 12-70

**STEP 5** 选择"选择"工具 ，用圈选的方法将圆形和直线同时选取，按Ctrl+G组合键，将其群组，如图12-71所示。按住Ctrl键的同时，按住鼠标左键水平向右拖曳图形，并在适当的位置上单击鼠标右键，复制一个新的图形，效果如图12-72所示。按住Ctrl键，再连续按D键，复制出多个图形，效果如图12-73所示。按Ctrl+U组合键，取消群组，选取需要的直线，按Delete键，删除不需要的图形，效果如图12-74所示。

图 12-67

**STEP 4** 选择"手绘"工具 ，按住Ctrl键，绘制一条直线，如图12-68所示。按F12键，弹出"轮廓笔"对话框，在"样式"选项下拉列表中选择需要的轮廓样式，其他选项的设置如图12-69所示，单击"确定"按钮，效果如图12-70所示。

图 12-71

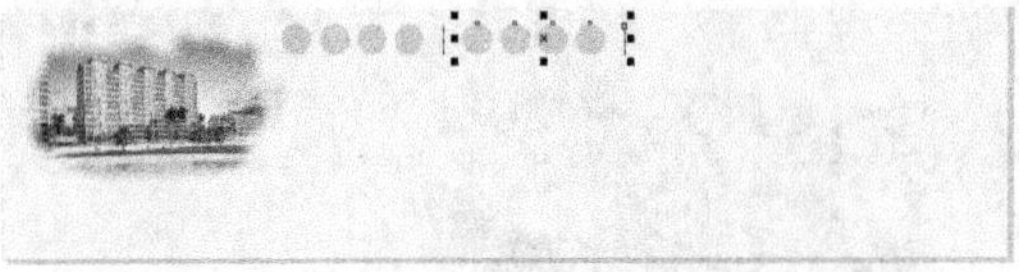

图 12-72

图 12-73

图 12-74

**STEP 6** 选择“文本”工具，在圆形的适当位置输入需要的文字。选择“选择”工具，在属性栏中选择合适的字体并设置文字大小，效果如图12-75所示。选择“形状”工具，向右拖曳文字下方的图标，调整文字的字距，效果如图12-76所示。

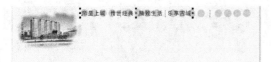

帝皇上城 传世经典 精致生活 乐享古城
图 12-75

帝皇上城 | 传世经典 | 精致生活 | 乐享古城
图 12-76

**STEP 7** 选择“文本”工具，在页面中输入需要的文字。选择“选择”工具，在属性栏中选择合适的字体并设置文字大小，效果如图12-77所示。选择“文本”工具，选取需要的文字，如图12-78所示。选择“文本>字符格式化”命令，弹出“字符格式化”面板，将“字符效果”选项组中的“位置”选项设置为“上标”，如图12-79所示，文字效果如图12-80所示。

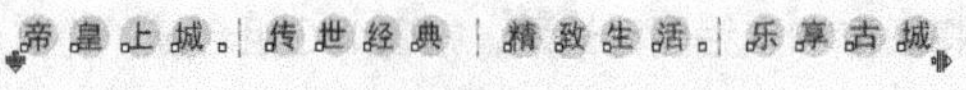

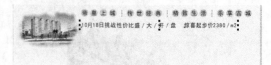

帝皇上城 | 传世经典 | 精致生活 | 乐享古城
10月18日挑战性价比盛 / 大 / 开 / 盘 惊喜起步价2380 / m2
图 12-77

致生活 | 乐享古
惊喜起步价2380 / m2
图 12-78

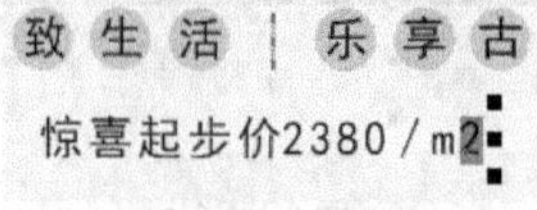

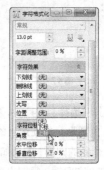

字符格式化
常规
13.0 pt
字距调整范围: 0 %
字符效果
下划线 (无)
删除线 (无)
上划线 (无)
大写 (无)
位置 (无)
字符位移
(无)
下标
上标
角度
水平位移 0 %
垂直位移 0 %
图 12-79

致生活 | 乐享古
惊喜起步价2380 / m²
图 12-80

**STEP 8** 选择“文本”工具，分别选取需要的文字，选择“选择”工具，在属性栏中选择合适的字体并设置文字大小，效果如图12-81所示。选择“文本”工具，分别选取需要的文字，设置文字颜色的CMYK值为0、100、100、30，填充文字，效果如图12-82所示。

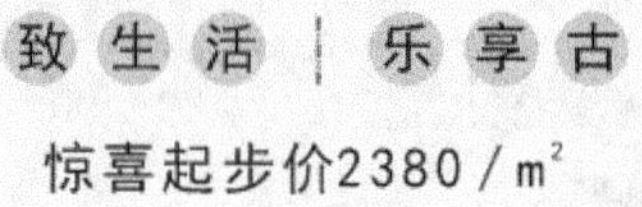

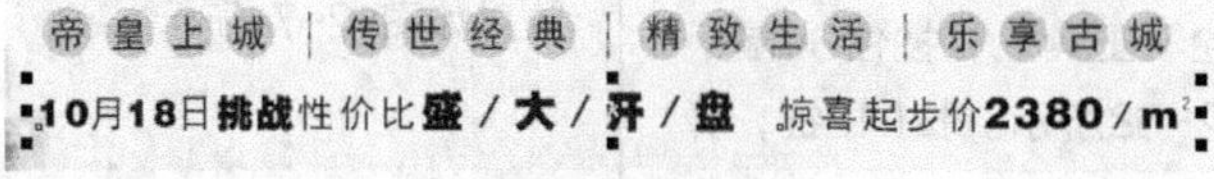

帝皇上城 | 传世经典 | 精致生活 | 乐享古城
10月18日挑战性价比盛 / 大 / 开 / 盘 惊喜起步价2380 / m²
图 12-81

帝皇上城 | 传世经典 | 精致生活 | 乐享古城
10月18日挑战性价比盛 / 大 / 开 / 盘 惊喜起步价2380 / m²
图 12-82

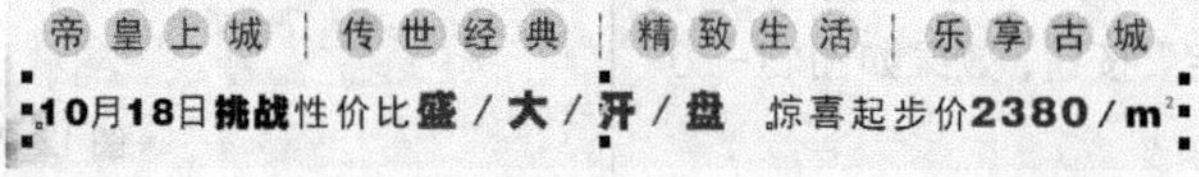

STEP 9 选择"文本"工具 字，在适当的位置输入需要的文字。选择"选择"工具 ，分别选取需要的文字，在属性栏中选择合适的字体并设置文字大小，效果如图12-83所示。选择"形状"工具 ，向下拖曳文字下方的 图标，调整文字的行距，效果如图12-84所示。

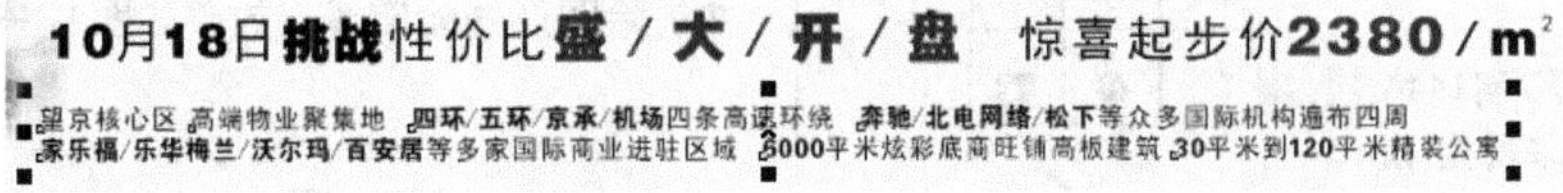

**10月18日挑战**性价比**盛／大／开／盘** 惊喜起步价**2380／m²**

望京核心区 高端物业聚集地 四环／五环／京承／机场四条高速环绕 奔驰／北电网络／松下等众多国际机构遍布四周
家乐福／乐华梅兰／沃尔玛／百安居等多家国际商业进驻区域 6000平米炫彩底商旺铺高板建筑 30平米到120平米精装公寓

图 12-83

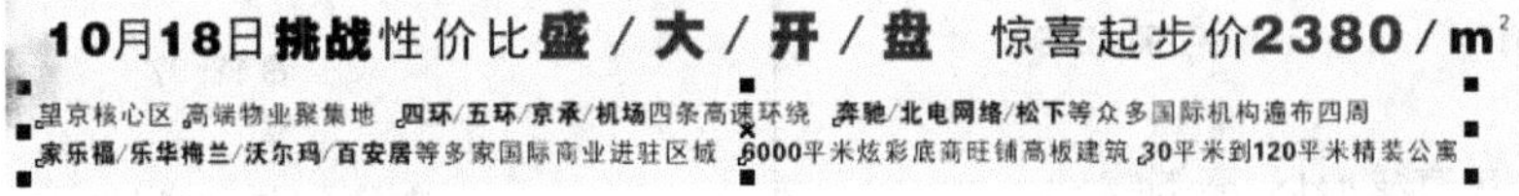

**10月18日挑战**性价比**盛／大／开／盘** 惊喜起步价**2380／m²**

望京核心区 高端物业聚集地 四环／五环／京承／机场四条高速环绕 奔驰／北电网络／松下等众多国际机构遍布四周
家乐福／乐华梅兰／沃尔玛／百安居等多家国际商业进驻区域 6000平米炫彩底商旺铺高板建筑 30平米到120平米精装公寓

图 12-84

STEP 10 选择"文本"工具 字，在需要插入字符的位置上单击，插入光标，如图12-85所示。选择"文本>插入字符"命令，弹出"插入字符"对话框，选取需要的字符，如图12-86所示，单击"插入"按钮，将字符插入，效果如图12-87所示。

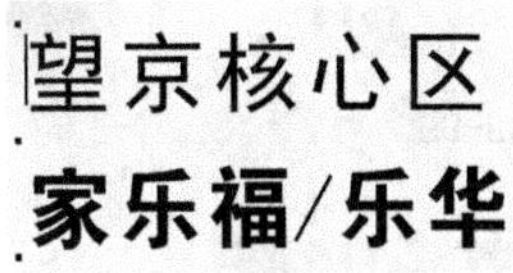

望京核心区
**家乐福/乐华梅**

图 12-88

望京核心区
**家乐福/乐华**

图 12-89

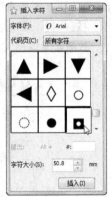

望京核心区
**家乐福/乐华**

图 12-85 　　　　　　　 图 12-86

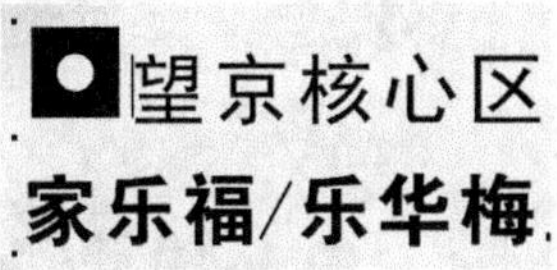

■望京核心区
**家乐福/乐华梅**

图 12-87

STEP 11 选择"文本"工具 字，选取插入的字符，调整其大小。设置字符颜色的CMYK值为0、100、100、30，填充字符，效果如图12-88所示。用相同的方法插入另一个字符，并填充相同的颜色，效果如图12-89所示。

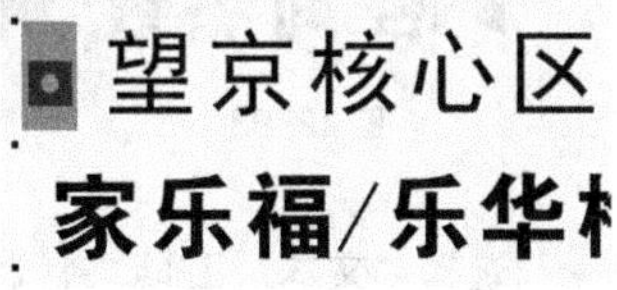

STEP 12 选择"文本"工具 字，分别在页面中输入需要的文字。选择"选择"工具 ，分别在属性栏中选择合适的字体并设置文字大小，效果如图12-90所示。选择"文本"工具 字，在需要插入字符的位置上单击，插入光标，如图12-91所示。选择"文本>插入字符"命令，弹出"插入字符"对话框，选择需要的字符，如图12-92所示，单击"插入"按钮，将字符插入，效果如图12-93所示。

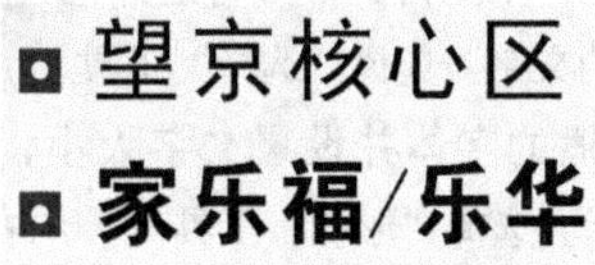

帝皇上城 ｜ 传世经典 ｜ 精致生活 ｜ 乐享古城
**10月18日挑战**性价比**盛／大／开／盘** 惊喜起步价**2380／m²**
■望京核心区 高端物业聚集地 四环／五环／京承／机场四条高速环绕 奔驰／北电网络／松下等众多国际机构遍布四周
■家乐福／乐华梅兰／沃尔玛／百安居等多家国际商业进驻区域 6000平米炫彩底商旺铺高板建筑 30平米到120平米精装公寓
咨询热线 **010-5563850322 010-5563850333**

图 12-90

图 12-91　　　　　图 12-92

图 12-93

文字，设置文字颜色的CMYK值为0、70、100、0，
并填充文字，效果如图12-94。选择"文本"工具 字，
输入需要的文字。选择"选择"工具 ，在属性栏
中选择合适的字体并设置文字大小，效果如图
12-95所示。选择"形状"工具 ，向右拖曳文字
下方的 图标，调整文字的字距，效果如图
12-96所示。

图 12-94

图 12-95

图 12-96

### 8. 添加标识效果

**STEP 1** 选择"贝塞尔"工具 ，在适当的位
置绘制一个不规则图形，如图12-97所示。设置图
形颜色的CMYK值为0、60、100、0，填充图形，
并去除图形的轮廓线，效果如图12-98所示。

图 12-97

图 12-98

**STEP 2** 选择"文件>导入"命令，弹出"导入"
对话框。选择光盘中的"Ch12>素材>房地产广告
设计>04"文件，单击"导入"按钮，在页面中单
击导入图片，并拖曳到适当的位置，如图12-99所
示。按Esc键，取消选取状态，房地产广告制作完
成，效果如图12-100所示。

图 12-99

图 12-100

STEP 3 按Ctrl+S组合键，弹出"保存图形"对话框，将制作好的图像命名为"房地产广告"，保存为CDR格式，单击"保存"按钮，将图像保存。

# 12.2 课后习题
## ——电脑广告设计

### 习题知识要点

在 Photoshop 中，使用矩形工具和填充工具绘制装饰矩形，使用创建剪贴蒙版命令编辑图片。在 CorelDRAW 中，使用贝塞尔工具绘制曲线，使用插入字符命令插入需要的字符，使用星形工具绘制标题文字的装饰星形，使用矩形工具和添加透视点命令制作副标题文字的背景，使用调和工具制作文字的调和效果。电脑广告设计如图 12-101 所示。

图 12-101

### 效果所在位置

光盘/Ch12/效果/电脑广告设计/电脑广告.cdr。

13

# 第 13 章
# 海报设计

海报是广告艺术中的一种大众化载体，又名"招贴"或"宣传画"，一般都张贴在公共场所。由于海报具有尺寸大，远视强、艺术性高的特点，因此，海报在宣传媒介中占有很重要的位置。本章以茶艺海报设计为例，讲解海报的设计方法和制作技巧。

【课堂学习目标】

- 在 Photoshop 软件中制作海报背景图
- 在 CorelDRAW 软件中添加标题及相关信息

# 13.1 茶艺海报设计

## 13.1.1 案例分析

在 Photoshop 中，使用添加蒙版命令和渐变工具制作图片的合成效果，使用直排文字工具、字符面板和图层混合模式制作背景文字，使用画笔工具擦除图片中不需要的图像，使用画笔工具和高斯模糊滤镜命令制作烟雾效果。在 CorelDRAW 中，使用转换为位图命令和模式菜单中的黑白命令对导入的图片进行处理，使用轮廓色工具填充图片，使用插入符号字符命令插入需要的字符，使用椭圆形工具、合并命令、移除前面对象命令和使文本适合路径命令制作标志。

## 13.1.2 案例设计

本案例设计流程如图 13-1 所示。

制作背景效果　　　　添加标志及宣传文字　　　　最终效果

图 13-1

## 13.1.3 案例制作

### Photoshop 应用

#### 1. 处理背景图片

**STEP 1** 按Ctrl+N组合键，新建一个文件：宽度为25cm，高度为15cm，分辨率为300像素/英寸，颜色模式为RGB，背景内容为白色。按Alt+Delete组合键，用前景色填充"背景"图层，效果如图13-2所示。

**STEP 2** 按 Ctrl+O 组合键，打开光盘中的"Ch13>素材>茶艺海报设计>01"文件，选择"移动"工具，将图片拖曳到图像窗口中适当的位置，如图13-3所示。在"图层"控制面板中生成新的图层并将其命名为"图片"。

图 13-2

图 13-3

**STEP 3** 按 Ctrl+O 组合键，打开光盘中的"Ch13>素材>茶艺海报设计>02"文件，选择"移动"工具，将茶叶图片拖曳到图像窗口中适当的位置，如图13-4所示。在"图层"控制面板中生成新的图层并将其命名为"茶叶"。

**STEP 4** 单击"图层"控制面板下方的"添加图层蒙版"按钮，为"茶叶"图层添加蒙版，如图13-5所示。选择"渐变"工具，单击属性栏中的"点按可编辑渐变"按钮，弹出"渐变编辑器"对话框，将渐变色设为由黑色到白色，单击"确定"按钮，在图像窗口中从左上方向右下方拖曳渐变色，如图13-6所示，松开鼠标，效果如图13-7所示。

图 13-4

图 13-5

图 13-6

图 13-7

### 2. 添加并编辑背景文字

STEP 1 双击打开光盘中的"Ch13>素材>茶艺海报设计>记事本"文件，按Ctrl+A组合键，选取文档中所有的文字，单击鼠标右键，并在弹出的菜单中选择"复制"命令，复制文字，如图13-8所示。返回Photoshop页面中，选择"直排文字"工具 ，在属性栏中选择合适的字体并设置文字大小，并在页面中单击插入光标，粘贴文字，效果如图13-9

所示。在"图层"控制面板中生成新的文字图层。

图 13-8

图 13-9

STEP 2 选择属性栏中的"切换字符和段落面板"工具 ，弹出"字符"控制面板，选项的设置如图13-10所示，按Enter键，文字效果如图13-11所示。

图 13-10

图 13-11

STEP**3** 在"图层"控制面板上方,将文字图层的混合模式选项设为"柔光","不透明度"选项设为40%,如图13-12所示,图像窗口中的效果如图13-13所示。

图 13-12

图 13-13

### 3. 添加并编辑图片

STEP**1** 按 Ctrl+O 组合键,打开光盘中的"Ch13>素材>茶艺海报设计>03"文件,选择"移动"工具 ,将风景图片拖曳到图像窗口中适当的位置,如图13-14所示。在"图层"控制面板中生成新的图层并将其命名为"山川"。

图 13-14

STEP**2** 单击"图层"控制面板下方的"添加图层蒙版"按钮 ,为"山川"图层添加蒙版,如图13-15所示。选择"画笔"工具 ,在属性栏中单击"画笔"选项右侧的按钮 ,弹出画笔选择面板,在面板中选择需要的画笔形状,如图13-16

所示。在图像窗口中拖曳鼠标擦除不需要的图像,效果如图13-17所示。

图 13-15

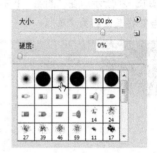

图 13-16

图 13-17

STEP**3** 在"图层"控制面板上方,将"山川"图层的混合模式选项设为"柔光","不透明度"选项设为80%,如图13-18所示,图像效果如图13-19所示。

图 13-18

图 13-19

**STEP 4** 按 Ctrl+O 组合键，打开光盘中的"Ch13>素材>茶艺海报设计>04"文件，选择"移动"工具 ，将墨迹图片拖曳到图像窗口中适当的位置，如图13-20所示。在"图层"控制面板中生成新的图层并将其命名为"墨"。

图 13-20

**STEP 5** 在"图层"控制面板中，将"墨"图层的混合模式选项设为"减去"，"不透明度"选项设为20%，效果如图13-21所示。将"墨"图层拖曳到控制面板下方的"创建新图层"按钮 上进行复制，生成新的图层"墨 副本"，将"墨 副本"图层的混合模式选项设为"叠加"，"不透明度"项设为20%，如图13-22所示，图像效果如图13-23所示。

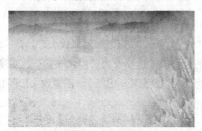

图 13-21

图 13-22

图 13-23

**STEP 6** 按 Ctrl+O 组合键，打开光盘中的"Ch13>素材>茶艺海报设计>05"文件，选择"移动"工具 ，将茶碗图片拖曳到图像窗口中适当的位置，如图13-24所示。在"图层"控制面板中生成新的图层并将其命名为"茶碗"。

图 13-24

**STEP 7** 单击"图层"控制面板下方的"添加图层样式"按钮 ，在弹出的菜单中选择"投影"命令，弹出对话框，选项的设置如图13-25所示，单击"确定"按钮，效果如图13-26所示。

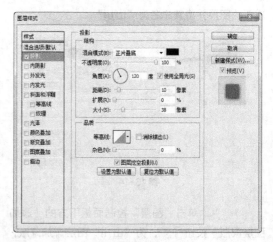

图 13-25

**STEP 8** 按 Ctrl+O 组合键，打开光盘中的"Ch13>素材>茶艺海报设计>06"文件，选择"移动"工具 ，将茶图片拖曳到图像窗口中适当的位置，如图13-27所示。在"图层"控制面板中生成新的图层并将其命名为"茶"。在"图层"控制面板中，将"茶"图层的混合模式选项设为"正片叠底"，效果如图13-28所示。

图 13-26

图 13-27

图 13-28

**STEP 9** 新建图层并将其命名为"线条烟"。将前景色设为白色。选择"画笔"工具 ，在属性栏中单击"画笔"选项右侧的按钮 ，弹出画笔选择面板，选择需要的画笔形状，如图13-29所示，并在图像窗口中拖曳鼠标绘制线条，效果如图13-30所示。

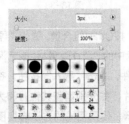

图 13-29

图 13-30

**STEP 10** 将"线条烟"图层拖曳到控制面板下方的"创建新图层"按钮 上进行复制，生成新的图层并将其命名为"模糊烟"，拖曳到"线条烟"图层的下方。选择"滤镜>模糊>高斯模糊"命令，在弹出的对话框中进行设置，如图13-31所示，单击"确定"按钮。选择"移动"工具 ，将模糊图形拖曳到适当的位置，效果如图13-32所示。

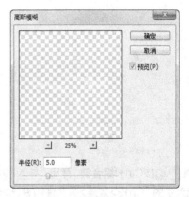

图 13-31

图 13-32

**STEP 11** 海报背景图制作完成，效果如图13-33所示。按Ctrl+Shift+E组合键，合并可见图层。按Ctrl+S组合键，弹出"存储为"对话框，将制作好的图像命名为"海报背景图"，保存为TIFF格式，单击"保存"按钮，弹出"TIFF选项"对话框，单击"确定"按钮，将图像保存。

图 13-33

## CorelDRAW 应用

### 4. 导入并编辑标题文字

**STEP** 1 打开CorelDRAW X5软件，按Ctrl+N
组合键，新建一个页面。在属性栏中的"页面度量"
选项中分别设置宽度为250mm，高度为150mm，
如图13-34所示，按Enter键，页面显示尺寸为设置
的大小。

图 13-34

**STEP** 2 按Ctrl+I组合键，弹出"导入"对话框，
选择光盘中的"Ch13>效果>茶艺海报设计>海报背
景图"文件，单击"导入"按钮，在页面中单击导
入图片。按P键，图片在页面中居中对齐，效果如
图13-35所示。

图 13-35

**STEP** 3 按Ctrl+I组合键，弹出"导入"对话框，
选择光盘中的"Ch13>素材>茶艺海报设计>07"文
件，单击"导入"按钮，在页面中单击导入图片，

并调整其大小和位置，效果如图13-36所示。

图 13-36

**STEP** 4 选择"位图>模式>黑白"命令，弹出
"转换为1位"对话框，选项的设置如图13-37所示，
单击"确定"按钮，效果如图13-38所示。

图 13-37

图 13-38

**STEP** 5 按Ctrl+I组合键，弹出"导入"对话框，
同时选择光盘中的"Ch13>素材>茶艺海报设计>08、
09、10"文件，单击"导入"按钮，在页面中分别
单击导入图片，并分别调整其位置和大小，效果如
图13-39所示。使用相同的方法转换图形，效果如
图13-40所示。

图 13-39

图 13-40

STEP 7 选择 "选择" 工具 ，选取 "华" 字，如图13-44所示。选择 "编辑>复制属性自" 命令，弹出 "复制属性" 对话框，选项的设置如图13-45所示，单击 "确定" 按钮，鼠标的光标变为黑色箭头形状，并在 "中" 字上单击，如图13-46所示，属性被复制，效果如图13-47所示。使用相同的方法，制作出图13-48所示的效果。

图 13-44

STEP 6 选择 "选择" 工具 ，选取 "中" 字，在 "CMYK调色板" 中的 "无填充" 按钮 上单击，取消图形填充，效果如图13-41所示。选择 "轮廓色" 工具 ，弹出 "轮廓色" 对话框，设置轮廓颜色的CMYK值为95、55、95、50，如图13-42所示，单击 "确定" 按钮，效果如图13-43所示。

图 13-41

图 13-45

图 13-42

图 13-46

图 13-47

图 13-43

图 13-48

### 5. 制作印章效果

STEP▶1 选择"矩形"工具 □，绘制一个矩形，在属性栏中将"圆角半径"选项的数值均设为4mm，如图13-49所示，按Enter键，效果如图13-50所示。

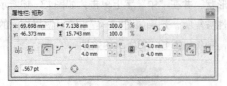

图 13-49

图 13-50

STEP▶2 选择"选择"工具 ▶，选取圆角矩形，在"CMYK调色板"中的"红"色块上单击鼠标，填充图形，并去除图形的轮廓线，效果如图13-51所示。选择"文本"工具 字，在页面中输入需要的文字。选择"选择"工具 ▶，在属性栏中选择合适的字体并设置文字大小，填充文字为白色，效果如图13-52所示。

图 13-51           图 13-52

### 6. 添加展览日期及相关信息

STEP▶1 选择"文本"工具 字，分别输入需要的文字。选择"选择"工具 ▶，在属性栏中分别选择合适的字体并设置文字大小，效果如图13-53所示。选择文字"Chinese Tea Art"。选择"形状"工具 ▶，向左拖曳文字下方的 ▥ 图标到适当的位置，调整文字的字距，效果如图13-54所示。用相同的方法调整其他文字的字距，效果如图13-55所示。

图 13-53

图 13-54

图 13-55

STEP▶2 选择"文本"工具 字，在页面中输入需要的文字。选择"选择"工具 ▶，在属性栏中选择合适的字体并设置文字大小，设置文字颜色的CMYK值为0、100、100、30，填充文字，效果如图13-56所示。选择"手绘"工具 ▾，按住Ctrl键，绘制一条直线，在属性栏中的"轮廓宽度" △ .2pt ▾ 框中设置数值为1pt，按Enter键，效果如图13-57所示。

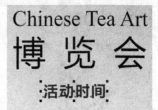

图 13-56

STEP▶3 选择"文本"工具 字，在直线右侧输入需要的文字。选择"选择"工具 ▶，在属性栏中选择合适的字体并设置文字大小，如图13-58

所示。选择"形状"工具 ，向下拖曳文字下方
的 图标，调整文字的行距，效果如图13-59所
示。用相同的方法制作出直线左侧的文字效果，如
图13-60所示。

图13-57

图13-58

图13-59

图13-60

## 7. 制作展览标志图形

**STEP ⬈1** 选择"椭圆形"工具 ，按住Ctrl键，
在页面的空白处绘制一个圆形，填充图形为黑色，
并去除轮廓线，效果如图13-61所示。选择"矩形"
工具 ，在圆形的下面绘制一个矩形，填充图形为
黑色，并去除轮廓线，效果如图13-62所示。选择
"选择"工具 ，用圈选的方法，将圆形和矩形同
时选取，按C键，进行垂直居中对齐。

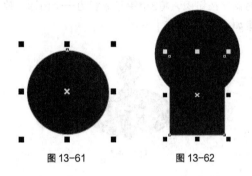

图13-61　　　　图13-62

**STEP ⬈2** 选择"椭圆形"工具 ，在矩形的下
方绘制一个椭圆形，填充图形为黑色，并去除轮
廓线，效果如图13-63所示。选择"选择"工具 ，
用圈选的方法，将3个图形同时选取，按C键，进
行垂直居中对齐。单击属性栏中的"合并"按钮
 ，将图形全部合并在一起，效果如图13-64
所示。

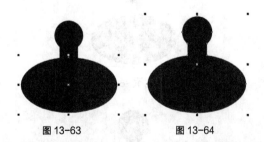

图13-63　　　　图13-64

**STEP ⬈3** 选择"椭圆形"工具 ，绘制一个椭
圆形，填充图形为黄色，并去除图形的轮廓线，效
果如图13-65所示。选择"选择"工具 ，选取椭
圆形，按住Ctrl键的同时，水平向右拖曳图形，并
在适当的位置上单击鼠标右键，复制一个图形，效
果如图13-66所示。

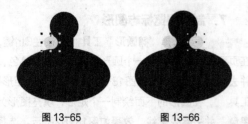

　　　图 13-65　　　　　　　图 13-66

**STEP⁴** 选择"选择"工具 ，用圈选的方法，将其同时选取，单击属性栏中的"移除前面对象"按钮 ，将3个图形剪切为一个图形，效果如图13-67所示。

图 13-67

**STEP⁵** 选择"矩形"工具 ，在椭圆形上面绘制一个矩形，效果如图13-68所示。选择"选择"工具 ，用圈选的方法，将修剪后的图形和矩形同时选取，单击属性栏中的"移除前面对象"按钮 ，将两个图形剪切为一个图形，效果如图13-69所示。

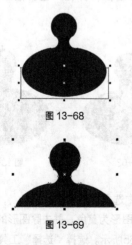

图 13-68

图 13-69

**STEP⁶** 选择"矩形"工具 ，在页面中绘制一个矩形，效果如图13-70所示。选择"椭圆形"工具 ，在矩形的左边绘制一个椭圆形，在"CMYK调色板"中的"黄"色块上单击鼠标右键，填充轮廓线，效果如图13-71所示。选择"选择"工具 ，

选取椭圆形，按住Ctrl键的同时，水平向右拖曳图形，并在适当的位置上单击鼠标右键，复制一个图形，效果如图13-72所示。

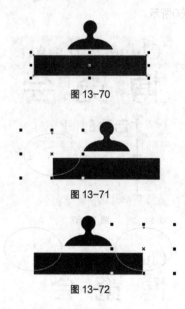

图 13-70

图 13-71

图 13-72

**STEP⁷** 选择"选择"工具 ，按住Shift键，依次单击矩形和两个椭圆形，将其同时选取，然后单击属性栏中的"移除前面对象"按钮 ，将3个图形剪切为一个图形，效果如图13-73所示。按住Ctrl键的同时，垂直向下拖曳图形，在适当的位置上单击鼠标右键，复制一个图形，效果如图13-74所示。

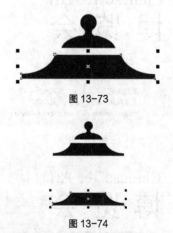

图 13-73

图 13-74

**STEP⁸** 选择"椭圆形"工具 ，绘制一个椭圆形，填充为黑色，并去除图形的轮廓线，效果如图13-75所示。选择"矩形"工具 ，在椭圆形的上面绘制一个矩形，效果如图13-76所示。使用相

同方法制作出如图13-77所示的效果。

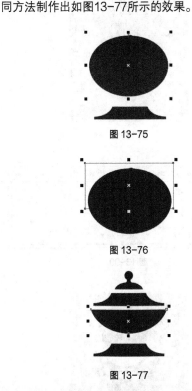

图 13-75

图 13-76

图 13-77

**STEP 9** 选择"矩形"工具 □，在半圆形的下方绘制一个矩形，填充为黑色，并去除图形的轮廓线，效果如图13-78所示。选择"选择"工具 ▷，用圈选的方法，将图形全部选取，按C键，进行垂直居中对齐。使用相同的方法制作出如图13-79所示的效果。

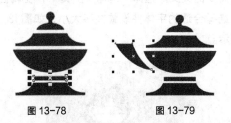

图 13-78　　　　　图 13-79

**STEP 10** 选择"贝塞尔"工具 ▷，绘制出一个不规则的图形，如图13-80所示。填充为黑色，并去除图形的轮廓线，使用相同的方法绘制出如图13-81所示的效果。

图 13-80　　　　　图 13-81

**STEP 11** 按Ctrl+I组合键，弹出"导入"对话框，同时选择光盘中的"Ch13>素材>茶艺海报设计>11"文件，单击"导入"按钮，在页面中单击导入图形，并调整图形到适当的位置，效果如图13-82所示。选择"选择"工具 ▷，用圈选的方法将图形全部选取，按Ctrl+G组合键，将其群组，拖曳到适当的位置，并调整其大小，填充为白色，效果如图13-83所示。

图 13-82

图 13-83

**STEP 12** 选择"椭圆形"工具 ○，按住Ctrl键，在茶壶图形上绘制一个圆形，设置图形填充颜色的CMYK值为95、55、95、30，填充图形。设置轮廓线颜色的CMYK值为100、0、100、0，填充轮廓线，在属性栏中设置适当的宽度，效果如图13-84所示。按Ctrl+PageDown组合键，将其置后一位。选择"选择"工具 ▷，按住Shift键，依次单击茶壶图形和圆形，将其同时选取，按C键，将图形垂直居中对齐，如图13-85所示。

图 13-84

图 13-85

**STEP 13** 选择"椭圆形"工具 ○，按住Ctrl键，绘制一个圆形，填充轮廓颜色的CMYK值为40、0、100、0，在属性栏中设置适当的宽度，效果如图13-86所示。

图 13-86

**STEP 14** 选择"文本"工具 字，输入需要的文字。选择"选择"工具 ，在属性栏中选择合适的字体并设置文字大小，效果如图13-87所示。

图 13-87

**STEP 15** 保持文字的选取状态，选择"文本>使文本适合路径"命令，将光标置于圆形轮廓线上方并单击，如图13-88所示，文本自动绕路径排列，效果如图13-89所示。在属性栏中进行设置，如图13-90所示，按Enter键，效果如图13-91所示。

图 13-88

图 13-89

图 13-90

图 13-91

**STEP 16** 选择"文本"工具 字，在页面中输入需要的英文。选择"选择"工具 ，在属性栏中选择合适的字体并设置文字大小，如图13-92所示。

图 13-92

**STEP 17** 选择"文本>使文本适合路径"命令，将光标置于圆形轮廓线下方单击，如图13-93所示，文本自动绕路径排列，效果如图13-94所示。在属性栏中单击"水平镜像文本"按钮 和"垂直镜像文本"按钮 ，其他选项的设置如图13-95所示，按Enter键，效果如图13-96所示。

图 13-93

图 13-94

图 13-95

**STEP 18** 选择"选择"工具，用圈选的方法将标志图形全部选取，按Ctrl+G组合键，将其群组，效果如图13-97所示。

图 13-96

图 13-97

**STEP 19** 选择"文本"工具，在页面中输入需要的文字。选择"选择"工具，在属性栏中选择合适的字体并设置文字大小，如图13-98所示。选择"形状"工具，向下拖曳文字下方的图标，调整文字的行距，效果如图13-99所示。

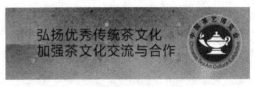

图 13-98

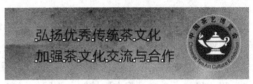

图 13-99

**STEP 20** 选择"文本>插入字符"命令，弹出"插入字符"对话框，在对话框中按需要进行设置并选择需要的字符，如图13-100所示。将字符拖曳到页面中适当的位置并调整其大小，效果如图13-101所示。选取字符，设置字符颜色的CMYK值为95、35、95、30，填充字符，效果如图13-102所示。用相同的方法制作出另一个字符图形，效果如图13-103所示。

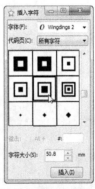

图 13-100

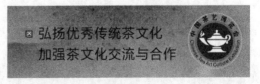

图 13-101

图 13-102

图 13-103

**STEP 21** 茶艺海报制作完成，效果如图13-104所示。按<Ctrl>+<S>组合键，弹出"保存图形"对话框，将制作好的图像命名为"茶艺海报"，保存为CDR格式，单击"保存"按钮，将图像保存。

图 13-104

## 13.2 课后习题
### ——旅游海报设计

### 习题知识要点

在 Photoshop 中，使用水波滤镜命令制作背景的水波效果，使用画笔工具和描边命令制作装饰图形。在 CorelDRAW 中，使用图框精确剪裁命令将像册图形置入背景中，使用螺纹工具和艺术笔工具绘制太阳图形，使用形状工具为标题文字添加编辑效果，使用扭曲工具制作文字间的装饰图形。旅游海报效果如图 13-105 所示。

图 13-105

### 效果所在位置

光盘/Ch13/效果/旅游海报设计/旅游海报.cdr。

# 14 Chapter

# 第 14 章
## 杂志设计

　　杂志是比较专项的宣传媒介之一，它具有目标受众准确、实效性强、宣传力度大，效果明显等特点。时尚生活类杂志的设计可以轻松、活泼、色彩丰富。版式内的图文编排可以灵活多变，但要注意把握风格的整体性。本章以丽风尚杂志为例，讲解杂志的设计方法和制作技巧。

【课堂学习目标】

- 在 Photoshop 软件中制作杂志封面背景图
- 在 CorelDRAW 软件中制作并添加相关栏目和信息

# 14.1 杂志封面设计

## 14.1.1 案例分析

在 Photoshop 中，使用镜头光晕滤镜制作光晕效果，使用纹理滤镜命令制作图片纹理效果。在 CorelDRAW 中，根据杂志的尺寸在属性栏中设置出页面的大小，使用文本工具、阴影工具、渐变工具和透明度工具制作杂志标题文字，使用文本工具和阴影工具添加杂志内容信息，使用贝塞尔工具、透明度工具和轮廓笔命令制作心形装饰图形，使用插入条码命令在封面中插入条形码。

## 14.1.2 案例设计

本案例设计流程如图 14-1 所示。

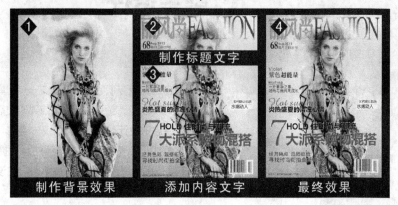

图 14-1

## 14.1.3 案例制作

### Photoshop 应用

#### 1. 制作图片效果

**STEP 1** 按Ctrl+O组合键，打开光盘中的"Ch14>素材>杂志封面>01"文件，如图14-2所示。选择"滤镜>渲染>镜头光晕"命令，弹出"镜头光晕"对话框，在"光晕中心"预览框中，拖曳十字光标设定炫光位置，其他选项的设置如图14-3所示，单击"确定"按钮，效果如图14-4所示。

图 14-3

图 14-2

图 14-4

**STEP 2** 选择"滤镜>纹理>纹理化"命令，在弹出的对话框中进行设置，如图14-5所示，单击"确定"按钮，效果如图14-6所示。

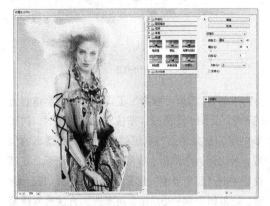

图 14-5

图 14-6

**STEP 3** 杂志封面背景图效果制作完成。按Ctrl+Shift+S组合键，弹出"存储为"对话框，将制作好的图像命名为"封面背景图"，保存为TIFF格式，单击"保存"按钮，弹出"TIFF选项"对话框，单击"确定"按钮，将图像保存。

**CorelDRAW 应用**

**2. 设计杂志名称**

**STEP 1** 打开CorelDRAW X5软件，按Ctrl+N组合键，新建一个页面。在属性栏的"页面度量"选项中分别设置宽度为210mm，高度为285mm，如图14-7所示，按Enter键，页面显示尺寸为设置的大小，如图14-8所示。

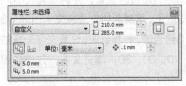

图 14-7

**STEP 2** 选择"文件>导入"命令，弹出"导入"对话框，选择光盘中的"Ch14>效果>封面背景图"文件，单击"导入"按钮，在页面中单击导入图片。按P键，图片在页面中居中对齐，效果如图14-9所示。

图 14-8 　　　　　图 14-9

**STEP 3** 双击打开光盘中的"Ch14>素材>杂志封面>记事本"文件，选取文档中的杂志名称"丽风尚"，并单击鼠标右键，在弹出的菜单中选择"复制"命令，复制文字，如图14-10所示。返回CorelDRAW页面中，选择"文本"工具，在页面顶部单击插入光标，按Ctrl+V组合键，将复制的文字粘贴到页面中。选择"选择"工具，在属性栏中选择合适的字体并设置文字大小，效果如图14-11所示。

图 14-10

图 14-11

**STEP 4** 选择"选择"工具，水平向下拖曳文字下方的控制手柄到适当的位置，将文字变形，效果如图14-12所示。选择"形状"工具，向左拖曳文字下方的图标，调整文字的字距，效果如图14-13所示。

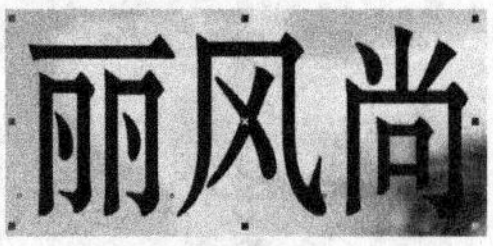


图 14-12

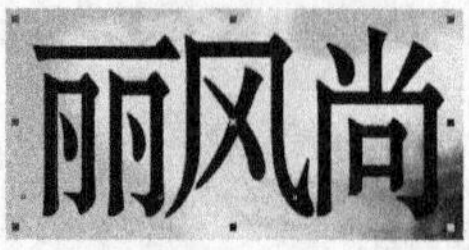


图 14-13

**STEP 5** 选择"选择"工具，选取文字，按Ctrl+Q组合键，将文字转换为曲线。放大视图的显示比例。选择"形状"工具，用圈选的方法将需要的节点同时选取，按Delete键，将其删除，效果如图14-14所示。用相同的方法删除其他不需要的节点，效果如图14-15所示。

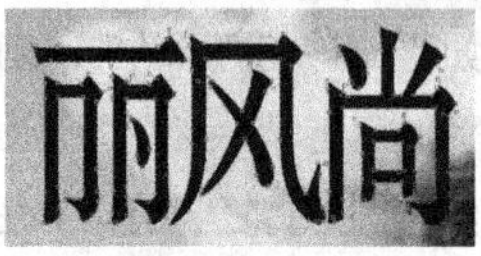


图 14-14

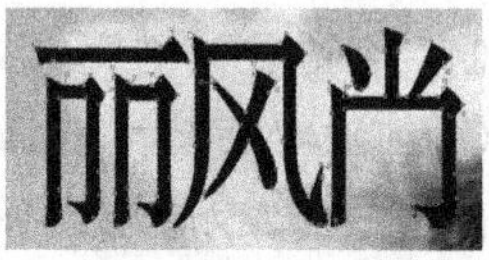

图 14-15

**STEP 6** 选择"矩形"工具，在图像窗口中的空白位置绘制一个矩形，如图14-16所示。在属性栏中单击"扇形角"按钮，其他选项的设置如图14-17所示，按Enter键，效果如图14-18所示。

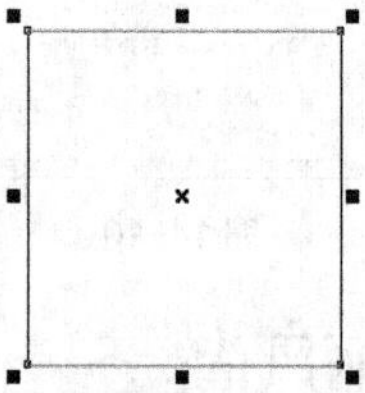

图 14-16

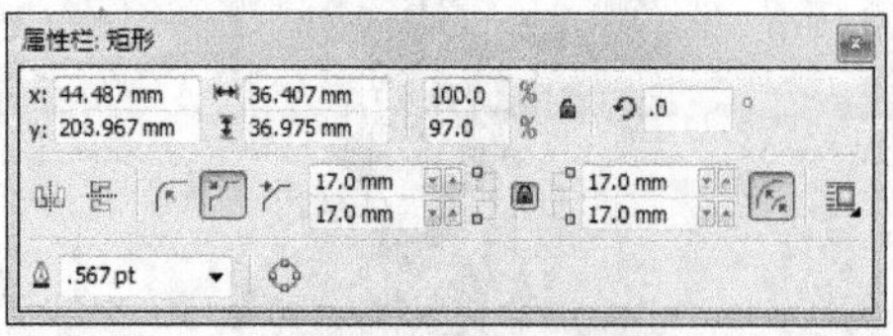


图 14-17

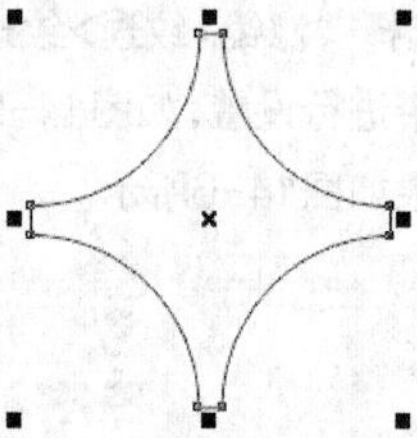

图 14-18

**STEP 7** 选择"选择"工具，按数字键盘上的+键，复制一个图形。按住Shift键的同时，向图形中间拖曳文字上方右侧的控制手柄到适当的位置，等比例缩小图形，效果如图14-19所示。在属性栏中将"圆角半径"选项均设为10mm，按Enter键，效果如图14-20所示。用圈选的方法选取需要的图形，单击属性栏中的"移除前面对象"按钮，将图形剪切为一个图形，填充为黑色，并去除图形的轮廓线，效果如图14-21所示。

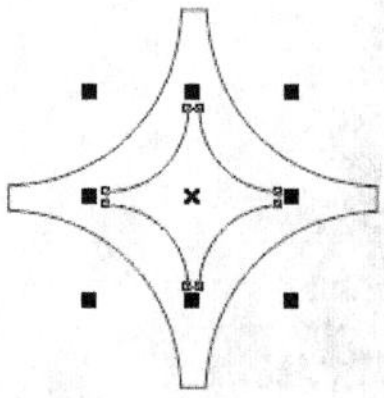

图 14-19

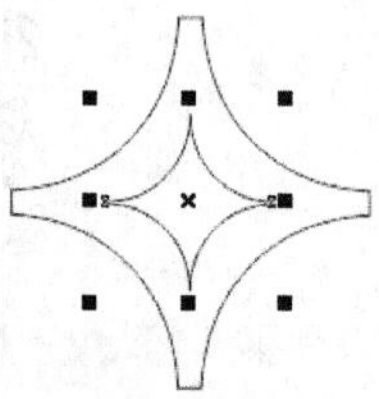

图 14-20

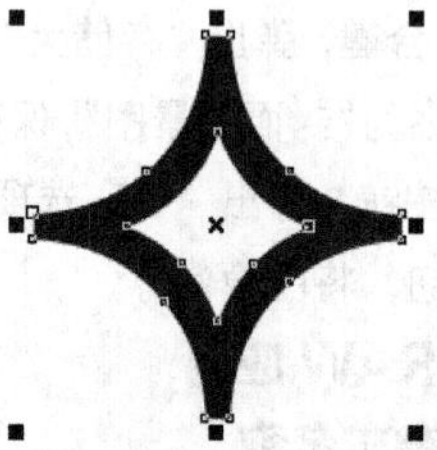

图 14-21

**STEP 8** 选择"选择"工具，拖曳图形到适当的位置并调整其大小，效果如图14-22所示。连续按两次数字键盘上的+键，复制图形。分别拖曳复制的图形到适当的位置，并调整其大小，效果如图14-23所示。用圈选的方法将文字图形全部选取，按Ctrl+G组合键，将其群组。设置文字颜色的CMYK值为0、40、60、30，填充文字，效果如图14-24所示。

图 14-22          图 14-23

图 14-24

**STEP 9** 选择"阴影"工具 ，在文字上从上向下拖曳光标，为文字添加阴影效果，在属性栏中进行设置，如图14-25所示，按Enter键，效果如图14-26所示。

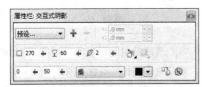

图 14-25

图 14-26

**STEP 10** 选择"文本"工具 ，输入需要的文字。选择"选择"工具 ，在属性栏中选择合适的字体并设置文字大小，效果如图14-27所示。选择"形状"工具 ，向左拖曳文字下方的 图标，调整文字的字距，效果如图14-28所示。

图 14-27

图 14-28

**STEP 11** 选择"渐变填充"工具 ，弹出"渐变填充"对话框，选择"自定义"选项，在"位置"

选项中分别输入0、47、100几个位置点，单击右下角的"其它"按钮，分别设置这几个位置点颜色的CMYK值为0（0、0、0、100）、47（0、0、0、0）、100（0、0、0、100），如图14-29所示。单击"确定"按钮，填充文字，效果如图14-30所示。

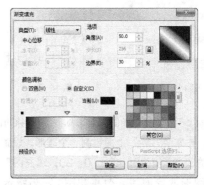

图 14-29

图 14-30

**STEP 12** 选择"透明度"工具 ，在属性栏中将"透明度类型"选项设为"标准"，其他选项的设置如图14-31所示。按Enter键，效果如图14-32所示。

图 14-31

图 14-32

### 3. 添加刊期内容

**STEP 1** 选取并复制记事本文档中的英文字"68"、"Aug.2013"和"每月12日出刊"，返回CorelDRAW页面中，将文字分别粘贴到页面中适当的位置。选择"选择"工具 ，在属性栏中选择合适的字体并设置文字大小，效果如图14-33所示。选取文字"68"。选择"形状"工具 ⚫，向左拖曳文字下方的 ⊪▷图标，调整文字的字距，效果如图14-34所示。

图 14-33               图 14-34

**STEP 2** 选择"椭圆形"工具 ⚪，按住Ctrl键的同时，在文字"12"上面绘制一个圆形，设置圆形颜色的CMYK值为0、40、60、30，填充图形，并去除图形的轮廓线，效果如图14-35所示。按Ctrl+PageDown组合键，向下调整图形的顺序，效果如图14-36所示。选择"文本"工具 字，选取文字12，填充为白色，效果如图14-37所示。

图 14-35

图 14-36

图 14-37

### 4．添加并编辑内容文字

**STEP 1** 选取并复制记事本文档中的"Violet"和"紫色超能量"文字，返回到CorelDRAW页面中，并分别粘贴到适当的位置。选择"选择"工具 ⚫，在属性栏中选择合适的字体并设置文字大小，效果如图14-38所示。选择"文本"工具 字，分别选取需要的文字，设置文字颜色的CMYK值为60、80、0、20，填充文字，效果如图14-39所示。选择"形

状"工具 ⚫，向左拖曳文字下方的 ⊪▷图标，调整文字的字距，效果如图14-40所示。

图 14-38               图 14-39

图 14-40

**STEP 2** 选取并复制记事本文档中的"Bustling"和"一片繁华之景，时尚与我共同成长"文字，返回到CorelDRAW页面中，并分别粘贴到适当的位置。选择"选择"工具 ⚫，在属性栏中选择合适的字体并设置文字大小，效果如图14-41所示。选择文字"一片繁华之景，时尚与我共同成长"。选择"形状"工具 ⚫，向上拖曳文字下方的 ⯐图标，调整文字的行距，效果如图14-42所示。

图 14-41               图 14-42

**STEP 3** 选择"手绘"工具 ⚫，按住Ctrl键，绘制一条直线，如图14-43所示。按F12键，弹出"轮廓笔"对话框，在"颜色"选项中设置轮廓线颜色的CMYK值为60、80、0、20，在"箭头"设置区中，单击右侧的样式框 ▬ ▾，在弹出的列表中选择需要的箭头样式，如图14-44所示，其他选项的设置如图14-45所示，单击"确定"按钮，效果如图14-46所示。

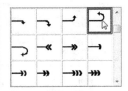

图 14-43　　　　　　　图 14-44

图 14-45

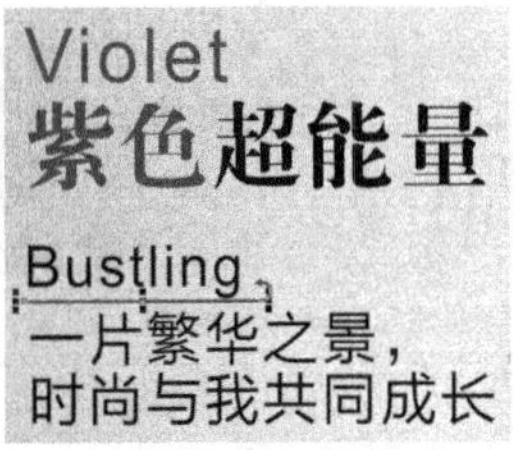

图 14-48

**STEP** 5选择"阴影"工具，在文字上从上
向下拖曳光标，为文字添加阴影效果，在属性栏
中将"阴影颜色"选项设为白色，其他选项的设
置如图14-49所示，按Enter键，效果如图14-50
所示。

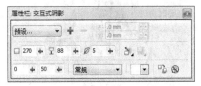

图 14-49

图 14-50

**STEP** 6 选取并复制记事本文档中的"7"、
"HOLD 住时尚与潮流"和"大派系购物混搭"文
字，返回到CorelDRAW页面中，分别将复制的文字
粘贴到适当的位置。选择"选择"工具，在属性
栏中分别选择合适的字体并设置文字大小，填充适
当的颜色，效果如图14-51所示。选择文字"HOLD
住时尚与潮流"。选择"形状"工具，向左拖曳
文字下方的┅图标，调整文字的字距，效果如图
14-52所示。用相同的方法调整其他文字的字距，
效果如图14-53所示。用上述方法制作文字的阴影
效果，如图14-54所示。

图 14-51

图 14-46

**STEP** 4 选取并复制记事本文档中的"Hot
summer"和"炎热盛夏的清凉心情"文字，返回
到CorelDRAW页面中，并分别粘贴到适当的位置。
选择"选择"工具，在属性栏中选择合适的字
体并设置文字大小，填充适当的颜色，效果如图
14-47所示。选择"形状"工具，向左拖曳文字
下方的┅图标，调整文字的字距，效果如图14-48
所示。

图 14-47

图 14-52

图 14-53

图 14-54

**STEP 7** 选取并复制记事本文档中的"经典色彩
混搭组合"和"寻找时尚街拍全新亮点！"文字，返
回到CorelDRAW页面中，分别将复制的文字粘贴到
适当的位置。选择"选择"工具，分别在属性栏
中选择合适的字体并设置文字大小，效果如图14-55
所示。选择文字"经典色彩 混搭组合"。选择"形状"
工具，向左拖曳文字下方的图标，调整文字的
字距，效果如图14-56所示。

图 14-55

图 14-56

**STEP 8** 按F12键，弹出"轮廓笔"对话框，在
"颜色"选项中设置轮廓线颜色为白色，其他选项
的设置如图14-57所示，单击"确定"按钮，效果
如图14-58所示。用相同的方法调整其他文字的字

距并制作文字效果，如图14-59所示。

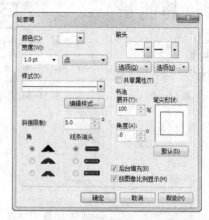

图 14-57

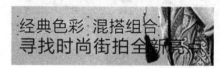

图 14-58

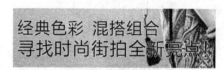

图 14-59

**STEP 9** 选择"贝塞尔"工具，绘制一个心
形图形，如图14-60所示。填充为白色，并去除图
形的轮廓线，效果如图14-61所示。选择"透明度"
工具，在属性栏中将"透明度类型"选项设为"标
准"，其他选项的设置如图14-62所示，按Enter键，
效果如图14-63所示。

图 14-60

图 14-61

图 14-62

图 14-63

**STEP 10** 选择"选择"工具 ⬚，按数字键盘上的+键，复制一个图形，效果如图14-64所示。选择"透明度"工具 ⬚，在属性栏中进行设置，如图14-65所示，按Enter键，效果如图14-66所示。

图 14-64

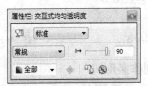

图 14-65

图 14-66

**STEP 11** 按F12键，弹出"轮廓笔"对话框，在"颜色"选项中设置轮廓线颜色的CMYK值为0、100、60、0，其他选项的设置如图14-67所示，单击"确定"按钮，效果如图14-68所示。选择"选择"工具 ⬚，拖曳复制图形到适当的位置，在"CMYK调色板"中的"无填充"按钮⊠上单击鼠标左键，去除图形的填充色，效果如图14-69所示。用圈选的方法将两个心形同时选取，按Ctrl+G组合键，将其群组，效果如图14-70所示。

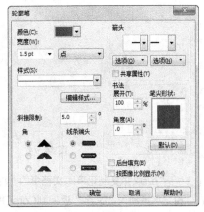

图 14-67

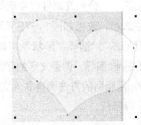

图 14-68

**STEP 12** 选择"矩形"工具 ⬚，绘制一个矩形，如图14-71所示。选择"选择"工具 ⬚，选择心形图形。选择"效果>图框精确剪裁>放置在容器中"命令，鼠标的光标变为黑色箭头形状，在矩形上单击，如图14-72所示。将选取的图形置入矩形中，效果如图14-73所示。在"CMYK调色板"中的"无填充"按钮⊠上单击鼠标右键，取消矩形的轮廓线，效果如图14-74所示。

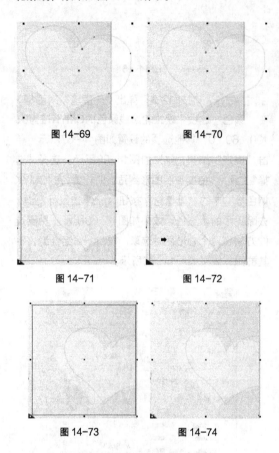

图 14-69　　　　　　　图 14-70

图 14-71　　　　　　　图 14-72

图 14-73　　　　　　　图 14-74

**STEP 13** 选取并复制记事本文档中的"如何能让肌肤"和"水嫩动人"文字，返回到CorelDRAW页面中，分别将复制的文字粘贴到适当的位置。选择"选择"工具 ↳，分别在属性栏中选择合适的字体并设置文字大小，效果如图14-75所示。选择文字"如何能让肌肤"。选择"形状"工具 ↳，向左拖曳文字下方的‖▷图标，调整文字的字距，效果如图14-76所示。用相同的方法调整其他文字的字距，效果如图14-77所示。

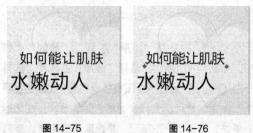

图 14-75　　　　　　　图 14-76

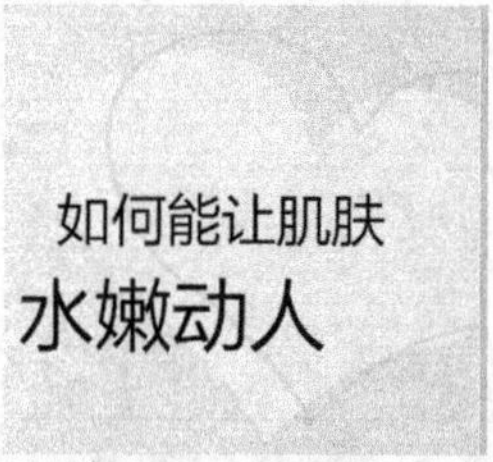

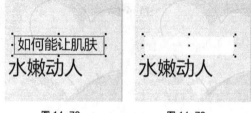

图 14-77

**STEP 14** 选择"矩形"工具 □，绘制一个矩形，如图14-78所示。填充为白色，并去除图形的轮廓线，效果如图14-79所示。多次按Ctrl+PageDown组合键，向下调整矩形的顺序，效果如图14-80所示。

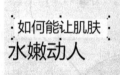

图 14-78　　　　　　　图 14-79

图 14-80

**STEP 15** 选择"贝塞尔"工具 ↘，绘制一个图形，如图14-81所示。填充为白色，并去除图形的轮廓线，效果如图14-82所示。按Ctrl+PageDown组合键，向下调整矩形的顺序，效果如图14-83所示。

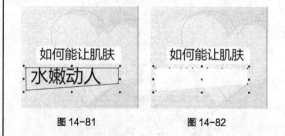

图 14-81　　　　　　　图 14-82

**5. 制作条形码**

**STEP 1** 选择"编辑>插入条码"命令，弹出"条码向导"对话框，在各选项中进行设置，如图14-84

所示。设置好后，单击"下一步"按钮，在设置区内按需要进行各项设置，如图14-85所示。设置好后，单击"下一步"按钮，在设置区内按需要进行各项设置，如图14-86所示，设置好后，单击"完成"按钮，效果如图14-87所示。

图 14-83

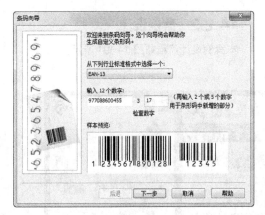

图 14-84

图 14-85

**STEP 2** 选择"选择"工具 ，将条形码拖曳到页面中适当的位置，如图14-88所示。选取并复制记事本文档中的"WWW.LIFENGSHANG.COM"和"国内统一刊号CN31-1726/R 邮发代号20-120 零售价：28元"文字，返回到CorelDRAW页面中，

分别将复制的文字粘贴到适当的位置。选择"选择"工具 ，分别在属性栏中选择合适的字体并设置文字大小，填充适当的颜色，效果如图14-89所示。杂志封面制作完成，效果如图14-90所示。

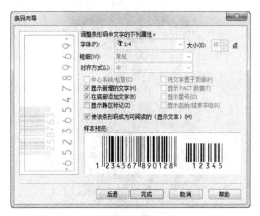

图 14-86

图 14-87

图 14-88

图 14-89

**STEP 3** 按Ctrl+S组合键，弹出"保存图形"对话框，将制作好的图像命名为"杂志封面"，保存为CDR格式，单击"保存"按钮，将图像保存。

图 14-90

## 14.2 杂志栏目设计

### 14.2.1 案例分析

在 CorelDRAW 中，使用矩形工具、椭圆形工具和文本工具制作标题效果，使用阴影工具为图片添加阴影效果，使用首字下沉命令制作文字的首字下沉效果，使用形状工具和文本换行命令制作文本绕图，使用椭圆形工具和文本工具制作内置文本效果，使用透明度工具制作圆形的透明效果。

### 14.2.2 案例设计

本案例设计流程如图 14-91 所示。

图 14-91

### 14.2.3 案例制作

**CorelDRAW 应用**

**1. 制作标题效果**

**STEP 1** 按Ctrl+N组合键，新建一个页面。在属性栏的"页面度量"选项中分别设置宽度为210mm，高度为285mm，按Enter键，页面显示尺寸为设置的大小。选择"矩形"工具 □，绘制一个矩形，如图14-92所示。设置矩形颜色的CMYK为0、20、20、0，填充图形，并去除图形的轮廓线，效果如图14-93所示。再绘制一个矩形，填充为黑色，并去除图形的轮廓线，效果如图14-94所示。

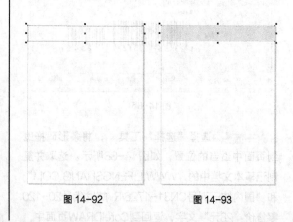

图 14-92          图 14-93

图 14-94

图 14-97

图14-98所示。

图 14-98

**STEP<sup></sup>2** 打开光盘中的"Ch14>素材>杂志栏目>记事本"文件，选取并复制记事本文档中的文字"丽风尚"，如图14-95所示。返回到CorelDRAW页面中，选择"文本"工具 字 ，在页面中单击插入光标，再按Ctrl+V组合键，将复制的文字分别粘贴到页面中适当的位置。选择"选择"工具 ↳ ，在属性栏中选择合适的字体并设置文字大小。设置文字颜色的CMYK值为0、20、20、0，填充文字，效果如图14-96所示。

**STEP<sup></sup>4** 选取并复制记事本文档中的"FASHION"。返回到CorelDRAW页面中，选择"文本"工具 字 ，在页面中单击插入光标，再按Ctrl+V组合键，将复制的文字粘贴到页面中适当的位置。选择"选择"工具 ↳ ，在属性栏中选择合适的字体并设置文字大小。设置文字颜色的CMYK值为0、20、20、0，填充文字，效果如图14-99所示。用上述方法调整文字字距，效果如图14-100所示。

图 14-95

图 14-99

图 14-96

图 14-100

**STEP<sup></sup>3** 选择"选择"工具 ↳ ，水平向下拖曳文字下方的控制手柄到适当的位置，将文字变形，效果如图14-97所示。选择"形状"工具 ↳ ，向左拖曳文字下方的 ⫽ 图标，调整文字的字距，效果如

**STEP<sup></sup>5** 选取并复制记事本文档中的"SHiSHANGZAZHi"。返回到CorelDRAW页面中，选择"文本"工具 字 ，在页面中单击插入光标，再按Ctrl+V组合键，将复制的文字分别粘贴到页面中适当的位置。选择"选择"工具 ↳ ，在属性栏中选择合适的字体并设置文字大小，填充为白色，效果

如图14-101所示。

图 14-101

**STEP 6** 选择"椭圆形"工具 ○，按住Ctrl键的同时，拖曳鼠标绘制一个圆形，设置图形颜色的CMYK值为0、20、20、0，填充圆形，并去除图形的轮廓线，效果如图14-102所示。单击属性栏中的"饼形"按钮 ○，将圆形转换为饼形，如图14-103所示。在属性栏中的"旋转角度" ○ .0 □ 框中设置数值为49.2，按Enter键，效果如图14-104所示。

图 14-102

图 14-103

图 14-104

**STEP 7** 选择"手绘"工具 ，按住Ctrl键，绘制一条直线，如图14-105所示。在属性栏中的"线条样式" □ 框中选择需要的轮廓线样式，如图14-106所示，在"轮廓宽度" △ .2pt ▼ 框中设置数值为1pt，按Enter键，效果如图14-107所示。

图 14-105

图 14-106

图 14-107

**STEP 8** 选择"矩形"工具 □，绘制一条矩形，填充为白色，并去除图形的轮廓线，效果如图14-108所示。

图 14-108

**STEP 9** 选取并复制记事本文档中的文字"New"，返回到CorelDRAW页面中，将复制的文字粘贴到页面中适当的位置。选择"选择"工具 ，在属性栏中选择合适的字体并设置文字大小，拖曳到适当的位置，效果如图14-109所示。设置文字颜色的CMYK值为0、20、20、0，填充文字，效果如图14-110所示。选择"形状"工具 ，向左拖曳文字下方的 ▯图标，调整文字的字距，效果如图14-111所示。

图 14-109

图 14-110

图 14-111

**STEP 10** 选取并复制记事本文档中的文字"新品"，返回到CorelDRAW页面中，将复制的文字粘贴到页面中。选择"选择"工具，在属性栏中选择合适的字体并设置文字大小，拖曳到适当的位置，效果如图14-112所示。设置文字颜色的CMYK值为0、20、20、0，填充文字，效果如图14-113所示。

图 14-112　　　　　图 14-113

**STEP 11** 选取并复制记事本文档中的文字"时尚元素"，返回到CorelDRAW页面中，选择"文本"工具，将复制的文字粘贴到页面中适当的位置。选择"选择"工具，在属性栏中选择合适的字体并设置文字大小，效果如图14-114所示。设置文字颜色的CMYK值为0、60、60、40，填充文字，效果如图14-115所示。

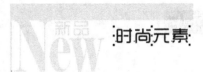

图 14-114

图 14-115

**STEP 12** 选取并复制记事本文档中的文字"Fashion"，返回到CorelDRAW页面中，选择"文本"工具，将复制的文字粘贴到页面中适当的位置。选择"选择"工具，在属性栏中选择合适的字体并设置文字大小。设置文字颜色的CMYK值为0、20、20、0，填充文字，效果如图14-116所示。选择"形状"工具，向左拖曳文字下方的图标，调整文字的间距，文字效果如图14-117所示。

图 14-116

图 14-117

**STEP 13** 选择"文本"工具，绘制一个文本框。选取并复制记事本文档中的文字"时尚潮流的风头总在变幻……"，将复制的文字粘贴到CorelDRAW页面中适当的位置。选择"选择"工具，在属性栏中选择合适的字体并设置文字大小。设置文字颜色的CMYK值为0、60、60、40，填充文字，效果如图14-118所示。选择"形状"工具，向下拖曳文字下方的图标，调整文字的行距，效果如图14-119所示。

图 14-118

图 14-119

**STEP 14** 选择"文本"工具，分别输入需要的文字。选择"选择"工具，在属性栏中分别选择合适的字体并设置文字大小，效果如图14-120所示。选择"形状"工具，向左拖曳文字下方的图标，调整文字的间距，文字效果如图14-121所示。

Aug.2013 **68** 期

图 14-120

图 14-121

**STEP 15** 选择"椭圆形"工具 ◎，按住Ctrl键，在页面中绘制一个圆形，如图14-122所示。按住Ctrl键的同时，水平向右拖曳圆形，并在适当的位置上单击鼠标右键，复制一个新的圆形，效果如图14-123所示。按住Ctrl键，再连续按D键，复制出多个圆形，效果如图14-124所示。

图 14-122　　　　　图 14-123

图 14-124

**STEP 16** 选择"选择"工具 ▸，选取第一个圆形，设置图形颜色的CMYK值为0、40、20、0，填充图形，并去除图形的轮廓线，效果如图14-125所示。用相同的方法给其他图形填充适当的颜色，并去除图形的轮廓线，效果如图14-126所示。

图 14-125　　　　　图 14-126

### 2. 添加内容信息

**STEP 1** 选择"手绘"工具 ✎，按住Ctrl键的同时，绘制一条直线，如图14-127所示。按F12键，弹出"轮廓笔"对话框，在"颜色"选项中设置轮廓线颜色的CMYK值为0、20、20、0，其他选项的设置如图14-128所示，单击"确定"按钮，效果如图14-129所示。用相同的方法再绘制一条直线，效

果如图14-130所示。

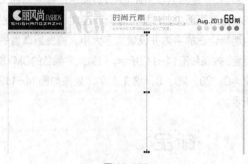

图 14-127

图 14-128

图 14-129

图 14-130

**STEP 2** 选择"文件>导入"命令，弹出"导入"

对话框。选择光盘中的"Ch14>素材>杂志栏目>01"
文件，单击"导入"按钮，在页面中单击导入图片，
拖曳到适当的位置，如图14-131所示。

STEP 3 选择"阴影"工具 📙，在图形上从上
向下拖曳光标，为图形添加阴影效果。在属性栏中
进行设置，如图14-132所示，按Enter键，效果如
图14-133所示。

图 14-131

图 14-132

图 14-133

STEP 4 选择"文本"工具 字，拖曳鼠标绘制
一个文本框。选取并复制记事本文档中的文字"Q
鞋包混搭　尽显优雅范儿"，将复制的文字粘贴到文
本框中，效果如图14-134所示。

STEP 5 选择"文本"工具 字，选取文字"Q"，
在属性栏中选择合适的字体并设置文字大小。单
击属性栏中的"斜体"按钮 🖉，倾斜文字，设置

文字颜色的CMYK值为0、100、60、0，填充文
字，效果如图14-135所示。选取文字"鞋包混搭
尽显优雅范儿"，在属性栏中选择合适的字体并设
置文字大小，如图14-136所示。

图 14-134

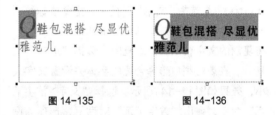

图 14-135　　　　　图 14-136

STEP 6 选择"椭圆形"工具 ○，按住Ctrl键，
在页面中绘制一个圆形。设置图形颜色的CMYK
值为0、20、20、0，填充图形，并去除图形的轮
廓线，效果如图14-137所示。选择"选择"工具
🖰，按数字键盘上的+键，复制图形。按住Ctrl键的
同时，水平向右拖曳图形到适当的位置。设置图形
颜色的CMYK值为0、60、80、20，填充图形，效
果如图14-138所示。

*Q*鞋包混搭　尽显优
雅范儿　⠿

图 14-137

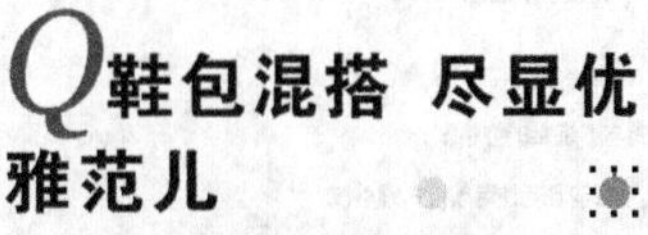

*Q*鞋包混搭　尽显优
雅范儿　　　☀

图 14-138

STEP 7 选择"调和"工具 🖫，在两个圆之

间拖曳光标，为图形添加调和效果。在属性栏中进行设置，如图14-139所示，按Enter键，效果如图14-140所示。

图 14-139

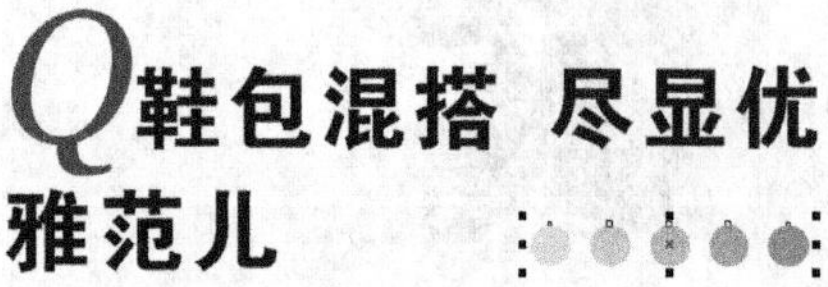

图 14-140

STEP✦18选择"文本"工具，拖曳鼠标绘制一个文本框。选取并复制记事本文档中的文字，将复制的文字粘贴到文本框中。选择"选择"工具，在属性栏中选择合适的字体并设置文字大小，效果如图14-141所示。选择"文字>首字下沉"命令，弹出"首字下沉"对话框，选项的设置如图14-142所示，单击"确定"按钮，效果如图14-143所示。

图 14-141

首字下沉对话框

☑ 使用首字下沉(U)

外观
下沉行数(N)：       2
首字下沉后的空格(S)：  .0 mm
☐ 首字下沉使用悬挂式缩进(E)

☑ 预览(P)    确定    取消    帮助

图 14-142

图 14-143

STEP✦19选择"文本"工具，选取文字"A"，在"CMYK调色板"中的"40%黑"色块上单击鼠标，填充文字，效果如图14-144所示。选择"形状"工具，向下拖曳文字下方的⚏图标到适当的位置，调整文字的行距，效果如图14-145所示。

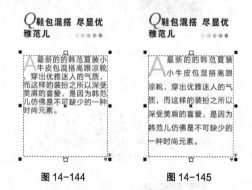

图 14-144          图 14-145

### 3. 制作文本绕图

STEP✦1选择"文本"工具，拖曳鼠标绘制一个文本框。选取并复制记事本文档中的文字"Q红魔经典组合  依兰三件套"，将复制的文字粘贴到文本框中，效果如图14-146所示。

图 14-146

STEP✦2选择"文本"工具，选取文字"Q"，在属性栏中选择合适的字体并设置文字大小。单击属性栏中的"斜体"按钮，倾斜文字，设置文字颜色的CMYK值为0、100、60、0，填充文字，效果如图14-147所示。选取文字"红魔经典组合　依兰三件套"，在属性栏中选择合适的字体并设置文字大小，如图14-148所示。

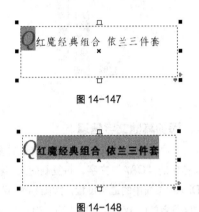

图 14-147

图 14-148

**STEP 3** 选择"文本"工具 字，拖曳鼠标绘制一个文本框。选取并复制记事本文档中的文字，将复制的文字粘贴到文本框中。选择"选择"工具 ，在属性栏中选择合适的字体并设置文字大小，效果如图14-149所示。选择"文字>首字下沉"命令，弹出"首字下沉"对话框，选项的设置如图14-150所示，单击"确定"按钮，效果如图14-151所示。

图 14-149

图 14-150

图 14-151

**STEP 4** 选择"文本"工具 字，选取文字"A"，在"CMYK调色板"中的"40%黑"色块上单击鼠标，填充文字，效果如图14-152所示。选择"形状"工具 ，向下拖曳文字下方的 图标到适当的位置，调整文字的行距，效果如图14-153所示。

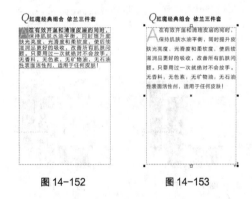

图 14-152　　　　图 14-153

**STEP 5** 选择"文件>导入"命令，弹出"导入"对话框。选择光盘中的"Ch14>素材>杂志栏目>02"文件，单击"导入"按钮，在页面中单击导入图片，拖曳到适当的位置，如图14-154所示。

图 14-154

**STEP 6** 选择"形状"工具 ，图片编辑状态如图14-155所示，在图片上双击添加节点，如图14-156所示，用相同的方法再添加一个节点，如图14-157所示。选取需要的节点，拖曳到适当的位置，效果如图14-158所示。

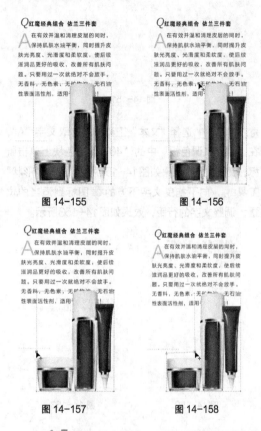

图 14-155　　　　图 14-156

图 14-157　　　　图 14-158

**STEP 7** 选择"选择"工具，在属性栏中单击"文本换行"按钮，在弹出的菜单中选择"文本从左向右排列"命令，如图14-159所示，单击"确定"按钮，效果如图14-160所示。水平向上拖曳文本框到适当的位置，效果如图14-161所示。

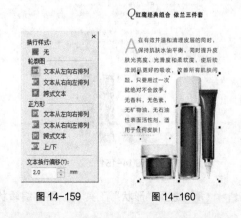

图 14-159　　　　图 14-160

图 14-161

### 4．添加其他文字信息

**STEP 1** 选择"文本"工具，选取并复制记事本文档中的"Q&A"文字，将复制的文字粘贴到CorelDRAW页面中的适当位置，如图14-162所示。设置文字颜色的CMYK值为0、100、60、0，填充文字。分别选取文字"Q"和"A"，在属性栏中选择合适的字体并设置文字大小，效果如图14-163所示。

图 14-162

图 14-163

**STEP 2** 选择"贝塞尔"工具，绘制一条线段，如图14-164所示。选取并复制记事本文档中的文字，返回到CorelDRAW页面中，将复制的文字粘贴到适当的位置。选择"选择"工具，在属性栏中选择适当的字体并设置大小，效果如图14-165所示。选择"文本>使文本适合路径"命令，出现箭头图标，将箭头放在直线路径上，文本自动绕路径排列，如图14-166所示，单击鼠标左键，效果如

图14-167所示。在"CMYK调色板"中的"无填充"按钮⊠上单击鼠标右键，去除直线的颜色，效果如图14-168所示。

图 14-164

图 14-165

图 14-166

图 14-167

图 14-168

**STEP 3** 选择"手绘"工具，按住Ctrl键的同时，绘制一条直线，如图14-169所示。按F12键，弹出"轮廓笔"对话框，在"颜色"选项中设置轮廓线颜色的CMYK值为0、20、20、0，其他选项的设置如图14-170所示，单击"确定"按钮，效果如图14-171所示。连续按Ctrl+PageDown组合键，

向下调整直线的顺序，效果如图14-172所示。

图 14-169

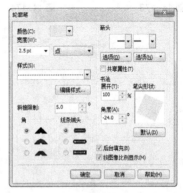

图 14-170

图 14-171      图 14-172

**STEP 4** 选择"文件>导入"命令，弹出"导入"对话框。选择光盘中的"Ch14>素材>杂志栏目>03"文件，单击"导入"按钮，在页面中单击导入图片，拖曳到适当的位置，如图14-173所示。

### 5．绘制图形并编辑文字

**STEP 1** 选择"椭圆形"工具，按住Ctrl键，在页面中绘制一个圆形，设置圆形颜色的CMYK值为0、20、20、0，填充圆形，并去除圆形的轮廓线，

效果如图14-174所示。选择"文本"工具字，鼠标光标变为I图标，如图14-175所示，在圆形上单击，效果如图14-176所示。

图 14-173

图 14-174

图 14-175

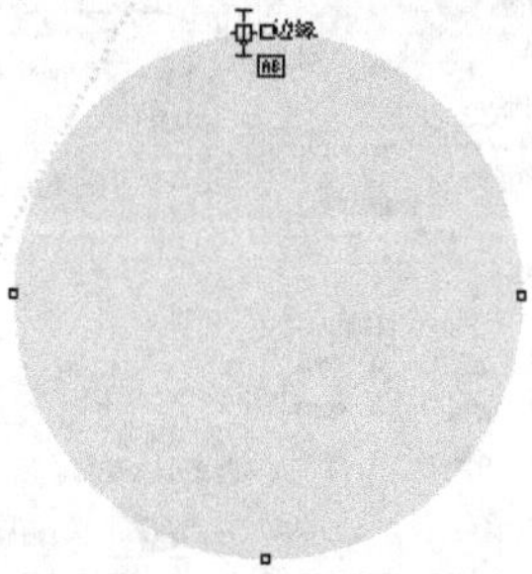

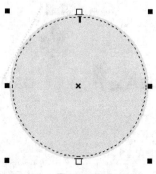
图 14-176

**STEP 2** 选取并复制记事本文档中的文字，将复制的文字粘贴到文本框中。选择"选择"工具，在属性栏中选择合适的字体并设置文字大小，如图14-177所示。将光标插入"A"的前面，按4次Enter键，文本换行，效果如图14-178所示。选择"文字>首字下沉"命令，弹出"首字下沉"对话框，选项的设置如图14-179所示，单击"确定"按钮，效果如图14-180所示。

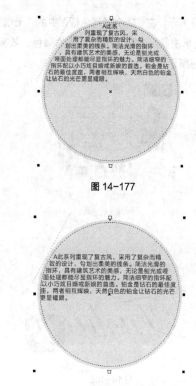
图 14-177

图 14-178

图 14-179

图 14-180

**STEP 3** 选取文字"A"，填充为白色。选择"形状"工具，向下拖曳文字下方的图标，调整文字的行距,效果如图14-181所示。参照上面的制作方法,制作出如图14-182所示的效果。

图 14-181

图 14-182

### 6. 绘制装饰图形并添加页码

**STEP 1** 选择"椭圆形"工具 ◯ ,按住Ctrl键,绘制一个圆形,设置圆形颜色的CMYK值为0、40、0、0,填充圆形,并去除圆形的轮廓线,效果如图14-183所示。选择"透明度"工具 ₂ ,在属性栏中将"透明度类型"选项设为"标准",其他选项的设置如图14-184所示,按Enter键,效果如图14-185所示。

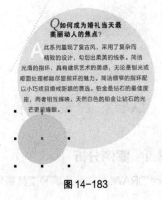

图 14-183

图 14-184 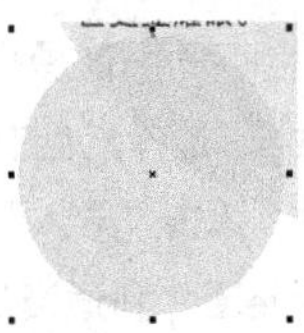　　　　　　　图 14-185

**STEP 2** 选择"椭圆形"工具 ◯ ,按住Ctrl键,绘制一个圆形,设置圆形颜色的CMYK值为0、40、20、0,填充圆形,并去除圆形的轮廓线,效果如图14-186所示。选择"透明度"工具 ₂ ,在属性栏中将"透明度类型"选项设为"标准",其他选项的设置如图14-187所示,按Enter键,效果如图14-188所示。

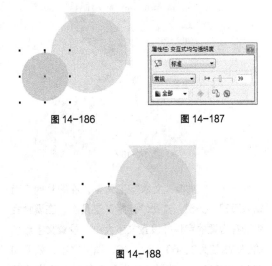

图 14-186　　　　　　　图 14-187

图 14-188

**STEP 3** 选择"椭圆形"工具 ◯ ,按住Ctrl键,绘制一个圆形,设置圆形颜色的CMYK值为20、80、0、0,填充圆形,并去除圆形的轮廓线,效果如图14-189所示。选择"透明度"工具 ₂ ,在属性栏中将"透明度类型"选项设为"标准",其他选项的设置如图14-190所示,按Enter键,效果如图14-191所示。

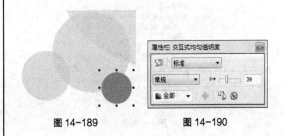

图 14-189　　　　　　　图 14-190

**STEP 4** 选择"文件>导入"命令，弹出"导入"对话框。选择光盘中的"Ch14>素材>杂志栏目>04"文件，单击"导入"按钮，在页面中单击导入图片，并调整图片到适当的位置，如图14-192所示。

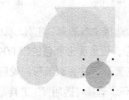

图 14-191

图 14-192

**STEP 5** 选择"文本"工具 字，在图片的下面输入页码"085"。选择"选择"工具 ，在属性栏中选择合适的字体并设置文字大小，设置文字颜色的CMYK值为0、60、60、40，填充文字，效果如图14-193所示。选择"矩形"工具 □，在文字的下方绘制一个矩形，设置矩形颜色的CMYK值为0、60、60、40，填充矩形，并去除矩形的轮廓线，效果如图14-194所示。

图 14-193

085

图 14-194

**STEP 6** 选择"文本"工具 字，分别输入需要的文字。选择"选择"工具 ，在属性栏中分别选择合适的字体并设置文字大小，填充文字为白色，效果如图14-195所示。选取文字"Touch"，选择"形状"工具 ，向右拖曳文字下方的 ▶ 图标，调整文字的字距，效果如图14-196所示。

085 13 ouch    085 13 o u c h

图 14-195          图 14-196

**STEP 7** 选择"选择"工具 ，用圈选的方法将图形和文字全部选取，按Ctrl+G组合键，将其群组。杂志栏目绘制完成，按Esc键，取消选取状态，效果如图14-197所示。

**STEP 8** 按Ctrl+S组合键，弹出"保存图形"对话框，将制作好的图像命名为"杂志栏目"，保存为CDR格式，单击"保存"按钮，将图像保存。

图 14-197

## 14.3 饮食栏目设计

### 14.3.1 案例分析

在 CorelDRAW 中，使用调和工具制作圆的调和效果，使用文本工具和形状工具添加并调整文字的间距，使用图框精确剪裁命令将图片和圆形置入圆角矩形中，使用阴影工具为文字添加阴影效果，使用栏命令制作文本分栏效果，使用插入字符命令插入需要的字符图形。

### 14.3.2 案例设计

本案例设计流程如图 14-198 所示。

图 14-198

### 14.3.3 案例制作

#### CorelDRAW 应用

#### 1. 制作标题效果

**STEP★1** 按 Ctrl+O 组合键，弹出"打开图形"对话框，选择"Ch14>效果>杂志栏目"文件，单击"打开"按钮，打开文件。选择"选择"工具 ，选取需要的图形，如图 14-199 所示。按 Ctrl+C 组合键，复制图形。按 Ctrl+N 组合键，新建一个 A4 页面，按 Ctrl+V 组合键，粘贴图形，效果如图 14-200 所示。

**STEP★2** 选择"文本"工具 ，分别选取要修改的文字，进行修改，并分别填充适当的颜色，效果如图 14-201 所示。选择"选择"工具 ，用圈选的方法选取需要的文字和图形，设置图形颜色的

CMYK 值为 0、60、100、20，填充图形，效果如图 14-202 所示。选择需要修改的图形，设置图形颜色的 CMYK 值为 0、20、100、0，填充图形，效果如图 14-203 所示。

图 14-199　　　　　　　图 14-200

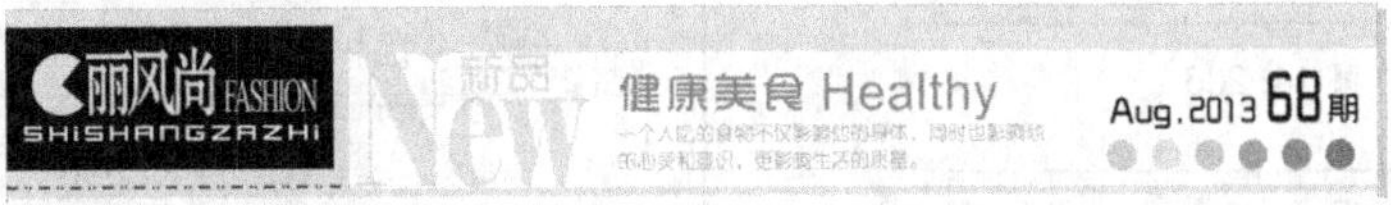

图 14-201

图 14-202

图 14-203

STEP 3 选择"文本"工具 字，选取文字"New"，将其删除并输入"Food"，设置文字颜色的CMYK值为0、20、100、0，填充文字，效果如图14-204所示。选择"选择"工具 ，选择文字"新品"，设置文字颜色的CMYK值为0、20、100、0，填充文字，效果如图14-205所示。

图 14-204

图 14-205

STEP 4 选择"选择"工具 ，选取右下方的6个圆形，按Delete键将其删除。选择"椭圆形"工具 ，按住Ctrl键，绘制一个圆形，在"CMYK调色板"中的"黄"色块上单击鼠标，填充图形，并去除图形的轮廓线，效果如图14-206所示。用相同的方法再绘制一个圆形，在"CMYK调色板"中的"橘红"色块上单击鼠标，填充图形，并去除图形的轮廓线，效果如图14-207所示。

图 14-206

图 14-208

图 14-209

### 2. 编辑图形和图片

STEP 1 选择"矩形"工具 ，绘制一个矩形，在属性栏中将"圆角半径"选项均设为7mm，如图14-210所示，按Enter键，设置图形颜色的CMYK值为0、20、100、0，填充图形，效果如图14-211所示。

图 14-210

STEP 5 选择"调和"工具 ，在两个圆之间应用调和，在属性栏中进行设置，如图14-208所示，按Enter键，调和效果如图14-209所示。

图 14-211

STEP 2 按F12键，弹出"轮廓笔"对话框，在"颜色"选项中设置轮廓线颜色的CMYK值为42、34、34、1，其他选项的设置如图14-212所示，单击"确定"按钮，效果如图14-213所示。

图 14-212

图 14-213

STEP 3 选择"椭圆形"工具 ◯，按住Ctrl键，绘制一个圆形，设置图形颜色的CMYK值为0、60、80、0，填充图形，并去除圆形的轮廓线，效果如图14-214所示。用相同的方法再绘制一个圆形，并填充相同的颜色，去除图形的轮廓线，效果如图14-215所示。

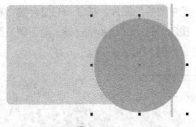

图 14-214

STEP 4 选择"文件>导入"命令，弹出"导入"对话框。选择光盘中的"Ch14>素材>饮食栏目>01"文件，单击"导入"按钮，在页面中单击导入图片，调整图片大小并拖曳到适当的位置，如图14-216所示。

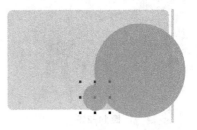

图 14-215

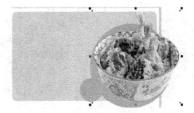

图 14-216

STEP 5 选择"选择"工具 ▶，用圈选的方法选取需要的图形。选择"效果>图框精确剪裁>放置在容器中"命令，鼠标的光标变为黑色箭头形状，在圆角矩形上单击，如图14-217所示。将选取的图形置入到圆角矩形中，效果如图14-218所示。

图 14-217

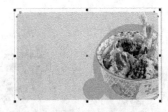

图 14-218

### 3. 添加并编辑说明性文字

STEP 1 选择"椭圆形"工具 ◯，按住Ctrl键，绘制一个圆形，如图14-219所示。选择"文本"工具 字，在圆形的边缘上单击，如图14-220所示，在圆上插入光标，选取并复制记事本文档中的"你快乐，就是我快乐"文字，将复制的文字粘贴到页面中，在属性栏中选择合适的字体并设置文字大小，效果如图14-221所示。

图 14-219

图 14-220

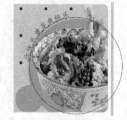

图 14-221

**STEP 2** 选择"文本"工具 字，在属性栏中进行设置，如图14-222所示，按Enter键，效果如图14-223所示。选取文本，在"CMYK调色板"中的"红"色块上单击鼠标，填充文字。选择"选择"工具 ，选取圆形，去除圆形的轮廓线，效果如图14-224所示。

图 14-222

图 14-223

图 14-224

**STEP 3** 选择"矩形"工具 ，绘制一个矩形，如图14-225所示。按Ctrl+Q组合键，将矩形转化为曲线。选择"形状"工具 ，垂直向上拖曳矩形右下角的节点到适当的位置，效果如图14-226所示。

**STEP 4** 选择"文件>导入"命令，弹出"导入"

对话框。选择光盘中的"Ch14>素材>饮食栏目>02、03、04"文件，单击"导入"按钮，在页面中分别单击导入图片，调整图片大小并拖曳到适当的位置，效果如图14-227所示。

图 14-225

图 14-226

图 14-227

**STEP 5** 选择"选择"工具 ，按住Shift键的同时，选中需要的图片。按Ctrl+G组合键，将图片群组。按Ctrl+PageDown组合键，向下调整图片顺序，效果如图14-228所示。

图 14-228

**STEP 6** 选择"效果>图框精确剪裁>放置在容器中"命令，鼠标的光标变为黑色箭头形状，在矩形图框上单击，如图14-229所示。将选取的图片置入矩形框中，效果如图14-230所示。

图 14-229

图 14-230

**STEP 7** 按F12键，弹出"轮廓笔"对话框，在"颜色"选项中设置轮廓线颜色的CMYK值为0、0、20、0，其他选项的设置如图14-231所示，单击"确定"按钮，效果如图14-232所示。

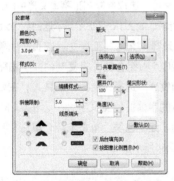

图 14-231

图 14-232

**STEP 8** 选择"文本"工具，在页面中适当的位置拖曳一个文本框，如图14-233所示。选取并复制记事本文档中的"1.炖老鸡……味相宜。"文字，将复制的文字粘贴到页面中，在属性栏中选择合适的字体并设置文字大小，效果如图14-234所示。单击属性栏中的"项目符号列表"按钮，为段落文本添加项目符号，效果如图14-235所示。

**STEP 9** 选择"形状"工具，向下拖曳文字

下方的 图标，调整文字的行距，效果如图14-236所示。

图 14-233

图 14-234

图 14-235

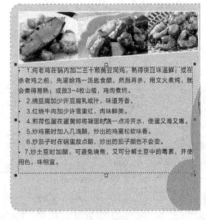

图 14-236

**STEP 10** 选择"文本"工具，选取并复制记事本文档中的文字"做饭技巧学几招!"，将复制的文字粘贴到页面中，选择"选择"工具，在属性栏中选择合适的字体并设置文字大小。设置文字

颜色的CMYK值为6、99、95、0，填充文字，效果如图14-237所示。选择"形状"工具 ▷，向左拖曳文字下方的 ╟▶ 图标，调整文字的字距，效果如图14-238所示。

图 14-237

图 14-238

**STEP 11** 按F12键，弹出"轮廓笔"对话框，在"颜色"选项中选择轮廓线的颜色为白色，其他选项的设置如图14-239所示，单击"确定"按钮，效果如图14-240所示。

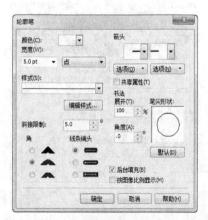

图 14-239

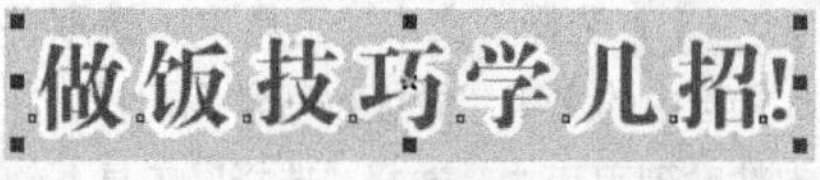

图 14-240

**STEP 12** 选择"阴影"工具 ▢，在文字上从上向下拖曳光标，为文字添加阴影效果，在属性栏中进行设置，如图14-241所示，按Enter键，阴影效果如图14-242所示。

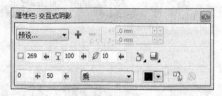

图 14-241

做饭技巧学几招!

图 14-242

### 4. 制作文字分栏并导入图片

**STEP 1** 打开光盘中的"Ch14>素材>饮食栏目>记事本"文件，选取并复制记事本文档中的文字"吃出健康时尚"，如图14-243所示。返回到CorelDRAW页面中，选择"文本"工具 字，在页面中单击插入光标，按Ctrl+V组合键，将复制的文字粘贴到页面中适当的位置。选择"选择"工具 ▷，在属性栏中选择合适的字体并设置文字大小，在"CMYK调色板"中的"红"色块上单击鼠标，填充文字，效果如图14-244所示。

图 14-243

**STEP 2** 单击属性栏中的"将文本更改为垂直方向"按钮 ⦀，将文字竖排并拖曳到适当的位置，效果如图14-245所示。选择"形状"工具 ▷，向上拖曳文字下方的 ╪ 图标，调整文字的字距，效果如图14-246所示。

图 14-244

图 14-245

图 14-246

STEP 3 选择"椭圆形"工具 ◯，按住Ctrl键，绘制一个圆形，设置图形颜色的CMYK值为20、100、98、0，填充图形，在属性栏中的"轮廓宽度" ◯ .2 pt ▼ 框中设置数值为2pt，效果如图14-247所示。选择"选择"工具 � ，按住Ctrl键的同时，垂直向下拖曳圆形，并在适当的位置上单击

鼠标右键，复制一个新的圆形，效果如图14-248所示。按住Ctrl键，连续按D键，复制出两个圆形，效果如图14-249所示。

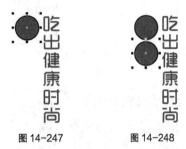

图 14-247　　　　图 14-248

图 14-249

STEP 4 选择"文本"工具 字，选取并复制记事本文档中的文字"辣味美食"，将复制的文字粘贴到页面中，在属性栏中选择合适的字体并设置文字大小，填充文字为白色。单击属性栏中的"将文本更改为垂直方向"按钮 ⫿，将文字竖排并拖曳到适当的位置，效果如图14-250所示。选择"形状"工具 ▷，向下拖曳文字下方的 ⯚ 图标，调整文字的字距，效果如图14-251所示

图 14-250　　　　图 14-251

STEP 5 选择"文本"工具 字，在页面中拖曳一个文本框，如图14-252所示。选取并复制记事本文档中的"将吃辣的文化……延长生命。"文字，将复制的文字粘贴到页面中，在属性栏中选择合适的字体并设置文字大小，效果如图14-253所示。

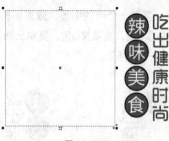

图 14-252

图 14-253

**STEP 6** 选择"选择"工具，选取文本框，选择"文本>段落格式化"命令，弹出"段落格式化"面板，设置如图14-254所示，按Enter键，效果如图14-255所示。

图 14-254

图 14-255

**STEP 7** 选择"文本>栏"命令，弹出"栏设置"对话框，选项的设置如图14-256所示，单击"确定"按钮，效果如图14-257所示。

图 14-256

图 14-257

**STEP 8** 选择"文件>导入"命令，弹出"导入"对话框。选择光盘中的"Ch14>素材>饮食栏目>05、06、07"文件，单击"导入"按钮，在页面中单击导入图片，调整图片大小并将其拖曳到适当的位置，效果如图14-258所示。

图 14-258

### 5. 添加其他信息

**STEP 1** 选择"矩形"工具，在页面中绘制一个矩形，在属性栏中进行设置，如图14-259所示。设置图形颜色的CMYK值为0、20、100、0，填充图形，并去除图形的轮廓线，效果如图14-260所示。

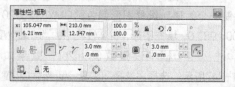

图 14-259

辣
味
美
食
吃出健康时尚

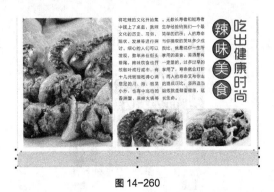

图 14-260

STEP 2 选择“文本”工具，在圆角矩形上输入需要的文字。分别选取需要的文字，在属性栏中选择合适的字体并设置文字大小，效果如图14-261所示。

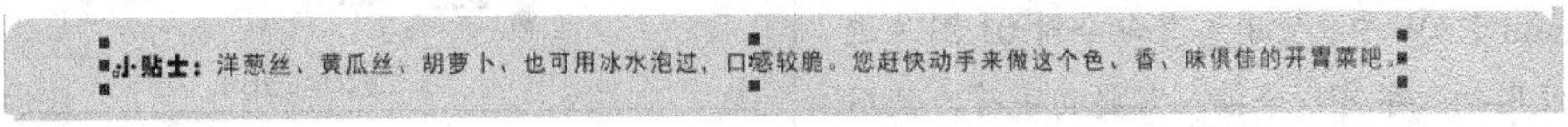
小贴士：洋葱丝、黄瓜丝、胡萝卜、也可用冰水泡过，口感较脆。您赶快动手来做这个色、香、味俱佳的开胃菜吧。

图 14-261

STEP 3 选择“文本>插入符号字符”命令，弹出“插入字符”对话框，在对话框中按要求进行设置并选择需要的字符，如图14-262所示，单击“插入”按钮，插入字符。在“CMYK调色板”中的“红”色块上单击鼠标，填充字符，调整其大小和位置，效果如图14-263所示。

插入字符
字体(F): Wingdings
代码页(C): 所有字符
键击: Alt + #: 038
字符大小(S): 50.8 mm
插入(I)

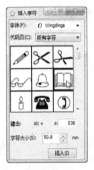

图 14-262

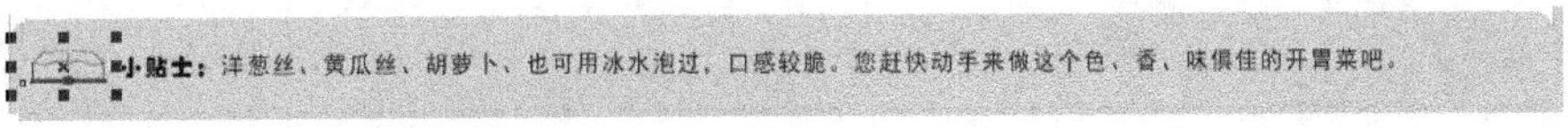
小贴士：洋葱丝、黄瓜丝、胡萝卜、也可用冰水泡过，口感较脆。您赶快动手来做这个色、香、味俱佳的开胃菜吧。

图 14-263

STEP 4 选择“文本”工具，在页面中适当的位置输入需要的文字。选择“选择”工具，在属性栏中选择合适的字体并设置文字大小，在“CMYK调色板”中的“橘红”色块上单击鼠标，填充文字，效果如图14-264所示。选择“矩形”工具，绘制一个矩形，填充与文字相同的颜色，效果如图14-265所示。

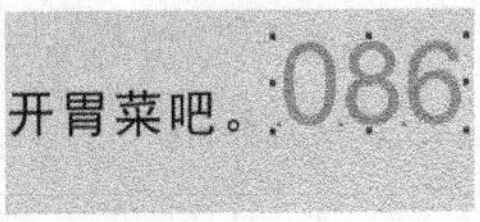
开胃菜吧。086

图 14-264

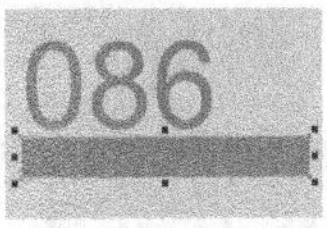
086

图 14-265

STEP 5 选择“文本”工具，在页面中适当的位置分别输入需要的文字。选择“选择”工具，在属性栏中选择合适的字体并设置文字大小，填充文字为白色。选取文字“Touch”，选择“形状”工具，向右拖曳文字下方的图标，调整文字的间距，效果如图14-266所示。饮食栏目制作完成，效果如图14-267所示。

086
13 Touch

图 14-266

Food
Healthy
吃出健康时尚
辣
味
美
食

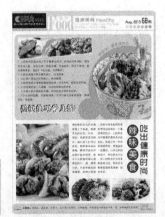

图 14-267

STEP↙6 按Ctrl+S组合键，弹出"保存图形"
对话框，将制作好的图像命名为"饮食栏目"，保存
为CDR格式，单击"保存"按钮，将图像保存。

# 14.4 课后习题
## ——化妆品栏目设计

### 🔍 习题知识要点

在 CorelDRAW 中，使用卷页命令对 01 图片进
行编辑，使用插入字符命令插入需要的字符，使用
内置文本命令将文本置入圆形中，使用艺术笔工具
添加雪花图形。化妆品栏目如图 14-268 所示。

图 14-268

### 🔍 效果所在位置

光盘/Ch14/效果/化妆品栏目.cdr。

# 15 Chapter

## 第 15 章
## 包装设计

　　包装代表着一个商品的品牌形象。好的包装可以让商品在同类产品中脱颖而出，吸引消费者的注意力并引发其购买行为。包装可以起到保护并美化商品及传达商品信息的作用。好的包装更可以极大地提高商品的价值。本章以酒盒包装设计为例，讲解包装的设计方法和制作技巧。

【课堂学习目标】

- 在 Photoshop 软件中制作包装背景图和立体效果图
- 在 CorelDRAW 软件中制作包装平面展开图

# 15.1 酒盒包装设计

## 15.1.1 案例分析

在 Photoshop 中，使用色相/饱和度命令调整图片颜色，使用蒙版和图层的混合模式制作图片的融合效果，使用变换命令、蒙版和渐变工具制作包装投影。在 CoreIDRAW 中，显示标尺并拖曳出辅助线制作包装结构线；使用矩形工具、形状工具和修整图形工具制作结构图；使用文字工具、渐变填充工具和轮廓笔工具添加文字和相关信息。

## 15.1.2 案例设计

本案例设计流程如图 15-1 所示。

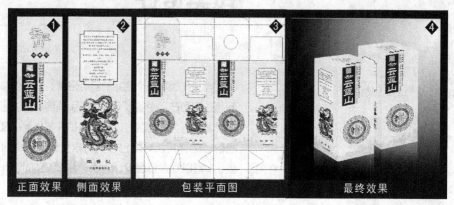

图 15-1

## 15.1.3 案例制作

**Photoshop 应用**

**1. 绘制装饰图形**

**STEP 1** 按Ctrl+N组合键，新建一个文件：宽度为40cm，高度为25cm，分辨率为300像素/英寸，颜色模式为RGB，背景内容为白色。选择"视图>新建参考线"命令，弹出"新建参考线"对话框，设置如图15-2所示，单击"确定"按钮，效果如图15-3所示。用相同的方法在20cm和30cm处新建两条垂直参考线，效果如图15-4所示。将前景色设置为淡绿色（ 其R、G、B的值分别为234、244、242 ），按Alt+Delete组合键，用前景色填充"背景"图层。

图 15-2

图 15-3

图 15-4

**STEP 2** 按 Ctrl+O 组合键，打开光盘中的"Ch15>素材>酒盒包装设计>01"文件，选择"移动"工具，将纹样图形拖曳到图像窗口中适当的位置，效果如图15-5所示，在"图层"控制面板中生成新的图形并将其命名为"龙纹"。在控制面板上方，将"龙纹"图层的混合模式选项设为"排除"，如图15-6所示，图像效果如图15-7所示。

图 15-5

图 15-6

图 15-7

**STEP 3** 按住Ctrl键的同时，单击"龙纹"图层的图层缩览图，载入选区，如图15-8所示。单击"图层"控制面板下方的"创建新的填充或调整图层"按钮 ，在弹出的菜单中选择"色相/饱和度"命令，在"图层"控制面板中生成"色相/饱和度 1"图层，同时弹出"色相/饱和度"面板，选项的设置如图15-9所示，按Enter键确认操作。按Ctrl+D组合键，取消选区，效果如图15-10所示。

图 15-8

图 15-9

图 15-10

**STEP 4** 按住Shift键，同时选取"龙纹"和"色相/饱和度"图层。将选取的图层拖曳到控制面板下方的"创建新图层"按钮 上进行复制，生成新的副本图层，如图15-11所示。选择"移动"工具 ，在图像窗口中将副本图形水平向右拖曳到适当的位置，效果如图15-12所示。

图 15-11

图 15-12

**STEP 5** 按 Ctrl+O 组合键，打开光盘中的"Ch15>素材>酒盒包装设计>02"文件，选择"移动"工具 ，将图形拖曳到图像窗口中适当的位置，如图15-13所示，在"图层"控制面板中生成新的图层并将其命名为"山"。在控制面板上方，将"山"图层的混合模式选项设为"排除"，"不透明度"选项设为20%，如图15-14所示，图像效果如图15-15所示。

图 15-13

图 15-14

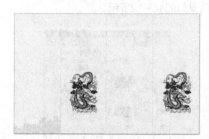

图 15-15

STEP▲6 选择"移动"工具，将"山"图层拖曳到控制面板下方的"创建新图层"按钮上进行复制，生成新的副本图层，如图15-16所示。选择"移动"工具，在图像窗口中将副本图形水平向右拖曳到适当的位置，效果如图15-17所示。按Ctrl+T组合键，图形周围出现控制手柄，单击鼠标右键，在弹出的菜单中选择"水平翻转"命令，水平翻转复制的图形，效果如图15-18所示。用相同的方法再复制两个山图形，效果如图15-19所示。

图 15-16

图 15-17

图 15-18

图 15-19

STEP▲7 新建图层并将其命名为"直线"。将前景色设为白色。选择"直线"工具，单击属性栏中的"填充像素"按钮，将"粗细"选项设为10px，绘制一条直线，效果如图15-20所示。

图 15-20

STEP▲8 新建图层并将其命名为"直线2"。选择"直线"工具，将"粗细"选项设为5px，绘制一条直线，效果如图15-21所示。

图 15-21

**STEP　9** 酒盒背景图制作完成。按Ctrl+Shift+E
组合键，合并可见图层。按Ctrl+S组合键，弹出"存
储为"对话框，将制作好的图像命名为"酒盒包装
背景图"，保存为TIFF格式，单击"保存"按钮，弹
出"TIFF选项"对话框，单击"确定"按钮，将图
像保存。

### CorelDRAW 应用

### 2. 绘制包装平面展开结构图

**STEP　1** 打开CorelDRAW X5软件，按Ctrl+N
组合键，新建一个页面。在属性栏的"页面度量"
选项中分别设置宽度为425mm，高度为450mm，
如图15-22所示，按Enter键，页面显示尺寸为设置
的大小，如图15-23所示。

图 15-22

图 15-23

**STEP　2** 按Ctrl+J组合键，弹出"选项"对话框，
选择"辅助线/水平"选项，在文字框中设置数值为
27，如图15-24所示，单击"添加"按钮，在页面
中添加一条水平辅助线。再分别添加81mm、

331mm、430mm处的水平辅助线，单击"确定"
按钮，效果如图15-25所示。

图 15-24

图 15-25

**STEP　3** 按Ctrl+J组合键，弹出"选项"对话框，
选择"辅助线/垂直"选项，在文字框中设置数值为
25，如图15-26所示，单击"添加"按钮，在页面
中添加一条垂直辅助线。再分别添加125mm、225
mm、325mm处的垂直辅助线，单击"确定"按钮，
效果如图15-27所示。选择"矩形"工具 □，在页
面中绘制一个矩形，效果如图15-28所示。

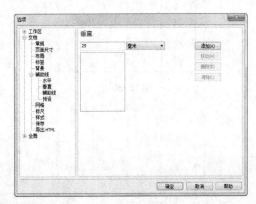

图 15-26

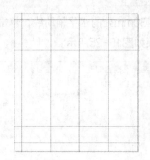

图 15-27

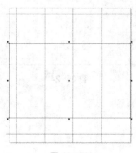

图 15-28

**STEP<sup>4</sup>** 按Ctrl+Q组合键，将矩形转换为曲线。选择"形状"工具，在适当的位置用鼠标双击添加节点，如图15-29所示。选取需要的节点并拖曳到适当的位置，松开鼠标左键，如图15-30所示。用相同的方法制作出如图15-31所示的效果。

图 15-29

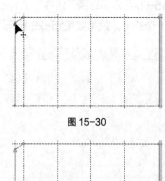

图 15-30

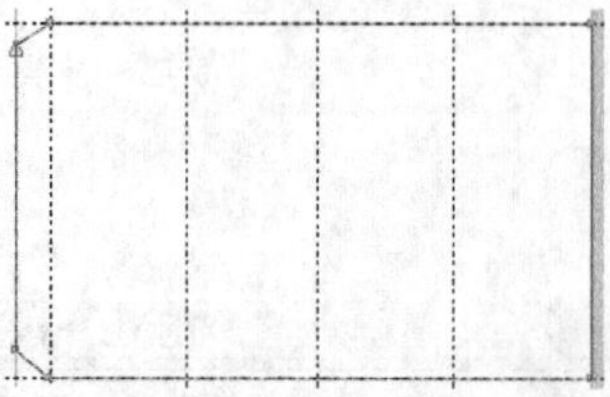

图 15-31

### 3. 绘制包装顶面结构图

**STEP<sup>1</sup>** 选择"矩形"工具 ，在页面中绘制一个矩形，在属性栏中进行设置，如图15-32所示，按Enter键，圆角矩形的效果如图15-33所示。

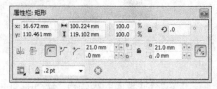

图 15-32

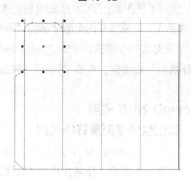

图 15-33

**STEP<sup>2</sup>** 选择"矩形"工具 ，在页面中绘制一个矩形，在属性栏中进行设置，如图15-34所示，按Enter键，圆角矩形的效果如图15-35所示。

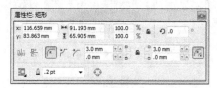

图 15-34

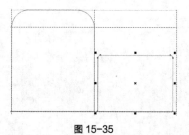

图 15-35

**STEP<sup>3</sup>** 按Ctrl+Q组合键，将图形转换为曲线。选择"形状"工具 ，在适当的位置用鼠标双击添加节点，如图15-36所示。选取需要的节点并拖曳到适当的位置，松开鼠标左键，如图15-37所示。用相同的方法制作出如图15-38所示的效果。

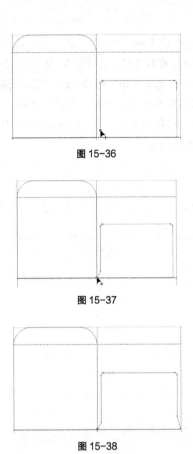

图 15-36

图 15-37

图 15-38

STEP **4** 选择"矩形"工具 □，在页面中绘制一个矩形，在属性栏中进行设置，如图15-42所示，按Enter键，效果如图15-40所示。

图 15-39

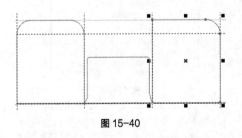

图 15-40

STEP **5** 选择"矩形"工具 □，在页面中绘制一个矩形，在属性栏中进行设置，如图15-41所示，按Enter键确认，圆角矩形的效果如图15-42所示。

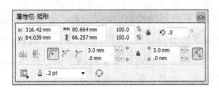

图 15-41

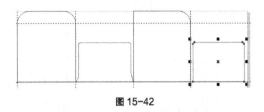

图 15-42

STEP **6** 按Ctrl+Q组合键，将图形转换为曲线。选择"形状"工具 ，在适当的位置双击鼠标添加节点，如图15-43所示。选取需要的节点并拖曳到适当的位置，松开鼠标左键，如图15-44所示。用相同的方法制作出如图15-45所示的效果。

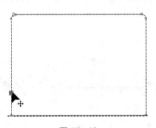

图 15-43

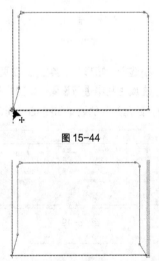

图 15-44

图 15-45

## 4. 绘制包装底面结构图

STEP **1** 选择"矩形"工具 □，在页面中适当的位置绘制一个矩形，如图15-46所示。按Ctrl+Q

组合键，将图形转换为曲线。选择"形状"工具 ，选取需要的节点拖曳到适当的位置，如图15-47所示。用相同的方法选取右下角的节点，并拖曳到适当的位置，效果如图15-48所示。

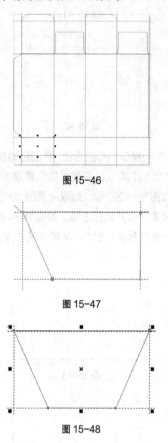

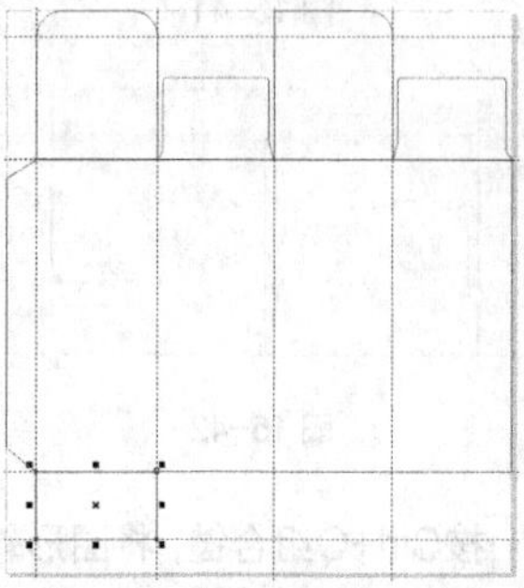

图 15-46

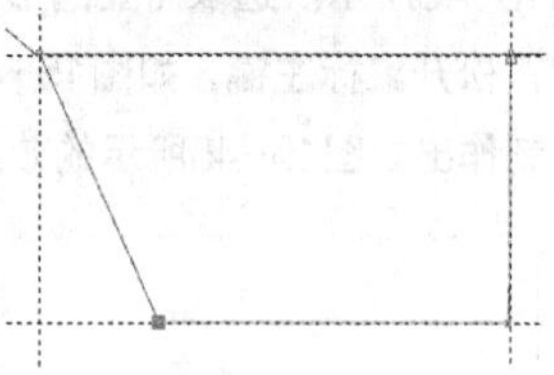

图 15-47

图 15-48

**STEP 2** 选择"矩形"工具 ，在页面中绘制一个矩形，在属性栏中进行设置，如图15-49所示，按Enter键，圆角矩形的效果如图15-50所示。

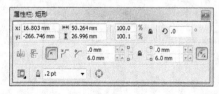

图 15-49

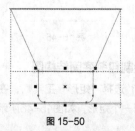

图 15-50

**STEP 3** 选择"矩形"工具 ，在页面中绘制一个矩形，在属性栏中进行设置，如图15-51所示，按Enter键，效果如图15-52所示。按Ctrl+Q组合键，将图形转换为曲线。选择"形状"工具 ，用圈选的方法选取需要的节点并拖曳到适当的位置，如图15-53所示。

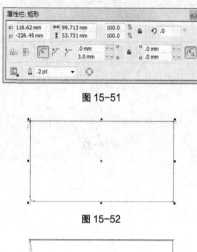

图 15-51

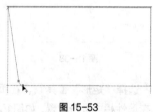

图 15-52

图 15-53

**STEP 4** 在适当的位置双击鼠标添加节点，如图15-54所示，拖曳到适当的位置，如图15-55所示。单击属性栏中的"转换为曲线"按钮 ，将直线转换为曲线，再单击"平滑节点"按钮 ，使节点平滑，并拖曳到适当的位置，效果如图15-56所示。

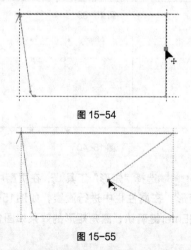

图 15-54

图 15-55

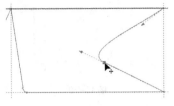

图 15-56

**STEP 5** 再次选取需要的节点，拖曳到适当的位置，如图15-57所示。单击属性栏中的"转换为曲线"按钮，将直线转换为曲线，再单击"平滑节点"按钮，使节点平滑，效果如图15-58所示。

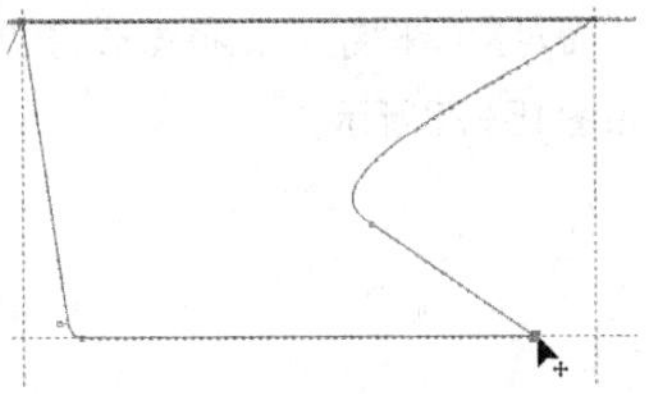

图 15-57

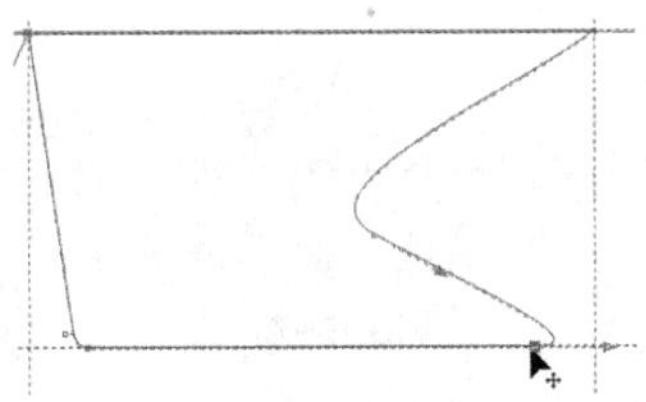

图 15-58

**STEP 6** 选择"矩形"工具，在页面中绘制一个矩形，在属性栏中进行设置，按Enter键，圆角矩形的效果如图15-60所示。

图 15-59

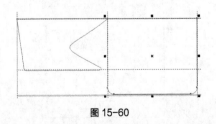

图 15-60

**STEP 7** 选择"矩形"工具，在适当的位置

绘制一个矩形，如图15-61所示。选择"选择"工具，用圈选的方法将两个图形同时选取，单击属性栏中的"移除前面对象"按钮，将两个图形剪切为一个图形，效果如图15-62所示。

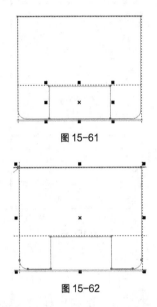

图 15-61

图 15-62

**STEP 8** 选择"矩形"工具，在页面中绘制一个矩形，在属性栏中进行设置，如图15-63所示，按Enter键，圆角矩形的效果如图15-64所示。

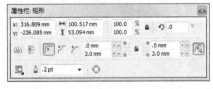

图 15-63

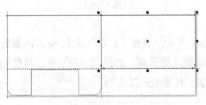

图 15-64

**STEP 9** 按Ctrl+Q组合键，将图形转换为曲线。选择"形状"工具，用圈选的方法选取需要的节点，并拖曳到适当的位置，如图15-65所示。在适当的位置双击鼠标添加节点，如图15-66所示，并拖曳到适当的位置，松开鼠标左键，如图15-67所

示。单击属性栏中的"转换为曲线"按钮 ，将直
线转换为曲线，再单击"平滑节点"按钮 ，使节
点平滑，效果如图15-68所示。

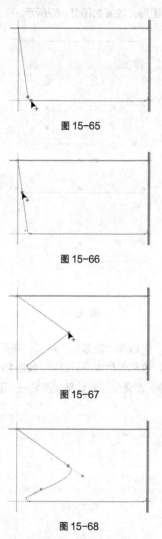

图 15-65

图 15-66

图 15-67

图 15-68

**STEP 10** 选择"形状"工具 ，用圈选的方
法选取需要的节点，如图15-69所示，拖曳到适当
的位置，如图15-70所示。

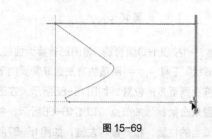

图 15-69

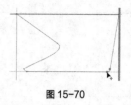

图 15-70

**STEP 11** 选择"选择"工具 ，用圈选的方
法将所有图形同时选取，如图15-71所示。单击属
性栏中的"合并"按钮 ，将所有图形合并成一个
图形，效果如图15-72所示。选择"椭圆形"工具
，按住Ctrl键，在页面中适当的位置绘制一个圆
形。将圆形和合并的图形同时选取，单击属性栏中
的"移除前面对象"按钮 ，将图形剪切为一个图
形，效果如图15-73所示。

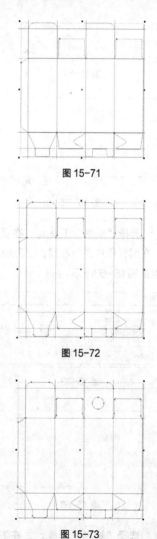

图 15-71

图 15-72

图 15-73

## 5. 制作包装顶面效果

**STEP 1** 选择"矩形"工具 □，绘制一个矩形，设置矩形颜色的CMYK值为10、0、6、0，填充矩形，并去除矩形的轮廓线，效果如图15-74所示。

**STEP 2** 选择"文件>导入"命令，弹出"导入"对话框。选择光盘中的"Ch15>素材>酒盒包装设计>01"文件，单击"导入"按钮，在页面中单击导入图片，调整其大小并拖曳到适当的位置，如图15-75所示。

 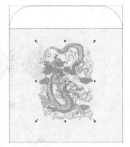

图 15-74 图 15-75

**STEP 3** 选择"透明度"工具 ，在属性栏中进行设置，如图15-76所示，按Enter键，效果如图15-77所示。

图 15-76 图 15-77

**STEP 4** 选择"文本"工具 字，分别输入需要的文字。选择"选择"工具 ，在属性栏中分别选择合适的字体并设置文字大小，效果如图15-78所示。

**STEP 5** 选择"选择"工具 ，用圈选的方法将文字同时选取。按Ctrl+Q组合键，将文字转换为曲线。单击属性栏中的"合并"按钮 ，将文字合并，效果如图15-79所示。

**STEP 6** 选择"渐变填充"工具 ，弹出"渐变填充"对话框。选择"双色"选项，将"从"选项颜色的CMYK值设置为0、20、20、0，"到"选

项颜色的CMYK值设置为0、0、20、0，其他选项的设置如图15-80所示。单击"确定"按钮，填充文字，效果如图15-81所示。

图 15-78 图 15-79

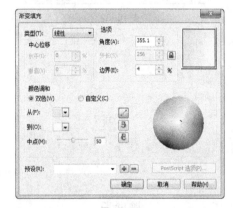

图 15-80

图 15-81

**STEP 7** 按F12键，弹出"轮廓笔"对话框，在"颜色"选项中设置轮廓线颜色的CMYK值为0、20、40、80，其他选项的设置如图15-82所示，单击"确定"按钮，效果如图15-83所示。

**STEP 8** 选择"矩形"工具 □，绘制一个矩形，设置图形颜色的CMYK值为100、93、50、9，填充图形，并去除图形的轮廓线，效果如图15-84所示。

在属性栏中的"旋转角度" ⌒ .0 ° 框中设置数值为45，按Enter键，效果如图15-85所示。

图 15-82

图 15-83

图 15-84　　　　　　图 15-85

**STEP　9** 选择"选择"工具 ⊳，按住Ctrl键的同时，水平向右拖曳图形并在适当的位置单击鼠标右键，复制一个新的图形，效果如图15-86所示。按住Ctrl键，再按D键，再复制出一个图形，效果如图15-87所示。

图 15-86

图 15-87

**STEP　10** 选择"文本"工具 字，输入需要的文字。选择"选择"工具 ⊳，在属性栏中选择合适的字体并设置文字大小，效果如图15-88所示。选择"形状"工具 ⟍，向右拖曳文字下方的 ⫴▷ 图标到适当的位置，调整文字的字距，效果如图15-89所示。

图 15-88

图 15-89

**STEP　11** 选择"渐变填充"工具 ■，弹出"渐变填充"对话框。选择"双色"单选项，将"从"选项颜色的CMYK值设置为0、20、20、0，"到"选项颜色的CMYK值设置为0、0、20、0，其他选项的设置如图15-90所示。单击"确定"按钮，填充文字，效果如图15-91所示。

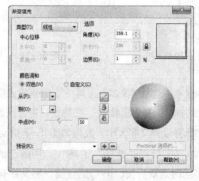

图 15-90

图 15-91

### 6. 制作包装正面效果

**STEP 1** 选择"文件>导入"命令,弹出"导入"对话框。选择光盘中的"Ch15>效果>酒盒包装设计>酒盒包装背景图"文件,单击"导入"按钮,在页面中单击导入图片,并将其拖曳到适当的位置,如图15-92所示。

**STEP 2** 选择"矩形"工具 □,绘制一个矩形。设置图形颜色的CMYK值为100、93、50、9,填充图形,并去除图形的轮廓线,效果如图15-93所示。

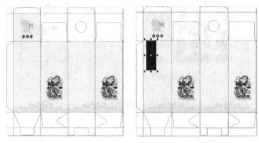

图 15-92          图 15-93

**STEP 3** 选择"矩形"工具 □,按住Ctrl键的同时,拖曳鼠标绘制一个正方形。按F12键,弹出"轮廓笔"对话框,在"颜色"选项中设置轮廓线颜色的CMYK值为0、20、40、40,其他选项的设置如图15-94所示,单击"确定"按钮,效果如图15-95所示。

图 15-94

图 15-95

**STEP 4** 选择"选择"工具 ▷,按数字键盘上的+键,复制图形。按住Shift键的同时,向中心拖曳图形右上方的控制手柄到适当的位置,等比例缩小图形,效果如图15-96所示。设置图形颜色的CMYK值为0、20、40、40,填充图形,并去除图形的轮廓线,效果如图15-97所示。

图 15-96          图 15-97

**STEP 5** 选择"文件>导入"命令,弹出"导入"对话框。选择光盘中的"Ch15>素材>酒盒包装设计>03"文件,单击"导入"按钮,在页面中单击导入图片,调整其大小并拖曳到适当的位置,效果如图15-98所示。

图 15-98

**STEP 6** 选择"效果>图框精确剪裁>放置在容器中"命令,鼠标的光标变为黑色箭头形状,在矩形图形上单击,如图15-99所示。将图形置入矩形中,效果如图15-100所示。

图 15-99

**STEP 7** 选择"文件>导入"命令,弹出"导入"对话框。选择光盘中的"Ch15>素材>酒盒包装设计>04"文件,单击"导入"按钮,在页面中单击导入图片,调整其大小并拖曳到适当的位置,效果如图15-101所示。

图 15-100　　　　　　图 15-101

STEP 8 选择"文本"工具 ，在属性栏中单击"将文本更改为垂直方向"按钮 ，输入需要的文字，选择"选择"工具 ，在属性栏中选择合适的字体并设置文字大小，效果如图15-102所示。选择"形状"工具 ，向上拖曳文字下方的 图标到适当的位置，调整文字的字距，效果如图15-103所示。

图 15-102　　　　　　图 15-103

STEP 9 选择"渐变填充"工具 ，弹出"渐变填充"对话框。选择"双色"单选项，将"从"选项颜色的CMYK值设置为0、20、20、0，"到"选项颜色的CMYK值设置为0、0、20、0，其他选项的设置如图15-104所示。单击"确定"按钮，填充文字，效果如图15-105所示。

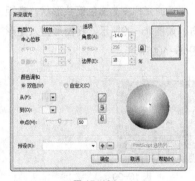

图 15-104　　　　　　图 15-105

STEP 10 选择"矩形"工具 ，绘制一个矩形。在属性栏中的"轮廓宽度" .2pt 框中设置数值为1pt，效果如图15-106所示。

STEP 11 选择"文本"工具 ，输入需要的文字，选择"选择"工具 ，在属性栏中选择合适

的字体并设置文字大小，效果如图15-107所示。选择"文本>段落格式化"命令，弹出"段落格式化"面板，选项的设置如图15-108所示，按Enter键，效果如图15-109所示。

图 15-106　　　　　　图 15-107

图 15-108　　　　　　图 15-109

STEP 12 选择"文本"工具 ，分别输入需要的文字，选择"选择"工具 ，在属性栏中分别选择合适的字体并设置文字大小，效果如图15-110所示。

STEP 13 选择"矩形"工具 ，绘制一个矩形，填充为黑色，并去除图形的轮廓线，效果如图15-111所示。选择"选择"工具 ，按数字键盘上的+键，复制图形，水平向下拖曳矩形到适当的位置，效果如图15-112所示。

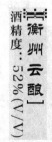
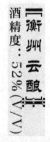

图 15-110　　　　　　图 15-111　　　　　　图 15-112

**STEP14** 选择"星形"工具 ，在属性栏中进行设置，如图15-113所示。绘制一个星形，填充为黑色，并去除图形的轮廓线，效果如图15-114所示。选择"选择"工具 ，按住Ctrl键的同时，垂直向下拖曳星形并在适当的位置上单击鼠标右键，复制一个新的星形，效果如图14-115所示。按住Ctrl键的同时，再连续按D键，复制出多个星形，效果如图15-116所示。

图 15-113　　　　　图 15-114

图 15-115　　　　　图 15-116

**STEP15** 选择"文件>导入"命令，弹出"导入"对话框。选择光盘中的"Ch15>素材>酒盒包装设计>05"文件，单击"导入"按钮，在页面中单击导入图片，调整其大小并拖曳到适当的位置，效果如图15-117所示。

图 15-117

**STEP16** 选择"文本"工具 字，分别输入需要的文字，选择"选择"工具 ，在属性栏中分别选择合适的字体并设置文字大小，效果如图15-118所示。设置文字颜色的CMYK值为0、20、40、40，填充文字，效果如图15-119所示。

图 15-118

图 15-119

**STEP17** 选择"文本"工具 字，分别输入需要的文字，选择"选择"工具 ，在属性栏中分别选择合适的字体并设置文字大小，效果如图15-120所示。选择"手绘"工具 ，按住Ctrl键的同时，绘制一条直线。在属性栏中的"轮廓宽度" .2pt 框中设置数值为0.7pt，效果如图15-121所示。

图 15-120

图 15-121

### 7. 制作包装侧立面效果

**STEP 1** 选择"矩形"工具 □，在适当的位置绘制一个矩形，如图15-122所示，设置图形颜色的CMYK值为0、0、20、0，填充矩形，并去除图形的轮廓线，效果如图15-123所示。

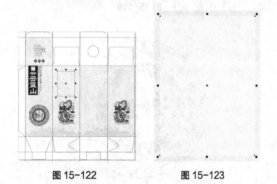

图 15-122        图 15-123

**STEP 2** 选择"矩形"工具 □，在适当的位置绘制一个矩形，如图15-124所示。选择"选择"工具 ▶，按住Shift键的同时，将两个矩形同时选取，单击属性栏中的"移除前面对象"按钮 ▣，将两个图形剪切为一个图形，效果如图15-125所示。用相同的方法制作出其他3个角的形状，效果如图15-126所示。

图 15-124        图 15-125

图 15-126

**STEP 3** 选择"选择"工具 ▶，按住Shift键的同时，向内拖曳图形右上角的控制手柄到适当的位置单击鼠标右键，复制图形。去除图形填充颜色，并设置轮廓线颜色的CMYK值为100、93、50、9，填充图形轮廓线。在属性栏中的"轮廓宽度" △ .2 pt ▼ 框中设置数值为2pt，效果如图15-127所示。

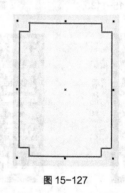

图 15-127

**STEP 4** 选择"贝塞尔"工具 ✎，在适当的位置绘制一个图形，如图15-128所示。设置轮廓线颜色的CMYK值为0、0、20、0，填充图形轮廓线，并在属性栏中的"轮廓宽度" △ .2 pt ▼ 框中设置数值为3pt，效果如图15-129所示。选择"选择"工具 ▶，按住Ctrl键的同时，水平向右拖曳图形并在适当的位置上单击鼠标右键，复制一个图形，如图15-130所示。单击属性栏中的"水平镜像"按钮 ▣，水平翻转复制的图形，效果如图15-131所示。

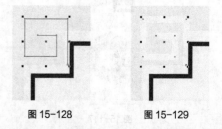

图 15-128        图 15-129

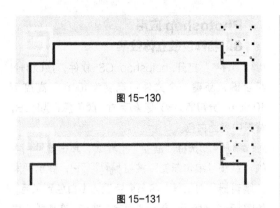

图 15-130

图 15-131

**STEP 5** 选择"文本"工具 ，拖曳出一个文本框，在文本框中输入需要的文字。选择"选择"工具 ，在属性栏中选择合适的字体并设置文字大小，效果如图15-132所示。选择"文本>段落格式化"命令，弹出"段落格式化"面板，选项的设置如图15-133所示，按Enter键，效果如图15-134所示。

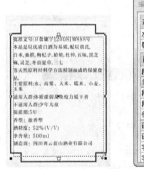
图 15-132

图 15-133

图 15-134

**STEP 6** 选择"选择"工具 ，用圈选的方法选取顶面图形中需要的图形，如图15-135所示。按数字键盘上的+键，复制图形并将其拖曳到适当的位置，如图15-136所示。

图 15-135 　　　　　图 15-136

**STEP 7** 选择"选择"工具 ，按住Shift键的同时，选中文字下方的图形。设置图形颜色的CMYK值为0、0、40、0，填充图形，效果如图15-137所示。选择文字"浓香型"，填充为黑色，效果如图15-138所示。

图 15-137

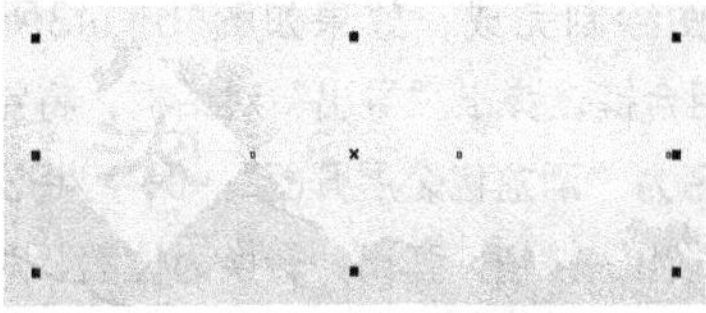

图 15-138

**STEP 8** 选择"手绘"工具 ，按住Ctrl键的同时，绘制一条直线，设置直线轮廓色的CMYK值为0、0、40、0，填充直线。在属性栏中的"轮廓宽度"框中设置数值为2pt，按Enter键，效果如图15-139所示。选择"选择"工具 ，按数字键盘上的+键，复制直线，并垂直向下拖曳到适当的位置，效果如图15-140所示。

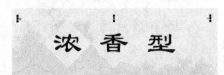
图 15-139

图 15-140

**STEP 9** 选择"文本"工具 ，输入需要的文字。选择"选择"工具 ，在属性栏中选择合适的字体并设置文字大小，效果如图15-141所示。

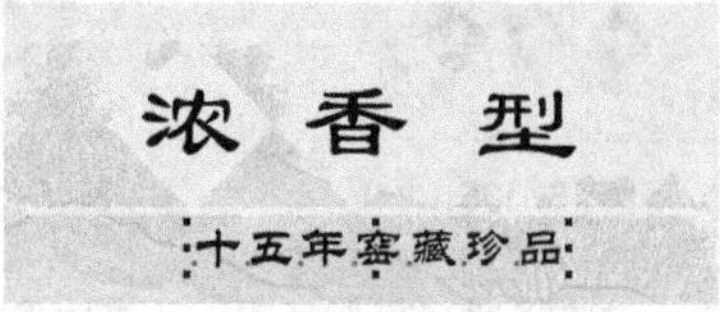

图 15-141

**STEP 10** 选择"选择"工具 ，用圈选的方法将制作好的正面和背面图形同时选取，按数字键盘上的+键，复制图形并将其拖曳到适当的位置，如图15-142所示。按Esc键取消选取状态，立体包装展开图绘制完成，效果如图15-143所示。按Ctrl+E组合键，弹出"导出"对话框，将制作好的图像命名为"酒盒包装展开图"，保存为PSD格式，单击"导出"按钮，弹出"转换为位图"对话框，单击"确定"按钮，导出为PSD格式。

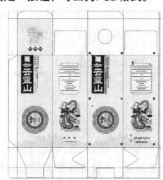

图 15-142

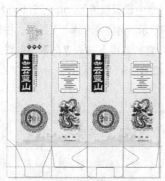

图 15-143

## Photoshop 应用
### 8. 制作包装立体效果

**STEP 1** 打开Photoshop CS5软件，按Ctrl+N组合键，新建一个文件：宽度为10cm，高度为10.5cm，分辨率为300像素/英寸，颜色模式为RGB，背景内容为白色。

**STEP 2** 选择"渐变"工具 ，单击属性栏中的"点按可编辑渐变"按钮 ，弹出"渐变编辑器"对话框，将渐变色设为由白色到黑色，如图15-144所示，单击"确定"按钮。在属性栏中单击"径向渐变"按钮 ，在图像窗口中由右上方至左下方拖曳渐变色，效果如图15-145所示。

图 15-144

图 15-145

**STEP 3** 按 Ctrl+O 组合键，打开光盘中的"Ch15>效果>酒盒包装设计>酒盒包装展开图"文件，按Ctrl+R组合键，图像窗口中出现标尺。选择"移动"工具 ，从图像窗口的水平标尺和垂直标

尺中拖曳出需要的参考线。选择"矩形选框"工具
，在图像窗口中绘制出需要的选区，如图15-146
所示。

图 15-146

**STEP 4** 选择"移动"工具，将选区中的图
像拖曳到新建文件窗口中适当的位置，在"图层"
控制面板中生成新的图层并将其命名为"正面"。
按Ctrl+T组合键，图像周围出现控制手柄，并拖曳
控制手柄来改变图像的大小，如图15-147所示，
按住Ctrl键的同时，向上拖曳右侧中间的控制手柄
到适当的位置，按Enter键确认操作，效果如图
15-148所示。

图 15-147

图 15-148

**STEP 5** 选择"矩形选框"工具，在"立体包

装展开图"的背面拖曳鼠标绘制一个矩形选区，如图
15-149所示。选择"移动"工具，将选区中的图
像拖曳到新建文件窗口中适当的位置，在"图层"控
制面板中生成新的图层并将其命名为"侧面"。按
Ctrl+T组合键，图像周围出现控制手柄，拖曳控制
手柄来改变图像的大小，如图15-150所示，按住
Ctrl键的同时，向上拖曳左侧中间的控制手柄到
适当的位置，按Enter键确认操作，效果如图
15-151所示。

图 15-149

图 15-150

图 15-151

**STEP 6** 选择"矩形选框"工具，在"立体
包装展开图"的顶面拖曳鼠标绘制一个矩形选区，
如图15-152所示。选择"移动"工具，将选区
中的图像拖曳到新建文件窗口中的适当位置，在"图
层"控制面板中生成新的图层并将其命名为"盒顶"。

按Ctrl+T组合键，图像周围出现控制手柄，拖曳控制手柄来改变图像的大小，如图15-153所示，按住Ctrl键的同时，分别拖曳控制手柄到适当的位置，按Enter键确认操作，效果如图15-154所示。

图 15-152

图 15-153

图 15-154

### 9. 制作立体效果倒影

STEP 1 将"正面"图层拖曳到控制面板下方的"创建新图层"按钮 上进行复制，生成新的图层"正面 副本"，选择"移动"工具，将副本图像拖曳到适当的位置，如图15-155所示。按Ctrl+T组合键，图像周围出现控制手柄，单击鼠标

右键，在弹出的菜单中选择"垂直翻转"命令，垂直翻转图像并拖曳到适当的位置，如图15-156所示。按住Ctrl键的同时，拖曳右侧中间的控制手柄到适当的位置，效果如图15-157所示。

图 15-155

图 15-156

图 15-157

STEP 2 单击"图层"控制面板下方的"添加图层蒙版"按钮 ，为"正面 副本"图层添加蒙版。选择"渐变"工具，单击属性栏中的"点

按可编辑渐变"按钮，弹出"渐变编辑器"对话框，将渐变色设为由白色到黑色，单击"确定"按钮。在属性栏中选择"线性渐变"按钮，并在图像中由上至下拖曳渐变色，效果如图15-158所示。

图 15-158

**STEP 3** 在"图层"控制面板上方，将"正面 副本"图层的"不透明度"选项设为30%，如图15-159所示，图像效果如图15-160所示。用相同的方法制作出侧面图像的投影效果，如图15-161所示。

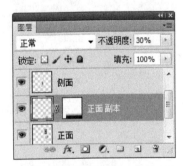

图 15-159

图 15-160

图 15-161

**STEP 4** 选中"盒顶"图层，按住Shift键的同时，选中"正面"图层，按Ctrl+G组合键，生成图层组并将其命名为"酒包装"，如图15-162所示。选择"移动"工具，按住Alt键的同时，将酒包装拖曳到适当的位置，复制图像，效果如图15-163所示。

图 15-162

图 15-163

**STEP 5** 酒盒包装制作完成。选择"图像>模式>CMYK颜色"命令，弹出提示对话框，单击"拼合"按钮，拼合图像。按Ctrl+S组合键，弹出"存储为"对话框，将制作好的图像命名为"酒盒包装立体图"，保存为TIFF格式，单击"保存"按钮，弹出"TIFF选项"对话框，单击"确定"按钮，将图像保存。

# 15.2 课后习题
## ——MP3 包装设计

### 习题知识要点

在 Photoshop 中，使用光照效果命令制作出立体图的背景光照效果，使用自由变换命令和斜面和浮雕命令制作包装的立体效果。在 CorelDRAW 中，使用矩形工具和形状工具绘制包装的结构图，使用图纸工具和添加透视点命令制作背景网格，使用插入条码命令在适当的位置插入条形码。MP3 包装立体图如图 15-164 所示。

图 15-164

### 效果所在位置

光盘/Ch15/效果/MP3 包装设计/MP3 包装立体图.tif。

7.1 晨东百货标志　　　　　　　　　　　　　　　7.2 天肇电子标志

8.1 新年生肖贺卡正面

8.2 新年生肖贺卡背面

8.3 新年贺卡设计

9.1 古都北京书籍封面

9.2 脸谱书籍封面

10.1 音乐 CD 封面设计

10.2 新春序曲唱片封面设计

引领·新世纪

Thinking 思维
畅享健康生活

超清图像 高品画质

八种娱乐功能 五种转换形式

| Emgine 图像处理引擎 | 高质量3D |
|---|---|
| 超级靓彩技术 | 2D转3D |
| 数字噪音滤波器 | 智能全感系统 |
| LED发光二极管 | 数字高清1920×1080 |

超薄液晶
HD-880i

新品上市 XD系列

46″ 40″

CARD
32GB

📹 摄像功能    📷 照相功能    🎵 播放音频功能

思维科技电器有限公司  客户咨询服务中心:820－81100－06820  网址:http://siweikeji.com.cn

11.1 液晶电视宣传单设计

11.2 家居宣传单设计

12.1 房地产广告设计

12.2 电脑广告设计

13.1 茶艺海报设计

13.2 旅游海报设计

14.1 杂志封面

14.2 杂志栏目

14.3 饮食栏目

14.4 化妆品栏目

15.1 酒盒包装立体图

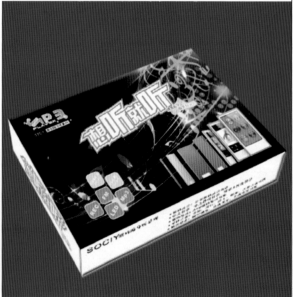

15.2 MP3 包装立体图